J. Classen

Mathematische Optik

J. Classen

Mathematische Optik

ISBN/EAN: 9783955622091

Auflage: 1

Erscheinungsjahr: 2013

Erscheinungsort: Bremen, Deutschland

@ Bremen-university-press in Access Verlag GmbH, Fahrenheitstr. 1, 28359 Bremen. Alle Rechte beim Verlag und bei den jeweiligen Lizenzgebern.

Sammlung Schubert XL

Mathematische Optik

von

Dr. J. Classen
Assistent am physikalischen Staatslaboratorium zu Hamburg

Mit 52 Figuren

Leipzig
G. J. Göschensche Verlagshandlung
1901

Vorwort.

Eine Theorie des Lichtes im gegenwärtigen Zeitpunkte zu schreiben, ist dadurch aufserordentlich erschwert, dafs die einfache Vorstellung von den elastischen Transversalwellen kaum noch als unseren jetzigen wissenschaftlichen Erkenntnissen genügend angesehen werden kann. Nimmt man dennoch die einfachen Vorstellungen der Elasticitätstheorie als Ausgangspunkt, so würde die Darstellung in der Anwendbarkeit auf manche verwickeltere Probleme, die heute vollständiger und leichter durch die elektromagnetische Lichttheorie dargestellt werden, wesentlich beschränkt sein. Will man andererseits von der elektromagnetischen Theorie ausgehen, so mufs man die elektromagnetischen Grundbegriffe entweder voraussetzen oder erst entwickeln und erhält so ein System von Begriffen in der Darstellung, welches wiederum zum Verständnis eines grofsen Teils der einfachen Erscheinungen nicht erforderlich zu sein scheint, wenigstens nicht zur Deutlichkeit dieser einfachen Lichtvorgänge beiträgt, hier also unnötig ist. Es schien mir daher wesentlich, zunächst einmal diejenigen Thatsachen der Optik für sich darzustellen, welche keiner besonderen theoretischen Vorstellung über die Natur des Lichtes bedürfen, sondern welche unmittelbar aus wenigen einfachen Erfahrungsthatsachen mathematisch gefolgert werden müssen. Auf diesem Grundgedanken beruht die Begrenzung des in der vorliegenden „mathematischen Optik" behandelten Stoffes, welche sich von der sonst gebräuchlichen unterscheidet. Die bisherigen Bearbeitungen der Optik pflegen, wenn sie auf irgend eine bestimmte Vorstellung vom Wesen des

Lichtes sich aufbauen, vorwiegend die wellentheoretischen Aufgaben zu behandeln, also die Interferenz- und Beugungserscheinungen und die Erscheinungen der Polarisation und Doppelbrechung, während in diesen Darstellungen die Gesetze der geometrischen Optik oft gar nicht oder doch nur sehr kurz behandelt werden. Umgekehrt pflegen die Werke, die die geometrische Optik eingehender behandeln, auf wellentheoretische Betrachtungen nicht einzugehen und daher oft auch die für die Bilderzeugung so wichtigen Beugungserscheinungen nicht mit zu behandeln. Der Grundgedanke, von dem hier ausgegangen ist, führt von selbst zur Begrenzung und Einteilung des Stoffes. Es werden zunächst nach dem Vorgange von W. Voigt, Theoretische Physik, fünf ganz einfache Erfahrungsthatsachen als gegeben angesehen und ermittelt, welche Form diejenige mathematische Funktion notwendig haben muſs, welche diese Thatsachen vollständig darstellen soll; auf die Weise wird die allgemeine Form der Wellenfunktion erhalten. In einem kurzen Kapitel sind dann einige allgemeine mathematische Beziehungen entwickelt, die für diese Funktion bestehen, und auf die Verwandschaft dieser Formeln mit ähnlichen aus der Elasticitätstheorie und dem Elektromagnetismus hingewiesen. Dadurch ist die Möglichkeit erklärt, den durch die Wellenfunktion dargestellten Vorgang sowohl elastisch als auch elektrisch zu deuten; im übrigen wird von diesen besonderen Vorstellungen kein Gebrauch gemacht.

Die nächste Anwendung der mathematischen Darstellung des Lichtvorganges bilden dann die einfachen Interferenzerscheinungen, die in den wesentlichsten Formen entwickelt sind. Danach wird das Huygenssche Prinzip in seiner allgemeinsten Form abgeleitet und hieraus folgt dann wieder das charakteristische der geradlinigen Ausbreitung des Lichtes im Gegensatz zu den Beugungserscheinungen. Unmittelbar mit der Entstehung des geradlinigen Strahles werden die einfachen Gesetze der Spiegelung und Brechung und auch zugleich die Grundformeln der Bilderzeugung in astigmatischen Büscheln erhalten.

Bei der dann folgenden Behandlung der Entstehung optischer Bilder war wieder der leitende Gedanke stets dasjenige, was rein mathematisch selbstverständlich aus dem Begriff der Abbildung sich ergiebt, scharf zu trennen von dem, was durch die besonderen Gesetze der Lichtbrechung als besondere Eigenschaft optischer Bilder anzusehen ist. Daher sind in zwei getrennten Kapiteln die kollinearen Beziehungen, die schon den gröfsten Teil der Abbildungsformeln umfassen, und die rein optischen Beziehungen, die im wesentlichen in der Lagrange-Helmholtzschen Gleichung liegen, getrennt behandelt. Der wellentheoretische Ausgangspunkt weist dann von selbst schon auf die den optischen Bildern anhaftenden Fehler und die Begrenzung der Abbildung durch die Gesetze der geometrischen Optik selbst hin. In einem weiteren Kapitel sind dann noch einmal die Abbildungsgesetze in erster Annäherung, die sogenannte Gaufssche Dioptrik in möglichst einfacher Weise einheitlich abgeleitet, und so werden die Linsenformeln entwickelt und diskutiert. Die folgenden Kapitel behandeln die Achromasie der Linsen und die Thiesensche Theorie der Abbildungsfehler, sowie die Bedeutung der Blenden für die Leistung optischer Instrumente.

Der letzte Abschnitt des Buches greift dann noch einmal auf das Huygenssche Prinzip zurück und behandelt den Fall, dafs die geradlinige Ausbreitung des Lichtes nicht mehr zutrifft, also den Fall der Beugungserscheinungen. Am Schlusse dieses Abschnittes wird besonders auf die Bedeutung der Beugungserscheinungen für die Leistung optischer Instrumente Rücksicht genommen.

Auf diese Weise umfafst dieses Buch die geometrische Optik zusammen mit den Interferenz- und Beugungserscheinungen, ausgeschlossen mufste aber bleiben das ganze Gebiet der Polarisation und Doppelbrechung, denn schon der Hinweis auf die bekannte Fresnel-Neumannsche Streitfrage, ob die Schwingungsebene senkrecht zur oder in der Polarisationsebene des Lichtes liegt, zeigt, dafs man dieses Gebiet nicht in einfacher Weise behandeln kann, ohne bestimmte Vorstellungen über die Natur des Lichtes anzunehmen.

Die so erhaltene Begrenzung des Stoffes scheint mir zugleich einem bestimmten Bedürfnisse entgegenzukommen, indem auf diese Weise einmal, was meines Wissens noch nicht geschehen ist, gerade alle diejenigen Thatsachen für sich behandelt werden, deren vollständige und klare Kenntnis ein jeder sich aneignen sollte, bevor er entweder über die Natur des Lichtes und die verwickelteren Erscheinungen

Untersuchungen anstellte, oder bevor er an den Bau und die Vervollkommnung optischer Instrumente herantritt.

Was die Ausführungsweise der einzelnen Kapitel anlangt, so liegt es in der Natur der Sache, daſs die Kapitel I, II, IV, V nicht ohne höhere, mathematische Entwickelungen ausgeführt werden konnten, wenn sie überhaupt wissenschaftlichen Wert haben sollten, in den übrigen, für die Anwendung wichtigeren Kapiteln ist dafür aber die Darstellung von jenen Kapiteln wesentlich unabhängig und einfacher, so daſs jedes der anderen Kapitel für sich ein geschlossenes Ganzes bildet, das unabhängig von den vier genannten Kapiteln und auch im wesentlichen unabhängig von allen anderen Kapiteln verstanden werden kann.

Hamburg 1901.

Classen.

Inhaltsverzeichnis.

Seite

Erstes Kapitel. Mathematische Darstellung der Lichtvorgänge.

- § 1. Die zu Grunde gelegten Erfahrungsthatsachen . . . 1
- § 2. Die konstante Fortpflanzungsgeschwindigkeit des Lichtes 5
- § 3. Das Licht als periodischer Vorgang 5
- § 4. Das Licht als Vektorerscheinung 8
- § 5. Der Lichtvektor steht senkrecht zur Fortpflanzungsrichtung 11
- § 6. Die Intensität des Lichtes 14

Zweites Kapitel. Bedeutung der erhaltenen mathematischen Ausdrücke für die theoretische Auffassung des Lichtes.

- § 7. Entstehung der Wellengleichung 16
- § 8. Spezialfall der Transversalwellen 18
- § 9. Deutung der Gleichungen als elastische Wellen . . 19
- § 10. Deutung in der elektromagnetischen Lichttheorie . . 21

Drittes Kapitel. Die Interferenzerscheinungen.

- § 11. Ebene Lichtwellen 23
- § 12. Zusammensetzung mehrerer einfacher Wellen . . . 25
- § 13. Vereinfachung für den Fall von nur zwei Wellen . 27
- § 14. Einfache Interferenzerscheinungen. Fresnels Spiegel, Doppelprisma, geneigte Glasplatten, Billots Halblinsen, Michelsons Spiegel 28
- § 15. Interferenzen an zwei planparallelen Platten. Brewsters und Jamins Streifen. 34
- § 16. Interferenzen an einer planparallelen Schicht. Lummers Kurven, Michelsons Ausmessung des Meters in Wellenlängen 39
- § 17. Interferenzen an dünnen Blättchen. Fizeaus und Newtons Ringe 43
- § 18. Lummers, Fizeaus, Newtons Streifen in reflektiertem Licht 47

Inhaltsverzeichnis.

Seite

Viertes Kapitel. Weitere allgemeine mathematische Beziehungen zwischen den zur Darstellung der Lichtwellen benutzten Funktionen. Das Huygenssche Prinzip.
§ 19. Die Wellenfunktion als harmonische Funktion . . . 49
§ 20. Mathematischer Hilfssatz 51
§ 21. Anwendung auf die Wellenfunktion 53
§ 22. Das Huygenssche Prinzip in allgemeinster Form . . 54
§ 23. Das Huygenssche Prinzip auf die Wellenfläche bezogen 56

Fünftes Kapitel. Die geradlinige Ausbreitung des Lichtes.
§ 24. Abhängigkeit des Integralwertes von der Grenzkurve 58
§ 25. Berechnung des Integrales für eine Wellenfläche . . 59
§ 26. Berechnung des Integrales für eine beliebige Fläche, Entstehung gerader Lichtstrahlen 64
§ 27. Das Fermatsche Prinzip 67
§ 28. Satz von Malus 69
§ 29. Entstehung eines Bildpunktes 70
§ 30. Allgemeine Form der Wellenfläche, astigmatische Büschel 71

Sechstes Kapitel. Die Gesetze der Spiegelung und Brechung, Entstehung optischer Bilder.
§ 31. Das Brechungsgesetz 72
§ 32. Das Reflexionsgesetz 73
§ 33. Das im Meridianschnitt liegende Bild 74
§ 34. Das im Sagittalschnitt liegende Bild 76
§ 35. Die Abbildung durch Centralstrahlen 76
§ 36. Die aplanatische Abbildung 77
§ 37. Geometrische Konstruktion der Strahlenbrechung an einer Kugelfläche 79
§ 38. Die Sinusbedingung 82

Siebentes Kapitel. Die rein geometrischen Beziehungen optischer Abbildungen.
§ 39. Allgemeiner Begriff der optischen Abbildung . . . 84
§ 40. Die Art der kollinearen Abbildung in optischen Bildern 85
§ 41. Definition der Brennpunkte, Hauptpunkte und Brennweiten 88
§ 42. Metrische Beziehungen über die Lage von Objekt u. Bild 91
§ 43. Die verschiedenen Vergrößerungen 92
§ 44. Die verschiedenen möglichen Abbildungsweisen . . . 95
§ 45. Die teleskopische Abbildung 98
§ 46. Zusammensetzung zweier Abbildungen 99
§ 47. Entstehen der teleskopischen Abbildung 101

Achtes Kapitel. Die auf den Gesetzen der Lichtbrechung beruhenden besonderen Eigenschaften optischer Bilder.
§ 48. Elementare Herleitung der Abbildungsgleichung für Centralstrahlen 103
§ 49. Die Brennweiten bei Kugelflächen und Lage der Hauptpunkte 105

§ 50. Die Abbildungsarten bei brechenden und spiegelnden Kugelflächen 106
§ 51. Die Langrange-Helmholtzsche Gleichung 107
§ 52. Die allgemeine Bedeutung der Sinusbedingung .. 108
§ 53. Die Verzeichnung infolge der Erfüllung der Sinusbedingung 111
§ 54. Die Sinusbedingung in der hinteren Brennebene .. 112
§ 55. Die möglichen Abbildungsfehler 113

Neuntes Kapitel. Abbildungsgesetze durch Centralstrahlen für Linsen und Linsensysteme.

§ 56. Wahl der Konstanten eines optischen Systems, Grundformeln 115
§ 57. Zusammensetzung zweier Systeme, metrische Beziehung zwischen den Konstanten 117
§ 58. Das inverse System 118
§ 59. Diskussion des Abbildungsvorganges 119
§ 60. Formeln für die Lage der Haupt- und Brennpunkte. Die Abbildungsgleichungen 121
§ 61. Reduktion der Konstanten auf drei unabhängige Konstanten 123
§ 62. Formeln für die einfache Linse 124
§ 63. Die verschiedenen Abbildungsarten durch Linsen . 126
§ 64. Zusammensetzung von zwei und mehreren dünnen Linsen 131

Zehntes Kapitel. Achromasie der Linsen.

§ 65. Vollkommene und teilweise Achromasie 133
§ 66. Achromasie einfacher Linsen 135
§ 67. Achromasie der Brennweite bei zwei Linsen in endlichem Abstand 136
§ 68. Vollständige Achromasie sich berührender, dünner Linsen 138

Elftes Kapitel. Thiesens Theorie der Abbildungsfehler.

§ 69. Definition der Charakteristik, die Grundgleichung . 139
§ 70. Allgemeine Form der Charakteristik 141
§ 71. Charakteristik einer Linse 142
§ 72. Erste Annäherung. Zusammensetzung zweier Diopter 144
§ 73. Unendlich dünne Diopter 146
§ 74. Herleitung der Gaußsschen Dioptrik 147
§ 75. Zweite Annäherung. Zusammensetzung zweier Diopter 149
§ 76. Das eine Diopter ist unendlich dünn 152
§ 77. Formeln für die Abbildungsfehler 153
§ 78. Diskussion der Abbildungsfehler 155

Zwölftes Kapitel. Die Begrenzung der Bild erzeugenden Strahlenbüschel durch Blenden.

§ 79. Die Pupillen und die Gesichtsfeldblende 160
§ 80. Vergrößerungskraft u. konventionelle Vergrößerung 163

	Seite
§ 81. Bedeutung der Pupillenlage für die Ausmessung eines Bildes	165
§ 82. Die Größe der Pupillen	166
§ 83. Die Helligkeit optischer Bilder	168
§ 84. Die Tiefenschärfe und Perspektive	172

Dreizehntes Kapitel. Die Beugungserscheinungen.

§ 85. Die allgemeinen Formeln für die Beugungserscheinungen	174
§ 86. Die Fresnelschen Beugungserscheinungen	177
§ 87. Die Fraunhoferschen Beugungserscheinungen und ihre Verwirklichung	181
§ 88. Die beugende Öffnung ist ein Rechteck	182
§ 89. Beziehung zwischen der Beugung an einer Öffnung und einem Schirm von gleicher Gestalt	186
§ 90. Benutzung einer Anzahl gleicher und ähnlich liegender Öffnungen	186
§ 91. Die Erscheinungen an einem Gitter	188
§ 92. Besondere Ableitung der Erscheinung für das Rowlandsche Konkavgitter	192
§ 93. Beugung an einer kreisförmigen Öffnung	197
§ 94. Auflösungsvermögen der Fernrohre und photographischen Objektive, Sehschärfe des Auges	201
§ 95. Grenze der Leistung der Mikroskope	204

Erstes Kapitel.
Mathematische Darstellung der Lichtvorgänge.

§ 1. Die zu Grunde gelegten Erfahrungsthatsachen.

Die mathematische Optik hat die Aufgabe, für die verschiedenen Erscheinungen, die das Licht uns bietet, derartige mathematische Ausdrücke aufzustellen, daſs es gelingt, aus irgend welchen beobachteten Lichtvorgängen andere vorauszuberechnen. Um zu solchen Formeln zu gelangen, muſs die mathematische Optik einige Thatsachen der Erfahrung sich heraussuchen, welche besonders geeignet für eine mathematische Darstellung sind, und muſs dann versuchen aus wenigen derartigen Grundthatsachen weitere zusammengesetzte Vorgänge herzuleiten, und dann weiter das ganze Gebiet mathematisch zu erforschen und mit den Beobachtungen zu vergleichen.

Für eine derartige Behandlung der Lichtvorgänge erweisen sich die folgenden 5 Grundthatsachen als besonders geeignet und auch als bis zu sehr hohen Anforderungen ausreichend.

1) Das Licht ist ein Vorgang, der sich mit **endlicher Geschwindigkeit** fortpflanzt. Die Fortpflanzungsgeschwindigkeit ist in verschiedenen Medien verschieden, für jedes homogene Medium aber eine vollständig konstante Gröſse.

2) Lassen wir Licht von einer planparallelen klaren Glasplatte reflektieren, und die ganze reflektierte Lichtmenge

von einer zweiten ganz gleichen und der ersten parallel stehenden Platte noch einmal reflektieren, so läfst sich folgendes beobachten: (Jamins Interferenzversuch)

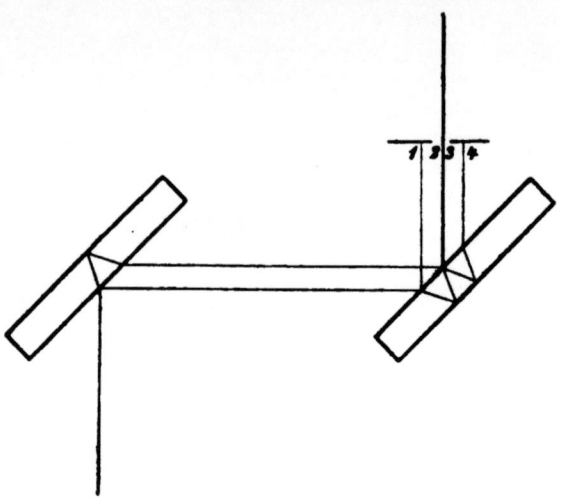

Fig. 1.

Das Licht ist infolge der Reflexionen an den Vorder- und Hinterflächen der Glasplatten in vier verschiedene Teile zerlegt; durch geeignete Abblendungen gelingt es, von diesen vier Teilen zwei abzusondern, welche beide genau gleiche Weglängen zurückgelegt haben und nach dem Verlassen des zweiten Spiegels räumlich zusammenfallen. Blendet man nun von diesen beiden Teilen abwechselnd noch wieder einen ab und läfst ihn wieder hinzutreten, so beobachtet man, dafs zwei Lichtstrahlen die genau gleiche Weglänge zurückgelegt haben, sich in ihrer Wirkung verstärken. Das Gesichtsfeld ist in seiner ganzen Ausdehnung gleichmäfsig hell. Wird jetzt jedoch der zweite Spiegel ein wenig um eine in der Papierfläche liegende Achse gedreht, so hat der Teil, der an der Rückwand des zweiten Spiegels reflektiert wird eine etwas gröfsere Wegstrecke zu durchlaufen, bis er wieder mit dem ersten zusammenkommt, als der erste. Die Folge davon ist, dafs nunmehr beide Teile nicht mehr sich in ihrer Wirkung verstärken, sondern es entsteht jetzt ein System heller und dunkler horizontaler Streifen. Die verschiedenen unter geringem Winkel gegen die Papierfläche geneigten Strahlen haben jetzt ungleiche Wegstrecken in

§ 1. Die zu Grunde gelegten Erfahrungsthatsachen.

der zweiten Platte zu durchlaufen und verstärken sich abwechselnd und vernichten sich. Es folgt hieraus, dafs der Lichtvorgang an einem bestimmten Ort ein mit der Zeit periodisch wechselnder Zustand sein mufs, derart, dafs zwei zusammentreffende Lichtvorgänge sich verstärken oder schwächen, je nachdem die Phasen ihrer Perioden zusammenpassen oder entgegengesetzt sind. Führt man diesen Versuch mit Licht verschiedener Farbe aus, so beobachtet man, dafs die Gröfse der Periode für die verschiedenen Farben verschieden ist und zwar für rot am gröfsten und violett am kleinsten.

3) Geht Licht durch einen Krystall, so wird es im allgemeinen in zwei Teile zerlegt; durch geeignete Verkittung zweier Krystallstücke (Nikolsches Prisma) gelingt es, von den beiden Teilen den einen vollständig abzublenden. Beobachtet man durch ein solches Nikolsches Prisma die beiden Teile des durch einen Krystall gegangenen Lichtes, oder auch irgend welches reflektierte Licht, so findet man, dafs die Helligkeit des durch den Nikol gelangenden Lichtes wesentlich abhängt von der Stellung des Nikols selbst. Dreht man den Nikol um die Fortpflanzungsrichtung des Lichtes, so ergeben sich bei einer vollen Umdrehung zwei um $180°$ von einander abliegende Stellungen gröfster Helligkeit und in der Mitte dazwischen Stellen geringster Helligkeit. Es folgt daraus, dafs Licht durch Reflexion und durch Durchdringen eines Krystalls sich in einen Zustand versetzen läfst, dafs es in einer bestimmten zur Fortpflanzungsrichtung senkrechten Richtung andere Eigenschaften hat als in allen anderen. Solches Licht mit bevorzugter transversaler Richtung heifst polarisiert. Das durch einen Nikol hindurchgegangene Licht ist polarisiert.

4) Bringen wir beim Jaminschen Interferenzversuch zwischen die beiden Platten zwei Nikols derart, dafs der eine zur Beobachtung benutzte Strahl den einen Nikol passiert, der andere den anderen, und orientieren die Nikols einander parallel, so tritt die Interferenzerscheinung genau so auf, wie vordem; drehen wir dann jedoch den einen Nikol um $90°$ um seine Achse, so bleibt die Erscheinung vollständig aus, wir haben stets dieselbe Helligkeit. Man kann das aussprechen durch den Satz: **senkrecht zu einander polarisiertes Licht interferiert nicht.**

5) Bringen wir durch eine geeignete Versuchsanordnung zwei Flächen, die durch verschiedene Lichtquellen beleuchtet werden, neben einander, so sind wir imstande zu beurteilen, ob beide Flächen gleich hell sind oder nicht. Sind sie verschieden hell, so haben wir jedoch von vornherein keinen Maſsstab, um anzugeben, um wieviel die eine heller ist als die andere. Zu einem solchen Maſsstab können wir jedoch durch die Eigenschaft unseres Auges gelangen, eine abwechselnd hell beleuchtete und dann wieder dunkle Fläche bei hinreichend rascher Wechselfolge in der Beleuchtung nicht mehr als intermittierend sondern als in mittlerer Helligkeit gleichförmig beleuchtet zu empfinden. Stellen wir demnach zwischen eine Lichtquelle und eine Fläche eine rotierende Scheibe, in welcher wir eine Reihe Sektorenausschnitte angebracht haben, so wird das Licht durch diese Ausschnitte hindurch die Fläche treffen können, dazwischen aber abgeblendet sein. Durch Veränderung der Gröſse der Ausschnitte können wir dann die Zeit, während welcher Beleuchtung der Fläche eintritt, im Vergleich zu der Zeit, in der Dunkelheit herrscht, beliebig verändern und erhalten so bei hinreichender Rotationsgeschwindigkeit der Scheibe eine für unser Auge gleichmäſsig beleuchtete Fläche, deren Helligkeit in meſsbarer Weise veränderlich ist. Mit dieser Fläche von meſsbar veränderlicher Helligkeit können wir dann irgend eine andere Fläche von unbekannter Helligkeit vergleichen. Auf diese Weise können wir folgendes feststellen:

a) Geht Licht durch zwei hintereinander liegende Nikols, so haben wir die gröſste Helligkeit, wenn beide Nikols parallel liegen. Drehen wir dann einen Nikol um seine Achse, so nimmt die Helligkeit ab und zwar erfolgt **die Helligkeitsabnahme proportional dem Quadrat des cosinus des Winkels, um den der Nikol gedreht ist.**

b) Ist eine Fläche von einer Lichtquelle, deren Ausdehnung klein ist, beleuchtet und entfernen wir die Lichtquelle von der Fläche, so **nimmt die Helligkeit auf derselben ab nach dem umgekehrten Quadrat der Entfernung zwischen Lichtquelle und beleuchteter Fläche.**

§ 2. Die konstante Fortpflanzungsgeschwindigkeit des Lichtes.

Soll ein mathematischer Ausdruck für irgend einen Vorgang, der sich mit konstanter Geschwindigkeit in einer bestimmten Richtung fortpflanzt, aufgestellt werden, so können als Veränderliche die Zeit t und die von einem beliebigen Anfangspunkt aus gemessene Strecke r, welche der Vorgang zur Zeit t durchlaufen hat, eingeführt werden. Die Thatsache gleichförmiger Fortpflanzungsgeschwindigkeit wird dann dadurch zum Ausdruck gebracht, daſs in der im übrigen noch völlig unbekannten mathematischen Funktion die Veränderlichen nur in der Verbindung $\left(t - \frac{r}{v}\right)$ auftreten, wo v eine Konstante ist, so daſs wir den mathematischen Ausdruck jedenfalls schreiben können in der Form $F\left(t - \frac{r}{v}\right)$. Denn wenn in einer solchen Funktion die eine Variable r um eine Gröſse r' wächst, so wird sich stets ein bestimmter Zuwachs t' zu t angeben lassen derart, daſs $F\left(t + t' - \frac{r + r'}{v}\right)$ $= F\left(t - \frac{r}{v}\right)$ ist, nämlich wenn $t' = \frac{r'}{v}$ ist. Das heiſst aber zur Zeit $t + t'$ befindet sich in $r + r'$ genau derselbe Zustand wie zur Zeit t in r. Die Gröſse $v = \frac{r'}{t'}$ ist gleich dem Verhältnis des durchlaufenen Weges zu der dazu erforderlichen Zeit also gleich der Fortpflanzungsgeschwindigkeit. Die erste der obengenannten Erfahrungsthatsachen führt uns also dazu, daſs die mathematischen Funktionen, die wir zur Darstellung der Lichtvorgänge brauchen werden, in der Form $F\left(t - \frac{r}{v}\right)$ darzustellen sein werden.

§ 3. Das Licht als periodischer Vorgang.

Die zweite der Erfahrungsthatsachen, der Jaminsche Interferenzversuch, stellt die Forderung, daſs die Funktionen $F\left(t - \frac{r}{v}\right)$ periodische Funktionen sein müssen. Nach einem Satze von Fourier läfst sich aber jede Funktion irgend eines Argumentes darstellen durch eine Summe von sinus und cosinus von Vielfachen des Argumentes, so dafs danach $F\left(t - \frac{r}{v}\right)$ jedenfalls dargestellt werden kann in der Form

$$F\left(t - \frac{r}{v}\right) = \sum^k \left(m_k \sin \alpha_k \left(t - \frac{r}{v}\right) + n_k \cos \alpha_k \left(t - \frac{r}{v}\right)\right).$$

Die einzelnen Glieder dieser Reihe sind selbst einfache periodische Funktionen, sogenannte harmonische Funktionen, und zwar nehmen dieselben stets wieder denselben Wert an, wenn $\alpha\left(t_1 - \frac{r_1}{v}\right) = \alpha\left(t - \frac{r}{v}\right) + 2\pi$ ist. Für konstantes r, d. h. also an demselben Orte tritt dies ein, wenn $\alpha(t_1 - t) = 2\pi$ ist. Das Zeitintervall $(t_1 - t)$, innerhalb welchen an irgend einem Orte stets wieder der gleiche Zustand eintritt, heifst die Schwingungsdauer; dasselbe möge mit τ bezeichnet werden. Es ist dann $\tau = \frac{2\pi}{\alpha}$.

In demselben Zeitmoment kehren längs des ganzen Weges r die gleichen Zustände wieder, jedesmal wenn $\alpha \frac{r - r_1}{v} = 2\pi$ ist. Der Abstand $r - r_1$ zweier Punkte, die zu derselben Zeit gleichen Zustand haben, heifst die Wellenlänge der harmonischen Schwingung und möge mit $\lambda = r - r_1$ bezeichnet werden. Es ist dann $\frac{\alpha}{v} = \frac{2\pi}{\lambda}$ und auch $\frac{1}{v} = \frac{\tau}{\lambda}$; $\lambda = v\tau$.

Von dem Lichtvorgange als Ganzem wissen wir bis jetzt nur, dafs er sich darstellen lassen wird als Summe irgend welcher Anzahl derartiger harmonischer Schwingungen, von denen jeder ein besonderes α, also auch eine besondere Wellenlänge und Schwingungsdauer zukommt. Gleichzeitig wissen wir aus dem Jaminschen Versuch, dafs Licht verschiedener Farbe sich durch die Gröfse der Periode des in ihm sich abspielenden Vorganges unterscheidet. Ob es danach zulässig ist, jede einzelne harmonische Schwingung, deren Summe die allgemeine Fouriersche Form ergiebt, den einzelnen einfachen Farben entsprechend zu setzen, so dafs

§ 3. Das Licht als periodischer Vorgang.

homogenes Licht als ein einfacher harmonischer Schwingungsvorgang anzusehen ist, darüber kann nur die Erfahrung entscheiden. Es sind zunächst die Gesetze harmonischer Funktionen zu entwickeln und zu untersuchen, ob die dabei erhaltenen einfachen Gesetzmäfsigkeiten schon ausreichen, um die Interferenzen homogenen Lichtes darzustellen.

Die allgemeine Form einer harmonischen Funktion ist nach Einführung der Schwingungsdauer und der Wellenlänge:

$$F\left(t - \frac{r}{v}\right) = A' \sin 2\pi \left(\frac{t}{\tau} - \frac{r}{\lambda}\right) + A'' \cos 2\pi \left(\frac{t}{\tau} - \frac{r}{\lambda}\right).$$

Durch Einführung anderer Konstanten für A' und A'' läfst sich dieser Ausdruck auch folgendermafsen umformen; setzen wir:

$$\frac{A''}{A'} = \operatorname{tg} \delta \quad \text{und} \quad A''^2 + A'^2 = A^2,$$

so wird

$$\frac{A''^2}{A'^2} = \frac{\sin^2 \delta}{\cos^2 \delta}; \quad \frac{A^2}{A'^2} = \frac{1}{\cos^2 \delta}; \quad A' = A \cos \delta$$

und entsprechend

$$A'' = A \sin \delta,$$

folglich:

$$F\left(t - \frac{r}{v}\right) = A \left(\sin 2\pi \left(\frac{t}{\tau} - \frac{r}{\lambda}\right) \cos \delta + \cos 2\pi \left(\frac{t}{\tau} - \frac{r}{\lambda}\right) \sin \delta \right)$$

oder

$$F\left(t - \frac{r}{v}\right) = A \sin \left(2\pi \left(\frac{t}{\tau} - \frac{r}{\lambda}\right) + \delta\right)$$

oder auch durch Einführen von $\delta' = \dfrac{\delta}{2\pi}$

$$F\left(t - \frac{r}{v}\right) = A \cos 2\pi \left(\frac{t}{\tau} - \frac{r}{\lambda} + \delta'\right).$$

Die Gröfse A heifst die Amplitude und die Gröfse $2\pi \left(\dfrac{t}{\tau} - \dfrac{r}{\lambda} + \delta'\right)$ heifst die Phase der harmonischen Schwingung.

§ 4. Das Licht als Vektorerscheinung.

Bisher ist nur festgestellt worden, dafs der Lichtvorgang durch periodische Funktionen von $\left(t - \frac{r}{v}\right)$ dargestellt werden mufs. Würde zur Darstellung eine einzige derartige Funktion ausreichen, so würde das bedeuten, die Erscheinung des Lichtes läfst sich in jedem Augenblick an jedem Punkte durch eine einzige Zahl, nämlich den numerischen Wert jener einen Funktion darstellen; das Licht müfste dann in periodischen Schwankungen einer Gröfse, wie sie etwa die Energie ist, bestehen. Die dritte der oben genannten Erfahrungsthatsachen widerspricht dieser Annahme, denn danach besitzt das Licht jedenfalls Eigenschaften, durch welche ihm eine bestimmte Orientierung im Raume zukommt. Die einfachste Form einer derartigen Gröfse ist diejenige, welche sich darstellen läfst durch eine nach Gröfse und Richtung bestimmte Strecke im Raum, durch einen sogenannten Vektor. Eine solche Strecke läfst sich mathematisch beschreiben durch die Gröfse ihrer drei auf irgend ein festes Koordinatensystem bezogenen Komponenten. Es soll nun im folgenden der Versuch gemacht werden, die Lichterscheinungen unter folgenden drei einfachsten Annahmen darzustellen:

1) **Die Erscheinungen des Lichtes sind Vorgänge, welche sich in jedem Augenblick und jedem Punkte durch eine einzige Vektorgröfse vollständig darstellen lassen.**

2) **Treffen zwei Lichtwirkungen in einem Punkte zusammen, so ergiebt die geometrische Addition der beiden charakteristischen Vektorgröfsen den die Gesamtwirkung darstellenden Vektor.**

3) **Es genügt für die Darstellung homogenen Lichtes die die Komponenten des Vektors angebenden drei periodischen Funktionen als einfache harmonische Funktionen anzusehen.**

Unter diesen Voraussetzungen wird der Vorgang im homogenen Lichte nunmehr darzustellen sein nach den Formeln des vorigen Paragraphen durch drei Komponenten eines Vektors von der Form

§ 4. Das Licht als Vektorerscheinung.

$$u = F_1 \sin 2\pi\left(\frac{t}{\tau} - \frac{r}{\lambda}\right) + F_2 \cos 2\pi\left(\frac{t}{\tau} - \frac{r}{\lambda}\right)$$
$$= F \sin\left(2\pi\left(\frac{t}{\tau} - \frac{r}{\lambda}\right) + \alpha\right)$$
$$v = G_1 \sin 2\pi\left(\frac{t}{\tau} - \frac{r}{\lambda}\right) + G_2 \cos 2\pi\left(\frac{t}{\tau} - \frac{r}{\lambda}\right)$$
$$= G \sin\left(2\pi\left(\frac{t}{\tau} - \frac{r}{\lambda}\right) + \beta\right)$$
$$w = H_1 \sin 2\pi\left(\frac{t}{\tau} - \frac{r}{\lambda}\right) + H_2 \cos 2\pi\left(\frac{t}{\tau} - \frac{r}{\lambda}\right)$$
$$= H \sin\left(2\pi\left(\frac{t}{\tau} - \frac{r}{\lambda}\right) + \gamma\right).$$

Man nennt die Größe $D = \sqrt{F^2 + G^2 + H^2} = \sqrt{F_1^2 + F_2^2 + G_1^2 + G_2^2 + H_1^2 + H_2^2}$ die Amplitude der Lichtschwingung und die Größe $2\pi\left(\frac{t}{\tau} - \frac{r}{\lambda}\right)$ die Phase. Erstere ist unveränderlich, letztere bewirkt den rasch wechselnden Anteil des Lichtes. Da nun unser Auge nicht imstande ist, eine Lichterscheinung, die in einer Sekunde außerordentlich oft wechselt, als intermittierend wahrzunehmen, sondern vielmehr nur eine mittlere Helligkeit erkennt, so kann die Phase nicht von Einfluß auf die Helligkeit sein, sondern diese muß sich aus der Amplitude allein ergeben.

Schreiben wir zur Abkürzung $\sin 2\pi\left(\frac{t}{\tau} - \frac{r}{\lambda}\right) = x$
$$\cos 2\pi\left(\frac{t}{\tau} - \frac{r}{\lambda}\right) = y$$

so wird
$$u = F_1 x + F_2 y$$
$$v = G_1 x + G_2 y$$
$$w = H_1 x + H_2 y.$$

Durch geeignete Multiplikation und Addition dieser Gleichungen erhalten wir
$$u(G_1 H_2 - G_2 H_1) + v(F_2 H_1 - F_1 H_2) + w(F_1 G_2 - F_2 G_1) = 0.$$

Dies ist aber eine lineare Gleichung für u, v, w, also folgt, wenn wir den Lichtvektor für einen bestimmten Punkt für alle Momente während der Periode τ zeichnen, so liegen alle diese Vektoren in einer Ebene.

Ferner ist $x^2 + y^2 = 1$, und es ergiebt sich ferner

$$x = \frac{vH_2 - wG_2}{G_1 H_2 - H_1 G_2}; \quad y = -\frac{vH_1 - wG_1}{G_1 H_2 - H_1 G_2},$$

also:

$$(G_1 H_2 - H_1 G_2)^2 = (vH_2 - wG_2)^2 + (vH_1 - wG_1)^2$$

oder

$$H^2 v^2 + G^2 w^2 - 2vw(H_2 G_2 + H_1 G_1) = (H_2 G_1 - G_2 H_1)^2.$$

Dies ist aber die Gleichung einer Ellipse und entsprechende Gleichungen ergeben sich für die anderen beiden Koordinatenebenen. Die Projektionen des Endpunktes des Vektors auf die drei Koordinatenebenen beschreiben also Ellipsen, mithin beschreibt auch der Endpunkt des Vektors im Raume selbst eine Ellipse.

Es ist ferner

$$H_1 G_1 + H_2 G_2 = HG(\cos\beta \cos\gamma + \sin\beta \sin\gamma)$$
$$= HG \cos(\beta - \gamma)$$

und

$$H_2 G_1 - G_2 H_1 = HG(\sin\gamma \cos\beta - \sin\beta \cos\gamma)$$
$$= -HG \sin(\beta - \gamma),$$

folglich wird aus der Ellipsengleichung:

$$\frac{v^2}{G^2} + \frac{w^2}{H^2} - \frac{2vw}{HG} \cos(\beta - \gamma) = \sin^2(\beta - \gamma).$$

Ist dann im besonderen Falle $\cos(\beta - \gamma) = 0$, folglich $\sin(\beta - \gamma) = 1$, so sind die Koordinatenachsen Y, Z die Hauptachsen der Ellipse, ist gleichzeitig $G = H$, so ist die Ellipse ein Kreis.

Ist dagegen $\cos(\beta - \gamma) = \pm 1$, $\sin(\beta - \gamma) = 0$, so wird die Ellipse zur Geraden $\frac{w}{v} = \pm \frac{H}{G}$; oder

$$v = G \sin T$$
$$w = \pm H \sin T.$$

§ 5. Der Lichtvektor steht senkrecht zur Fortpflanzungsrichtung.

Die vierte Erfahrungsthatsache lehrt uns nun, daſs zwei senkrecht zu einander polarisierte Lichtmengen in ihrer Zusammenwirkung von der Phasendifferenz unabhängig sind; es führt dies zu einer weiteren Spezialisierung der darstellenden Funktionen.
Schreiben wir:

$$2\pi\left(\frac{t}{\tau} - \frac{r}{\lambda}\right) - \alpha = T - \alpha$$
$$2\pi\left(\frac{t}{\tau} - \frac{r}{\lambda}\right) - \beta = T - \beta$$
$$2\pi\left(\frac{t}{\tau} - \frac{r}{\lambda}\right) - \gamma = T - \gamma,$$

so wird der Vektor irgend einer Lichtmenge darzustellen sein durch

$$u_1 = F_1 \sin(T - \alpha)$$
$$v_1 = G_1 \sin(T - \beta)$$
$$w_1 = H_1 \sin(T - \gamma).$$

Ist dann die Z-Achse des Koordinatensystems die Fortpflanzungsrichtung, so haben wir die Komponente w_1 in der Fortpflanzungsrichtung zu unterscheiden von den Komponenten u_1 und v_1, die senkrecht hierzu stehen. Nur über die letzteren macht die vierte Erfahrungsthatsache eine Angabe. Eine zweite Lichtmenge, die sich in derselben Richtung bewegt und deren seitliche Komponente stets senkrecht zu derjenigen jener ersten steht, ist dann dargestellt durch:

$$u_2 = G_1 \sin(T - \beta + \delta)$$
$$v_2 = -F_1 \sin(T - \alpha + \delta)$$
$$w_2 = H_1 \sin(T - \gamma + \delta),$$

wobei δ der Phasenunterschied zwischen beiden Schwingungen ist. Nach der Grundannahme über die Zusammenwirkung zweier Lichtschwingungen ist die Gesamtwirkung dann auszudrücken durch den Vektor

$$u = u_1 + u_2; \quad v = v_1 + v_2; \quad w = w_1 + w_2.$$

Die Berechnung ergiebt

$$u = F_1 \sin(T-\alpha) + G_1 \sin(T-\beta+\delta)$$
$$= F_1(\sin T\cos\alpha - \cos T\sin\alpha) + G_1(\sin T\cos(\beta-\delta) - \cos T \sin(\beta-\delta))$$
$$= (F_1 \cos\alpha + G_1 \cos(\beta-\delta))\sin T$$
$$\quad - (F_1 \sin\alpha + G_1 \sin(\beta-\delta))\cos T$$

entsprechend

$$v = (G_1 \cos\beta - F_1 \cos(\alpha-\delta))\sin T$$
$$\quad + (F_1 \sin(\alpha-\delta) - G_1 \sin\beta)\cos T$$

und

$$w = H_1 \sin(T-\gamma) + H_1 \sin(T-\gamma+\delta)$$
$$= H_1\big((\cos\gamma + \cos(\gamma-\delta))\sin T - (\sin\gamma + \sin(\gamma-\delta))\cos T\big).$$

Für den resultierenden Vektor ergeben sich dann die Gröfsen:

$$F^2 = (F_1 \cos\alpha + G_1 \cos(\beta-\delta))^2 + (F_1 \sin\alpha + G_1 \sin(\beta-\delta))^2$$
$$= F_1^2 + G_1^2 + 2 F_1 G_1 \cos(\alpha-\beta+\delta)$$
$$G^2 = (G_1 \cos\beta - F_1 \cos(\alpha-\delta))^2 + (F_1 \sin(\alpha-\delta) - G_1 \sin\beta)^2$$
$$= F_1^2 + G_1^2 - 2 F_1 G_1 \cos(\alpha-\beta-\delta)$$
$$H^2 = 2 H_1^2 + 2 H_1^2 \cos\delta$$

und es wird

$$F^2 + G^2 + H^2 = 2(F_1^2 + G_1^2 + H_1^2)$$
$$+ 2(-2 F_1 G_1 \sin(\alpha-\beta)\sin\delta + H_1^2 \cos\delta).$$

Diese Gröfse ist das Quadrat der Amplitude der resultierenden Lichtwirkung und mufs daher nach dem vorigen Paragraphen und dem Jaminschen Versuch mit zwischengeschalteten Nikols von der Phasendifferenz δ der beiden zur Vereinigung kommenden Lichtbündel unabhängig sein. Dies ist aber offenbar nur möglich, wenn sowohl $\sin(\alpha-\beta) = 0$ als auch $H_1 = 0$ mithin auch $H = 0$ ist. Letzteres sagt aus, dafs das durch die Nikols hindurchgegangene Licht in der Fortpflanzungsrichtung keine Vektorkomponente hat, dafs es also vollkommen transversal schwingt und ersteres sagt aus, dafs die Schwingungsellipse in eine Gerade ausgeartet ist. Das durch einen Nikol gegangene Licht, das die Eigenschaften vollkommen polarisierten Lichtes hat, wird also dar-

§ 5. Der Lichtvektor steht senkrecht zur Fortpflanzungsrichtung.

gestellt durch eine transversale lineare Schwingung des Endpunktes des Lichtvektors.

Wollen wir nun nicht annehmen, daſs beim Auftreffen eines Lichtbündels auf einen Krystall ein Teil des durch den Lichtvektor dargestellten Vorganges als Licht verloren geht, so müssen wir annehmen, daſs auch das natürliche Licht nur in transversalen Schwingungen besteht; denn wäre ein longitudinaler Anteil vorhanden, so müſste er, da er durch den Krystall nicht hindurchgelangt, im reflektierten Licht sich anfinden und müſste sich demnach durch mehrfache Reflexionen anhäufen lassen und schlieſslich auf irgend eine Weise wahrnehmbar werden. Dieses ist aber erfahrungsgemäſs nicht der Fall. Da ferner das natürliche Licht sich gegen den polarisierenden Nikol nach allen Richtungen gleich verhält, so erweist es sich als ausreichende Annahme, das natürliche Licht anzusehen als polarisiertes Licht, in welchem jedoch die Polarisationsrichtung fortwährend sehr rasch wechselt. Die Geschwindigkeit dieses Wechsels ist sehr groſs im Vergleich zu den Zeitintervallen, die unser Auge noch getrennt wahrnehmen kann, sie ist jedoch klein im Vergleich zu den Schwingungszahlen des Lichtes, so daſs immer noch eine sehr groſse Zahl gleichgerichteter Schwingungen aufeinander folgen.

Zur Darstellung des Lichtvorganges können wir jetzt in den Komponenten des Vektors $\alpha = \beta = \gamma$ setzen, da wir es nur noch mit linearen Schwingungen zu thun haben und schreiben

$$u = F \sin\left(2\pi\left(\frac{t}{\tau} - \frac{r}{\lambda}\right) + \delta\right)$$

$$v = G \sin\left(2\pi\left(\frac{t}{\tau} - \frac{r}{\lambda}\right) + \delta\right)$$

$$w = H \sin\left(2\pi\left(\frac{t}{\tau} - \frac{r}{\lambda}\right) + \delta\right).$$

Die Bedingung des senkrecht Stehens dieses Vektors auf der Fortpflanzungsrichtung schreibt sich, wenn

$$r^2 = x^2 + y^2 + z^2$$

ist,

$$ux + vy + wz = 0.$$

Haben wir freie Wahl über das Koordinatensystem, so können wir die z-Achse in die Fortpflanzungsrichtung legen, dann wird $r = z$; $x = y = 0$, folglich auch $w = 0$, es genügen dann die beiden ersten Gleichungen. Legen wir noch die Schwingungsrichtung in die x-Achse, so wird auch $v = 0$ und es genügt die erste Gleichung.

In polarisiertem Licht haben F, G, H ganz konstante Werte, in natürlichem Lichte ändern sich F, G, H beständig langsam und in unbekannter Weise jedoch stets so, daſs $F^2 + G^2 + H^2$ konstant bleibt.

§ 6. Die Intensität des Lichtes.

Die letzte der oben angegebenen Erfahrungsthatsachen gestattet nun auch noch die Art der Abhängigkeit der Lichtintensität von der Amplitude des Vektors festzustellen. Trifft polarisiertes Licht auf einen Nikol, so wird es in diesem in zwei Teile zerlegt, von denen jedoch nur der eine wieder heraustreten kann. Ist χ der Winkel zwischen der Hauptebene des Nikols und der Ebene, in welcher das einfallende Licht polarisiert ist, so wird der Lichtvektor D im Nikol offenbar in die beiden Komponenten zerlegt werden $D \cos \chi$ und $D \sin \chi$. Von diesen beiden kann nur erstere wieder austreten. Das Verhältnis der Amplituden des austretenden und eintretenden Lichtes ist also $\dfrac{D \cos \chi}{D} = \cos \chi$. Das Verhältnis der Lichtintensitäten ist aber $\dfrac{J \text{ austretend}}{J \text{ eintretend}} = \cos^2 \chi$, das heiſst aber die **Intensität einer Lichtmenge ist proportional dem Quadrate der Amplitude.**

Die bisherige Darstellung hat nun immer noch das Licht als von konstanter Intensität während des Fortschreitens in seiner Bahn angesehen, aus der letzten Erfahrungsthatsache wissen wir aber, daſs die Intensität mit dem umgekehrten Quadrat der Entfernung vom Ausgangspunkte abnimmt. Wir dürfen daher im allgemeinen die F, G, H nicht als konstant ansehen, sondern dieselben nehmen selbst unter Berücksichtigung des eben Hergeleiteten umgekehrt proportional mit r ab, so daſs die allgemeinste Darstellung jetzt geschrieben wird durch Einführung neuer Konstanten:

§ 6. Die Intensität des Lichtes.

$$u = \frac{A}{r} \sin 2\pi \left(\frac{t}{\tau} - \frac{r}{\lambda} + \delta\right)$$

$$v = \frac{B}{r} \sin 2\pi \left(\frac{t}{\tau} - \frac{r}{\lambda} + \delta\right)$$

$$w = \frac{C}{r} \sin 2\pi \left(\frac{t}{\tau} - \frac{r}{\lambda} + \delta\right),$$

wobei auch an Stelle der Sinusfunktion die Cosinusfunktion gesetzt werden kann.

Wenn von einem Punkte aus nach allen Seiten mit gleichmäfsiger Intensität Lichtwellen ausgehen in einem Medium, für welches die Fortpflanzungsgeschwindigkeit nach allen Richtungen die gleiche ist, so wird der Lichtzustand in Punkten auf einer dem Ausgangspunkt als Mittelpunkt umgebenden Kugelfläche dargestellt sein durch Funktionen von der Form $\varphi = \frac{A}{r} \sin T$ oder $\frac{A}{r} \cos T$, welche alle die gleiche Phase besitzen und für welche die Gröfse $\sqrt{A^2 + B^2 + C^2}$ ebenfalls die gleiche ist, nur in den einzelnen A, B, C für sich können sie in unbekannter Weise von einander abweichen.

Zweites Kapitel.

Bedeutung der erhaltenen mathematischen Ausdrücke für die theoretische Auffassung des Lichtes.

§ 7. Entstehung der Wellengleichung.

Die Thatsache, daſs zur Darstellung der Lichtvorgänge Funktionen erforderlich sind, die die Form haben $u = f\left(t - \dfrac{r}{v}\right)$, läſst zunächst folgende Eigenschaften herleiten:

wenn $r = \sqrt{x^2 + y^2 + z^2}$ und $q = t - \dfrac{r}{v}$

$$\frac{\partial u}{\partial r} = \frac{\partial u}{\partial q} \cdot \frac{\partial q}{\partial r}$$

es ist aber

$$\frac{\partial q}{\partial r} = -\frac{1}{v} \text{ und } \frac{\partial u}{\partial t} = \frac{\partial u}{\partial q}$$

also

$$\frac{\partial u}{\partial r} = -\frac{1}{v}\frac{\partial u}{\partial t}$$

$$\frac{\partial^2 u}{\partial r^2} = +\frac{1}{v^2}\frac{\partial^2 u}{\partial t^2}$$

1) $$v^2 \frac{\partial^2 u}{\partial r^2} = \frac{\partial^2 u}{\partial t^2}$$

ferner ist

$$\frac{\partial r}{\partial x} = \frac{x}{r}; \quad \frac{\partial r}{\partial y} = \frac{y}{r}; \quad \frac{\partial r}{\partial z} = \frac{z}{r}$$

§ 7. Entstehung der Wellengleichung.

also
$$\frac{\partial u}{\partial x} = \frac{x}{r}\frac{\partial u}{\partial r}$$
$$\frac{\partial^2 u}{\partial x^2} = \frac{x^2}{r^2}\frac{\partial^2 u}{\partial r^2} + \frac{r^2-x^2}{r^3}\frac{\partial u}{\partial r}$$

und entsprechend
$$\frac{\partial^2 u}{\partial y^2} = \frac{y^2}{r^2}\frac{\partial^2 u}{\partial r^2} + \frac{r^2-y^2}{r^3}\frac{\partial u}{\partial r}$$
$$\frac{\partial^2 u}{\partial z^2} = \frac{z^2}{r^2}\frac{\partial^2 u}{\partial r^2} + \frac{r^2-z^2}{r^3}\frac{\partial u}{\partial r}$$

folglich
$$\frac{\partial^2 u}{\partial x^2} + \frac{\partial^2 u}{\partial y^2} + \frac{\partial^2 u}{\partial z^2} = \Delta u = \frac{\partial^2 u}{\partial r^2}$$

und mit Berücksichtigung von 1)

2) $$\frac{\partial^2 u}{\partial t^2} = v^2 \Delta u.$$

Diese Gleichung ist eine in physikalischen Theorieen häufig auftretende Gleichung und jede Theorie, die auf dieselbe hinausführt, liefert offenbar einen sich mit konstanter Geschwindigkeit ausbreitenden Vorgang.

Auch die Darstellung eines sich kugelförmig ausbreitenden Vorganges durch die Gleichung $\varphi = \dfrac{u\left(t - \dfrac{r}{v}\right)}{r}$ genügt derselben Gleichung, denn es ist:

$$\frac{\partial \varphi}{\partial t} = \frac{1}{r}\frac{\partial u}{\partial t}; \quad \frac{\partial^2 \varphi}{\partial t^2} = \frac{1}{r}\frac{\partial^2 u}{\partial t^2} = \frac{v^2}{r}\frac{\partial^2 u}{\partial r^2}$$

und
$$\frac{\partial \varphi}{\partial x} = \frac{x}{r}\frac{\partial \varphi}{\partial r} = \frac{x}{r^2}\frac{\partial u}{\partial r} - \frac{x}{r^3}u$$
$$\frac{\partial^2 \varphi}{\partial x^2} = \frac{r^2-2x^2}{r^4}\frac{\partial u}{\partial r} + \frac{x^2}{r^3}\frac{\partial^2 u}{\partial r^2} - \frac{r^3-3x^2 r}{r^6}u - \frac{x^2}{r^4}\frac{\partial u}{\partial r}$$
$$= -\frac{r^2-3x^2}{r^5}u + \frac{r^2-3x^2}{r^4}\frac{\partial u}{\partial r} + \frac{x^2}{r^3}\frac{\partial^2 u}{\partial r^2}$$

und entsprechende Ausdrücke für $\dfrac{\partial^2 \varphi}{\partial y^2}$ und $\dfrac{\partial^2 \varphi}{\partial z^2}$.

Durch Addition dieser Ausdrücke erhalten wir dann

$$\Delta\varphi = \frac{1}{r}\frac{\partial^2 u}{\partial r^2} = \frac{1}{v^2}\frac{\partial^2 \varphi}{\partial t^2}$$

also wieder

$$v^2 \Delta\varphi = \frac{\partial^2 \varphi}{\partial t^2}.$$

Die Theorie also, die zufolge der Gleichung 2) auf einen sich mit konstanter Geschwindigkeit ausbreitenden Vorgang geführt hat, wird auch befriedigt durch einen kugelförmig nach allen Richtungen sich ausbreitenden. Da ferner diese Gleichung linear und homogen ist, so folgt, daſs auch die Summe einzelner Lösungen wieder eine Lösung der Gleichung ist. Hat man also eine Reihe verschiedener Teilvorgänge als Lösung dieser Gleichung gefunden, so gilt für diese einzelnen die Zusammensetzung durch einfache Summierung und die Summe stellt selbst wieder einen Vorgang der gleichen Art dar. Physikalisch gesprochen heiſst das, für die betreffenden Vorgänge gilt das Prinzip der Superposition. Es entspricht dies unserer zweiten Grundannahme.

---

§ 8. Spezialfall der Transversalwellen.

Neben dieser Differentialgleichung besteht nun für die Lichtvorgänge noch die Bedingung, daſs drei Funktionen von der Form u erforderlich sind, die die Komponenten eines Vektors darstellen und daſs der Endpunkt dieses Lichtvektors in einer Ebene senkrecht zur Fortpflanzungsrichtung schwingt. Dies ist auszudrücken durch:

$$u\frac{x}{r} + v\frac{y}{r} + w\frac{z}{r} = 0,$$

also ist auch

$$\frac{x}{r}\frac{\partial u}{\partial t} + \frac{y}{r}\frac{\partial v}{\partial t} + \frac{z}{r}\frac{\partial w}{\partial t} = 0.$$

Solange wir nur ebene Wellen betrachten, läſst sich dies auch schreiben:

$$3) \quad \frac{\partial u}{\partial x} + \frac{\partial v}{\partial y} + \frac{\partial w}{\partial z} = 0,$$

denn es ist:
$$\frac{\partial u}{\partial x} = \frac{\partial u}{\partial q} \cdot \frac{\partial q}{\partial x} = -\frac{1}{v}\frac{x}{r}\frac{\partial u}{\partial q} = -\frac{1}{v}\frac{x}{r}\frac{\partial u}{\partial t}$$

und entsprechend
$$\frac{\partial v}{\partial y} \text{ und } \frac{\partial w}{\partial z}.$$

Die Gleichung 3) verbunden mit dem vollständigen Gleichungssystem

$$2') \quad \frac{\partial^2 u}{\partial t^2} = v^2 \Delta u$$
$$\frac{\partial^2 v}{\partial t^2} = v^2 \Delta v$$
$$\frac{\partial^2 w}{\partial t^2} = v^2 \Delta w$$

genügen zur Darstellung ebener Wellen. Die einfachste Lösung ist eine harmonische Funktion, wie wir sie nach der dritten Grundannahme als zu Darstellung der Lichtvorgänge als geeignet angenommen hatten. Aber auch jede Summe harmonischer Funktionen ist ebensogut eine Lösung; wenn also eine Theorie auf die Gleichungen 2) und 3) hinausgeführt hat, so wird damit die dritte Grundannahme als solche durchaus nicht hinfällig, sondern sie stellt stets eine Vereinfachung dar, deren Berechtigung lediglich aus der Erfahrung zu entnehmen ist.

---

§ 9. Deutung der Gleichungen als elastische Wellen.

Den Gleichungen 2) und 3) läfst sich durch Einführung von Hilfsvektoren folgende Umformung geben:

Es sei
$$4) \quad \xi = \frac{\partial w}{\partial y} - \frac{\partial v}{\partial z};\ \eta = \frac{\partial u}{\partial z} - \frac{\partial w}{\partial x};\ \zeta = \frac{\partial v}{\partial x} - \frac{\partial u}{\partial y},$$

so wird

20 II. Bedeutung der erhaltenen mathematischen Ausdrücke etc.

$$\frac{\partial \eta}{\partial z} = \frac{\partial^2 u}{\partial z^2} - \frac{\partial^2 w}{\partial x \partial z}$$

$$\frac{\partial \zeta}{\partial y} = \frac{\partial^2 v}{\partial x \partial y} - \frac{\partial^2 u}{\partial y^2}$$

$$\frac{\partial \eta}{\partial z} - \frac{\partial \zeta}{\partial y} = \frac{\partial^2 u}{\partial z^2} + \frac{\partial^2 u}{\partial y^2} - \left(\frac{\partial^2 w}{\partial x \partial z} + \frac{\partial^2 v}{\partial x \partial y} \right)$$

nach 3) ist aber

$$\frac{\partial^2 u}{\partial x^2} + \frac{\partial^2 v}{\partial x \partial y} + \frac{\partial^2 w}{\partial x \partial y} = 0,$$

also wird

$$\frac{\partial \eta}{\partial z} - \frac{\partial \zeta}{\partial y} = \Delta u,$$

folglich lassen sich die Gleichungen 2) auch schreiben

2a) $\quad \dfrac{1}{v^2} \dfrac{\partial^2 u}{\partial t^2} = \dfrac{\partial \eta}{\partial z} - \dfrac{\partial \zeta}{\partial y}; \quad \dfrac{1}{v^2} \dfrac{\partial^2 v}{\partial t^2} = \dfrac{\partial \zeta}{\partial x} - \dfrac{\partial \xi}{\partial z};$

$$\frac{1}{v^2} \frac{\partial^2 w}{\partial t^2} = \frac{\partial \xi}{\partial y} - \frac{\partial \eta}{\partial x}.$$

In dieser Form entsprechen die Differentialgleichungen genau den Gleichungen, zu welchen die Theorie der Elastizität für inkompressible Körper gelangt und darauf beruht es, daſs die Lichtvorgänge angesehen werden können als Wellen in einem elastischen, inkompressibelen Medium, dem sogenannten Lichtäther. Der Vektor u, v, w bedeutet dann die Verschiebung, die die einzelnen Ätherteile bei der Ausbreitung des Lichtes aus ihrer Ruhelage erleiden; der Hilfsvektor ξ, η, ζ entspricht dann der Drillung der Teile gegeneinander.

Differentiieren wir jedoch die dritte der Gleichungen 2a) nach y und die zweite nach z, so wird:

$$\frac{1}{v^2} \frac{\partial^2}{dt^2} \left(\frac{\partial w}{\partial y} \right) = \frac{\partial^2 \xi}{\partial y^2} - \frac{\partial^2 \eta}{\partial y \partial x}$$

$$\frac{1}{v^2} \frac{\partial^2}{\partial t^2} \left(\frac{\partial v}{\partial z} \right) = \frac{\partial^2 \zeta}{\partial x \partial z} - \frac{\partial^2 \xi^2}{\partial z^2}$$

$$\frac{1}{v^2} \frac{\partial^2 \xi}{\partial t^2} = \frac{\partial^2 \xi}{\partial y^2} + \frac{\partial^2 \xi}{\partial z^2} - \left(\frac{\partial^2 \eta}{\partial y \partial x} + \frac{\partial^2 \zeta}{\partial x \partial z} \right)$$

Ferner ist durch Differentiation der Gleichungen 4) nach bezw. x, y, z und Addition zu erhalten:

$$\frac{\partial \xi}{\partial x}+\frac{\partial \eta}{\partial y}+\frac{\partial \zeta}{\partial z}=0,$$

also auch wieder

$$\frac{1}{v^2}\frac{\partial^2 \xi}{\partial t^2}=\Delta\xi;\quad \frac{1}{v^2}\frac{\partial^2 \eta}{\partial t^2}=\Delta\eta;\quad \frac{1}{v^2}\frac{\partial^2 \zeta}{\partial t^2}=\Delta\zeta.$$

Das sind aber wieder genau die Gleichungen 3) und 2). Das heißt aber, daß ebensogut der Hilfsvektor ξ, η, ζ den Lichtvektor darstellen kann. Die Vektoren ξ, η, ζ und u, v, w können sich gegenseitig für die Darstellung des Lichtes vollständig ersetzen, wenn der eine die Verschiebung im elastischen Medium darstellt, entspricht der andere der Drillung. Beide Vektoren stehen auf einander senkrecht.

§ 10. Deutung in der elektromagnetischen Lichttheorie.

Durch Einführung eines anderen Hilfsvektors können wir der Wellengleichung eine vollständig symmetrische Gestalt geben. Setzen wir:

$$\frac{1}{v}\frac{\partial u}{\partial t}=a;\quad \frac{1}{v}\frac{\partial v}{\partial t}=b;\quad \frac{1}{v}\frac{\partial w}{\partial t}=c$$

so wird aus 4) und 2a)

2b) $\quad \dfrac{1}{v}\dfrac{\partial \xi}{\partial t}=\dfrac{\partial c}{\partial y}-\dfrac{\partial b}{\partial z};\quad \dfrac{1}{v}\dfrac{\partial \eta}{\partial t}=\dfrac{\partial a}{\partial z}-\dfrac{\partial c}{\partial x};$

$$\frac{1}{v}\frac{\partial \zeta}{\partial t}=\frac{\partial b}{\partial x}-\frac{\partial a}{\partial y}$$

$$\frac{1}{v}\frac{\partial a}{\partial t}=\frac{\partial \eta}{\partial z}-\frac{\partial \zeta}{\partial y};\quad \frac{1}{v}\frac{\partial b}{\partial t}=\frac{\partial \zeta}{\partial x}-\frac{\partial \xi}{\partial z};$$

$$\frac{1}{v}\frac{\partial c}{\partial t}=\frac{\partial \xi}{\partial y}-\frac{\partial \eta}{\partial x}$$

wozu noch kommt

$$\frac{\partial \xi}{\partial x}+\frac{\partial \eta}{\partial y}+\frac{\partial \zeta}{\partial z}=0.$$

In dieser Form entsprechen die Differentialgleichungen genau den Maxwellschen Gleichungen für die elektrischen und magnetischen Vorgänge im leeren Raum und darauf beruht es, dafs man das Licht auch ansehen kann als elektromagnetische Wellen. Es sind dann ξ, η, ζ und a, b, c die Vektoren der elektrischen bezw. magnetischen Kraft und der Lichtvektor kann mit einem von beiden identisch angenommen werden.

Drittes Kapitel.
Die Interferenzerscheinungen.

§ 11. Ebene Lichtwellen.

Es sollen jetzt zunächst solche Vorgänge betrachtet werden, für welche die folgenden beiden Bedingungen erfüllt sind.

1) **Der Ort der Lichtquelle ist von dem Orte, an welchem die Lichterscheinung beobachtet wird, sehr weit entfernt**, so dafs die Abnahme der Intensität nach dem umgekehrten Quadrat der Gröfse r vernachlässigt werden kann. Die Ausbreitung des Lichtes in diesem Falle geschieht in ebenen Wellen, weil offenbar alle Punkte die in einer zur Fortpflanzungsrichtung senkrechten Ebene liegen, gleichen Lichtzustand haben.

2) **Die Polarisationsrichtungen zusammentreffender Lichtmengen sollen die gleichen, oder wenigstens sehr nahe die gleichen sein**, so dafs man, um die Gesamtwirkung zu erhalten, die Lichtvektoren einfach algebraisch, anstatt im allgemeinen geometrisch addieren kann. Hierzu ist erforderlich, dafs erstens die Fortpflanzungsrichtungen zusammentreffender Lichtmengen nur sehr wenig von einander abweichen, und dafs zweitens jede Änderung der Lage der Polarisationsrichtung die zusammentreffenden Lichtwellen in genau gleicher Weise trifft. Diese letztere Eigenschaft drückt man dadurch aus, dafs man sagt: die verschiedenen Lichtwellen sind kohärent. Verwirklicht werden solche kohärente Lichtwellen nur dadurch, dafs sie von derselben Lichtquelle ursprünglich ausgehen und durch irgend welche Mittel zunächst auf verschiedene Wege ge-

bracht und dann wieder in dieselbe Richtung zusammengeführt werden. Zwei verschiedene Lichtquellen ergeben niemals kohärente Lichtwellen, denn in dem natürlichen Lichte schwankt die Polarisationsrichtung in durchaus unregelmäfsiger, uns unbekannter Weise, so dafs von zwei solchen verschiedenen Lichtquellen entstammenden Wellenzügen die Bedingung der Kohärenz niemals eine gewisse Zeitlang erfüllt sein kann.

Unter diesen beiden Bedingungen gestaltet sich die Berechnung der Erscheinungen, die beim Zusammentreffen verschiedener Lichtwellen eintreten, besonders einfach.

Nach § 2 des ersten Kapitels sind die Lichtvektoren in einem Zuge ebener Wellen, die sich in der Richtung r fortpflanzen, dargestellt durch die Gleichung

$$F = A \sin 2\pi \left(\frac{t}{\tau} - \frac{r}{\lambda} + \delta \right).$$

Für ein konstantes $r = r_1$ stellt diese Gleichung die Veränderung der Lichtvektoren mit der Zeit dar an dem Orte r_1; für konstantes $t = t_1$ giebt es die Gröfse der Vektoren in dem bestimmten Augenblicke t_1 längs der ganzen Richtung r. τ ist die Schwingungsdauer, d. h. die Zeit innerhalb welcher der Lichtvektor an demselben Orte immer wieder denselben Wert erhält; λ ist die Wellenlänge, d. h. die Strecke, innerhalb welcher im gleichen Augenblick längs r immer wieder der gleiche Wert des Vektors wiederkehrt; die Gröfse δ ist eine Konstante, durch deren Wahl lediglich der Augenblick bestimmt ist, in welchem an einem bestimmten Orte der Vektor gerade Null ist, oder der Ort, an welchem in einem bestimmten Augenblick der Vektor Null ist; solange also der Anfangspunkt, von dem aus t oder r gemessen werden sollen, noch nicht bestimmt ist, können wir entweder t oder r beliebig so festsetzen, dafs $\delta = 0$ ist. Wir können also im allgemeinen schreiben:

$$1) \qquad F = A \sin 2\pi \left(\frac{t}{\tau} - \frac{r}{\lambda} \right),$$

oder auch

$$F = A \sin \frac{2\pi}{\tau} \left(t - \frac{\tau}{\lambda} r \right).$$

An irgend einem bestimmten Punkte r wird offenbar, wenn $t = \dfrac{r\tau}{\lambda}$ ist, $F = 0$; rechnen wir für diesen Fall die Zeit von dem Augenblick $t = \dfrac{r\tau}{\lambda}$ an, so dafs also dieser Augenblick mit Null zu bezeichnen ist, so wird $F = A \sin \dfrac{2\pi}{\tau} t$. Ist also die Möglichkeit, über t in diesem Sinne frei zu verfügen, vorhanden, so stellt diese einfachste Form schon den Schwingungszustand des Vektors in einem Punkte vollständig dar. Offenbar stellt dann $F'' = A \cos \dfrac{2\pi}{\tau} t$ eine Gröfse vor, die sich in ganz genau der gleichen Weise ändert, die also auch einen Lichtvektor darstellen kann, der jedoch um die Zeit $t = \dfrac{\tau}{4}$, d. h. also um eine Viertelschwingung hinter F zurück ist, denn setze ich in F'' für $t \left(t + \dfrac{\tau}{4} \right)$ ein, so wird F'' in F übergeführt. Da bei einem ebenen Wellenzuge die zeitliche Verteilung der Vektoren an einem Orte stets gleich der räumlichen Verteilung längs der Fortpflanzungsrichtung in dem gleichen Augenblick ist, so stellen F und F'' auch zwei gleiche Wellenzüge vor, die um $\dfrac{\lambda}{4}$ gegen einander verschoben sind.

---

§ 12. Zusammensetzung mehrerer einfacher Wellen.

Die Gleichung 1) läfst sich nun auch folgendermafsen umwandeln:

$$F = A \sin \dfrac{2\pi}{\tau} \left(t - \dfrac{\tau}{\lambda} r \right)$$
$$= A \cos \dfrac{2\pi}{\lambda} r \sin \dfrac{2\pi}{\tau} t - A \sin \dfrac{2\pi}{\lambda} r \cos \dfrac{2\pi}{\tau} t.$$

Führen wir jetzt für einen bestimmten Ort neue Konstanten A' und A'' ein, indem wir setzen:

$$A' = A \cos \dfrac{2\pi}{\lambda} r \, ; \, A'' = A \sin \dfrac{2\pi}{\lambda} r,$$

III. Die Interferenzerscheinungen.

folglich
$$A'^2 + A''^2 = A^2 \quad \text{und} \quad \text{tg}\,\frac{2\pi}{\lambda}r = \frac{A''}{A'},$$
so wird
$$F = A' \sin\frac{2\pi}{\tau}t - A'' \cos\frac{2\pi}{\tau}t,$$

das heifst aber nach dem vorhergehenden, jeder ebene Wellenzug läfst sich in zwei Wellenzüge zerlegen, die um eine Viertelschwingung gegeneinander verschoben sind.

Durch eine solche Zerlegung wird es nun leicht, beliebig viele ebene Wellen, die in einem Punkte kohärent zusammenkommen, zusammenzusetzen. Haben wir nämlich

$$F_1 = A_1 \sin\frac{2\pi}{\tau}\left(t - \frac{\tau}{\lambda}r_1\right){}^{*)} = A_1' \sin\frac{2\pi}{\tau}t - A_1'' \cos\frac{2\pi}{\tau}t$$

$$F_2 = A_2 \sin\frac{2\pi}{\tau}\left(t - \frac{\tau}{\lambda}r_2\right) = A_2' \sin\frac{2\pi}{\tau}t - A_2'' \cos\frac{2\pi}{\tau}t$$

$$F_3 = A_3 \sin\frac{2\pi}{\tau}\left(t - \frac{\tau}{\lambda}r_3\right) = A_3' \sin\frac{2\pi}{\tau}t - A_3'' \cos\frac{2\pi}{\tau}t,$$

$$\vdots \qquad \vdots \qquad \vdots \qquad \vdots$$

so wird die resultierende Welle
$$F = \Sigma F_n = \Sigma A' \sin\frac{2\pi}{\tau}t - \Sigma A'' \cos\frac{2\pi}{\tau}t.$$

Die resultierende Amplitude wird sein
$$A = \sqrt{(\Sigma A')^2 + (\Sigma A'')^2}.$$

Tragen wir also alle A', $\left(\text{d. h. die Gröfsen } A_1 \cos\frac{2\pi}{\lambda}r_1,\right.$ $\left. A_2 \cos\frac{2\pi}{\lambda}r_2 \ldots\right)$ als Abscissen, und die $A''\left(\text{d. h. } A_1 \sin\frac{2\pi}{\lambda}r_2 \ldots\right)$ als Ordinaten in ein Koordinatensystem ein, so wird die Gröfse A durch geometrische Summierung gefunden (siehe

---

*) Da die Zeit für alle Schwingungen von demselben Anfang gezählt werden soll, und da $\delta = 0$ gesetzt ist, können wir die Verschiedenheit der Wellen nur noch dadurch ausdrücken, dafs wir die einzelnen Wellen aus verschiedenen Entfernungen $r_1, r_2 \ldots$ herkommend annehmen. Wir führen sie auf denselben Anfang zurück, wenn wir setzen $r_1 = r + \delta_1; r_2 = r + \delta_2$ u. s. w.

§ 13. Vereinfachung für den Fall von nur zwei Wellen.

Fig. 2). Aus derselben Figur ergiebt sich dann die Phase der resultierenden Schwingung durch die Gleichung

$$\operatorname{tg} \frac{2\pi}{\lambda} r = \frac{\Sigma A''}{\Sigma A'}.$$

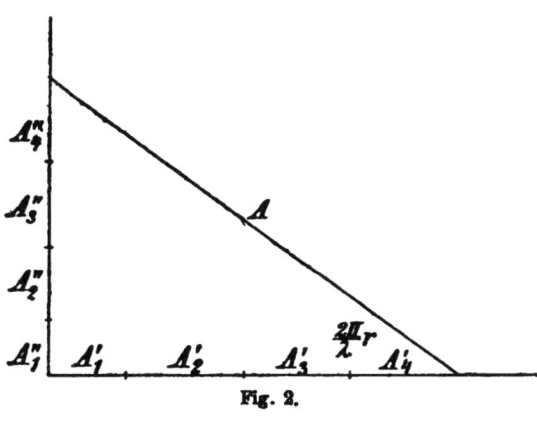

Fig. 2.

§ 13. Vereinfachung für den Fall von nur zwei Wellen.

Treffen nur zwei Wellen zusammen, so ergeben die Formeln des vorigen Paragraphen als Resultierende

$$F = A \sin \frac{2\pi}{\tau}\left(t - \frac{\tau}{\lambda} r\right),$$

worin jetzt ist

$$A^2 = \left(A_1 \cos \frac{2\pi}{\lambda} r_1 + A_2 \cos \frac{2\pi}{\lambda} r_2\right)^2$$
$$+ \left(A_1 \sin \frac{2\pi}{\lambda} r_1 + A_2 \sin \frac{2\pi}{\lambda} r_2\right)^2$$
$$= A_1^2 + A_2^2 + 2 A_1 A_2 \left(\cos \frac{2\pi}{\lambda} r_1 \cos \frac{2\pi}{\lambda} r_2\right.$$
$$\left. + \sin \frac{2\pi}{\lambda} r_1 \sin \frac{2\pi}{\lambda} r_2\right)$$
$$= A_1^2 + A_2^2 + 2 A_1 A_2 \cos \frac{2\pi}{\lambda}(r_1 - r_2).$$

Hieraus geht hervor, dafs die Helligkeit beim Interferieren zweier ebenen Wellenzüge ein Maximum ist, wenn die Wegdifferenz $r_1 - r_2 = 2m\dfrac{\lambda}{2}$, gleich einem geraden Vielfachen der halben Wellenlänge ist, für $r_1 - r_2 = (2m+1)\dfrac{\lambda}{2}$ tritt ein Minimum ein. Ist $A_1 = A_2$, haben also die ursprünglichen Wellenzüge gleiche Intensität, so wird das Maximum

$$A_{max}^2 = 4A_1{}^2;$$

die Helligkeit ist also dann, da die Helligkeit proportional dem Quadrat der Amplitude ist, nach § 6 Kap. I, viermal so grofs, wie jede Welle für sich bewirken würde. Das Minimum wird

$$A_{min}^2 = 0.$$

Es tritt also völlige Vernichtung der Lichtwirkung ein.

---

§ 14. Einfache Interferenzerscheinungen. Fresnels Spiegel, Doppelprisma, geneigte Glasplatten, Billots Halblinsen, Michelsons Spiegel.

Diese Formeln finden unmittelbare Anwendung bei allen derartigen Versuchsanordnungen, bei welchen das von einer Lichtquelle ausgehende Licht durch irgend welche optischen Hilfsmittel so geteilt wird, als käme es von zwei getrennten Punkten her, so dafs diese als selbständige, aber kohärente, lichtaussendende Punkte angesehen werden können. In dem Raume, welcher von diesen beiden Punkten gleichzeitig Licht empfängt, berechnet sich die resultierende Wirkung nach obigen Formeln, so lange die Fortpflanzungsrichtungen beider Wellenzüge hinreichend spitze Winkel miteinander bilden.

Derartige Versuchsanordnungen sind:

1) **Fresnels Spiegelversuch.**

Das Licht der Lichtquelle L wird in den beiden wenig gegen einander geneigten Spiegeln AB und AC reflektiert, und durchsetzt von den Spiegeln aus den Raum, als käme es von den beiden Lichtpunkten L_1 und L_2. Welche besonderen Vorgänge bei der Reflexion sich abspielen, kann unberücksichtigt bleiben, da beide Wellenzüge in genau gleicher Weise davon betroffen werden. Die von L_1 und L_2 scheinbar ausgehenden Wellen sind also thatsächlich in unserem Sinne kohärent. In dem in der Figur schraffiertem Raume treten die zu berechnenden Interferenzen auf.

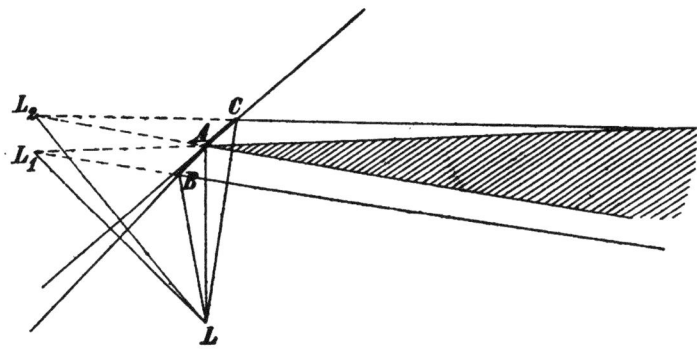

Fig. 3.

2) **Fresnels Doppelprisma.** An Stelle der Spiegel wird ein Doppelprisma gesetzt.

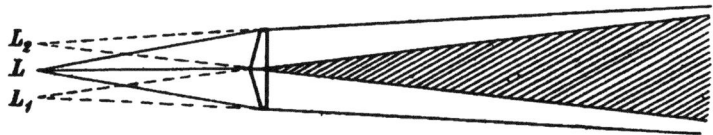

Fig. 4.

Auch hierbei treten zwei kohärente Lichtpunkte auf, wie aus der Figur ersichtlich.

3) **Geneigte Glasplatten und Linsen.**

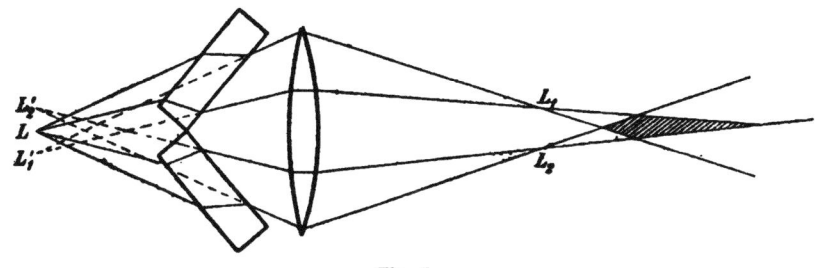

Fig. 5.

Das Bild, das von der Lichtquelle L durch eine Linse entworfen wird, wird durch Zwischenschalten zweier symmetrisch gestellten, geneigten Glasplatten in zwei Bildpunkte L_1 in L_2 zerlegt. Auch so entstehen kohärente Lichtpunkte.

III. Die Interferenzerscheinungen.

4) Billots Halblinsen.

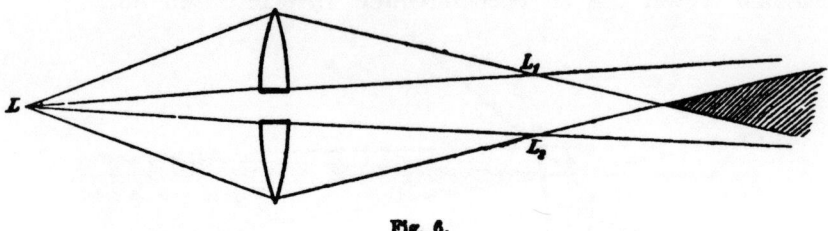

Fig. 6.

Eine Linse wird diametral zerschnitten und beide Teile etwas auseinandergezogen; auch dadurch entstehen zwei Bildpunkte L_1 und L_2, die den Anforderungen genügen.

5) Michelsons Spiegelversuch.

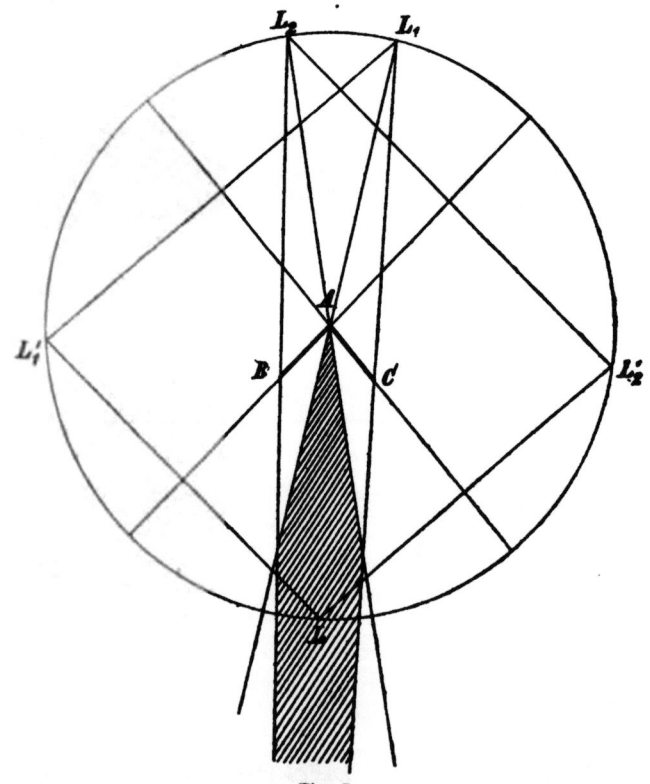

Fig. 7.

Eine Lichtquelle L steht in der Mittelebene zweier nahezu senkrecht zu einander stehender Spiegel AB und AC; von

§ 14. Einfache Interferenzerscheinungen. 31

ihr werden die Spiegelbilder L_1' und L_2' erzeugt und von diesen wieder die zweiten Spiegelbilder L_1, L_2. Wäre der Winkel zwischen den Spiegeln genau ein Rechter, so würden L_1 und L_2 zusammenfallen, durch geringes Abweichen vom rechten Winkel rücken L_1 und L_2 auseinander und bilden nun kohärente Lichtpunkte. Beim Beobachten muſs in diesem Falle das direkte Licht der Lichtquelle in dem Raume, in dem man beobachten will, durch einen kleinen Schirm abgeblendet werden.

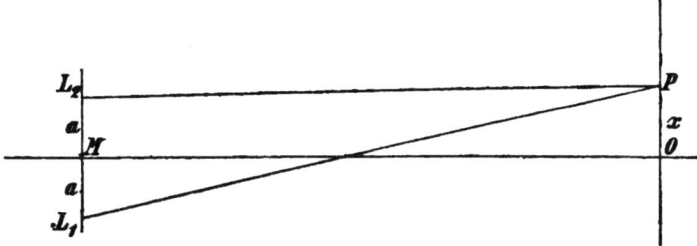

Fig. 8.

Bei allen diesen und ähnlichen Versuchsanordnungen haben wir zur Berechnung der Interferenzerscheinungen im Interferenzraum auszugehen von den beiden kohärenten Lichtpunkten L_1 und L_2 (Fig. 8). In irgend einem Punkte P im Interferenzraum wird dann die Helligkeit abhängen nach dem vorigen Paragraphen einfach von der Differenz der Längen $L_1 P$ und $L_2 P$; je nachdem diese Differenz ein gerades oder ein ungerades Vielfaches von λ ist, haben wir Maxima der Intensität oder Dunkelheit, und die Maxima sind gleich dem Vierfachen der von einem Lichtpunkte allein in P erzeugten Helligkeit. Hieraus folgt unmittelbar, daſs in der Symmetrieebene zu $L_1 L_2$, in der Ebene, die die Ebene der Fig. 8 in MO schneidet, überall Intensitätsmaximum herrschen muſs. Zu beiden Seiten dieser Ebenen gruppieren sich die Flächen gleicher Helligkeit in Rotationshyperboloiden, deren Rotationsachse die Grade $L_1 L_2$ ist und deren Brennpunkte ebenfalls L_1 und L_2 sind, denn die Hyperbel ist der geometrische Ort aller Punkte, deren Abstände von zwei festen Punkten gleiche Differenz haben. Das Bild, das man in einer Ebene

Fig. 9.

parallel zu L_1L_2 durch einen matten Schirm auffangen, oder durch eine Lupe in der Bildebene derselben direkt sehen kann, ist die Durchschnittsfigur dieser Schar von Hyperboloiden mit der Ebene des Schirmes bezw. der Bildebene der Lupe, muß also die Gestalt der Fig. 9 haben. Im allgemeinen wird man nur die mittlere Partie dieser Figur, also ein System paralleler Streifen zu sehen bekommen.

Es erübrigt jetzt nur noch, den Abstand dieser Streifen von einander, die Streifenbreite zu berechnen. Bezeichnen wir den Abstand eines Punktes P, für den wir die Helligkeit berechnen wollen, von der Symmetrieebene, also die Strecke PO in Fig. 8 mit x, den Abstand L_1L_2 mit $2a$, die Strecke MO mit b, so wird

$$L_1P = \sqrt{b^2 + (a+x)^2}$$
$$L_2P = \sqrt{b^2 + (a-x)^2}$$

also $\delta = L_1P - L_2P = \sqrt{b^2 + (a+x)^2} - \sqrt{b^2 + (a-x)^2}$.

Beachten wir nun, daß, um das erforderliche spitzwinkelige Zusammentreffen der Strahlen L_1P und L_2P zu erhalten, a und x sehr klein in Bezug auf b sein müssen, so können wir die Wurzelgrößen nach dem binomischen Lehrsatz entwickeln und die höheren Potenzen kleiner Größen vernachlässigen.

Es wird dann

$$\sqrt{(b^2 + a^2 + x^2) + 2ax} = \sqrt{b^2 + a^2 + x^2} + \frac{ax}{\sqrt{b^2 + a^2 + x^2}}$$

und

$$\sqrt{(b^2 + a^2 + x^2) - 2a} = \sqrt{b^2 + a^2 + x^2} - \frac{ax}{\sqrt{b^2 + a^2 + x^2}}$$

also wird

$$\delta = \frac{2ax}{\sqrt{b^2 + a^2 + x^2}},$$

wofür wir schließlich auch schreiben können $\delta = \frac{2ax}{b}$.

Jedesmal nun, wenn $\delta = 2m \cdot \frac{\lambda}{2}$, tritt Helligkeitsmaximum ein; es ist dann

$$\frac{2m\lambda}{2} = \frac{2ax}{b}$$

§ 14. Einfache Interferenzerscheinungen.

oder

$$x = \frac{mb}{a} \frac{\lambda}{2},$$

der Abstand zweier aufeinanderfolgender Streifen ist also

$$x_1 - x_2 = (m+1) \cdot \frac{b\lambda}{2a} - m \frac{b\lambda}{2a} = \frac{b}{2a}\lambda,$$

und wir sehen, dafs die Figur aus lauter zur Symmetrieebene parallelen äquidistanten Streifen besteht, vom Abstande $\frac{b}{2a}\lambda$.

Zur Anwendung dieser Formel müssen jetzt noch die Gröfsen b und a bekannt sein. Ersteres ist direkt zu messen, letzteres ist nach der besonderen Versuchsanordnung vermittelst der später zu erörternden Gesetze der geometrischen Optik zu berechnen.

Ging von der ursprünglichen Lichtquelle L nur Licht von einer Wellenlänge aus, so wird eine grofse Anzahl heller und dunkler, scharfer Streifen sichtbar. Dieselben stehen dichter zusammen bei kurzwelligem, blauen und violetten Licht, weiter von einander bei rotem Licht. Sandte L Licht von verschiedenen Wellenlängen, z. B. weifses Licht aus, so decken sich die den verschiedenen Farben entsprechenden Streifensysteme nicht, wir erhalten daher ein System farbiger Streifen, die nach der Mitte hin blaue und nach aufsen rote Säume zeigen. In diesem Falle sind auch nur wesentlich weniger Streifen deutlich sichtbar, da die weiter von der Mitte entfernten verschiedenfarbigen Streifen sich durcheinandermischen und wieder Weifs geben.

Die folgende einfache geometrische Ableitung führt zu demselben Wert für $\delta = \frac{2ax}{b}$ und mag daher hier auch noch Platz finden.

Ziehen wir in der Fig. 10, in der die gleichen Bezeichnungen wie in den früheren Figuren gewählt sind, um P mit PL_2 einen Kreis, der L_1L_2 in T und L_1P in Q schneidet, so ist

$$L_1Q \cdot (L_1P + L_2P) = L_1L_2 \cdot L_1T.$$

Es ist aber $L_1Q = \delta$ und $L_1T = 2OP = 2x$, wie man erkennt, wenn man von P das Lot auf L_1L_2 fällt, also wird

$$\delta = \frac{4ax}{L_1P + L_2P},$$

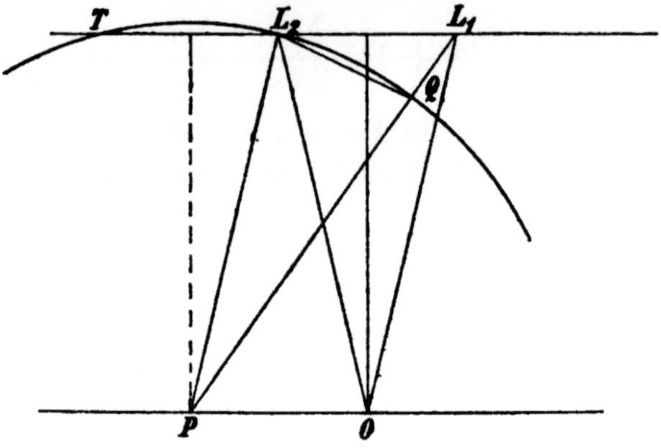

Fig. 10.

nun ist für kleine x und a das arithmetische Mittel von L_1P und L_2P nur sehr wenig von b verschieden, also wird auch hier $\delta = \dfrac{2ax}{b}$ und damit ist zugleich die Genauigkeit dieser Näherungsformel zu übersehen, da sie der Genauigkeit entspricht, mit der man den Mittelwert aus L_1P und L_2P durch b ersetzen kann.

§ 15. Interferenzen an zwei planparallelen Platten. Brewsters und Jamins Streifen.

Durchsetzt ein Lichtbündel zwei gegeneinander um den Winkel α geneigte, planparallele Platten von gleicher Dicke in der Ebene des Neigungswinkels der beiden Platten, so entsteht neben dem direkt durchgehenden Lichtbündel ein zweites durch zweimalige Reflexion an beiden Platten erzeugtes, das um den Winkel 2α von der Richtung des direkten abgelenkt ist. Bedeuten nämlich i_1 und i_2 die Einfallswinkel der Strahlen auf die Platten I und II, so ist der Ablenkungswinkel $2(i_1 + i_2)$; auf der andern Seite ist aber leicht zu übersehen, daß $i_1 + i_2$ stets gleich α ist. In diesem seitlichen Lichtbündel sind Interferenzstreifen sichtbar,

§ 15. Interferenzen an zwei planparallelen Platten. 35

die sog. Brewsterschen Streifen, zu deren zu Stande kommen vier Arten von reflektierten Strahlen zur Verfügung stehen, entsprechend den vier reflektierenden Flächen (siehe Fig. 11 und 12), die Strahlen 1, 2, 3, 4.

Von diesen Strahlen haben die mit 1 und 2 bezeichneten wesentlich verschieden lange Wege zurückgelegt und können daher wenigstens in weifsem Lichte keine sichtbare Interferenzerscheinung bewirken, da die Interferenzen für die verschiedenen Farben sich vollkommen durcheinander mischen müssen, wohl aber geben die Strahlen 2 und 3 sehr deutliche Interferenzen, da ihre Wegdifferenzen nur klein sind. Auch diese Interferenzerscheinung läfst sich am einfachsten übersehen, wenn man sie auf die Fresnelschen Interferenzstreifen, die von zwei nahe bei einanderstehenden,

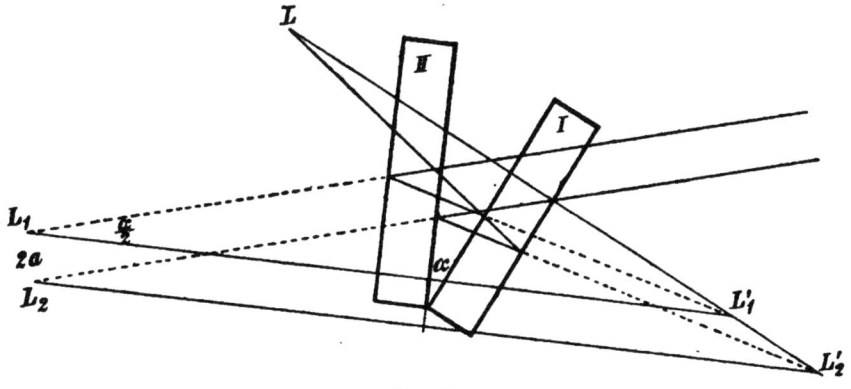

Fig. 11.

kohärenten, leuchtenden Punkten entworfen werden, zurückführt. Konstruiert man nämlich zu dem leuchtenden Punkte L die beiden Bildpunkte L_1' und L_2' in Bezug auf die Vorder- und Hinterfläche der mit I bezeichneten Platte, und zu L_1' und L_2' wieder die Bildpunkte L_1 und L_2 in Bezug auf die Platte II, so sind diese beiden Punkte die die Fresnelschen Streifen erzeugenden Lichtpunkte. Diese beiden Punkte L_1 und L_2 erzeugen nun in der That ein System von Interferenzstreifen, das genau wie beim Fresnelschen Spiegelversuch auf einem Schirm überall im Raume hinter den Platten aufgefangen werden kann, Voraussetzung ist dabei nur, dafs das reflektierte Büschel in der Nähe der Mittellinie zu L_1 und L_2 liegt, denn nur hier treten die

3*

Interferenzstreifen auf. Stellt man daher die beiden Platten senkrecht auf einen horizontalen Tisch und läfst sie von einem horizontalen Lichtbündel durchsetzen, so erhält man auf dem hinter den Platten aufgestellten Schirm einen hellen Lichtfleck vom direkten Licht und seitlich daneben einen matteren vom zweimal reflektierten Licht. Dreht man dann den Tisch mit den Platten um eine vertikale durch L gehende Achse, so ändert sich die Lage der beiden Lichtflecke nicht, da der reflektierte Strahl mit dem direkten stets den Winkel 2α bildet, wohl aber wandert bei dem Herumdrehen des Tisches in einer ganz bestimmten Stellung das System der senkrechten Interferenzstreifen in horizontaler Richtung quer über den matteren Lichtfleck. Die Erscheinung ist genau dieselbe, wie wenn man die Platten unverändert läfst und nur den Strahl um L dreht. Dreht man die Platten um eine nicht durch L gehende Achse, so erhält die Erscheinung einige Abweichungen dadurch, dafs dann L_1 und L_2 veränderlichen Abstand von den Platten haben. Aus der Figur ergiebt sich, dafs die Mitte des Interferenzsystems dann in der Mitte des Lichtfleckes ist, wenn die von der Platte I nach der Platte II reflektierten Strahlenabschnitte senkrecht zur Halbierungslinie des Winkels α liegen, wie in der Figur gezeichnet. Je kleiner der Winkel α ist, desto breiter werden die Streifen. Dadurch lassen sich diese Streifen aufserordentlich leicht weithin sichtbar machen, während beim Fresnelschen Spiegelversuch und den verwandten mit dem Breiterwerden der Streifen zugleich ein Engerwerden des Raumes, in welchem die Streifen auftreten, eintritt, so dafs bald gar nicht mehr mehrere Streifen in diesem schmalen Raume Platz haben. Solange das Lichtbündel in der Ebene des Neigungswinkels der Platten bleibt, ist nur diese eine bevorzugte Richtung vorhanden, in welcher die Interferenzen sichtbar sind, zugleich ist ersichtlich, dafs dann immer von den 4 vorhandenen reflektierten Strahlen die die Interferenz bewirkenden Strahlen 2 und 3 die aufsen liegenden sind.

Dreht man den Lichtstrahl aus der Ebene des Plattenneigungswinkels heraus, so bleiben die Interferenzstreifen nur dann sichtbar im abgelenkten Lichtfleck, wenn der zwischen den Platten liegende Teil der Strahlen in einer zur Halbierungslinie des Plattenneigungswinkels senkrechten

§ 15. Interferenzen an zwei planparallelen Platten. 37

Ebene liegt. Projizieren wir dann den ganzen Strahlenverlauf auf die Ebene des Neigungswinkels, so erhalten wir wieder genau die Fig. 11. Man kann sich also in dieser Figur den Lichtpunkt senkrecht zur Papierfläche nach hinten verschoben denken, die reflektierten Strahlen treten dann nach vorne aus der Papierfläche heraus, bleiben aber, wie leicht zu übersehen, stets so gerichtet, daſs ihre Projektion die gezeichneten Strahlen sind. In diesem Sinne kann man die Figur beliebig weit auseinanderziehen und erhält stets sichtbare Interferenzstreifen. Schneiden wir dann das ganze Raumgebilde durch eine Ebene senkrecht zur Papierfläche und parallel zu dem zwischen den Platten liegenden Strahlen-

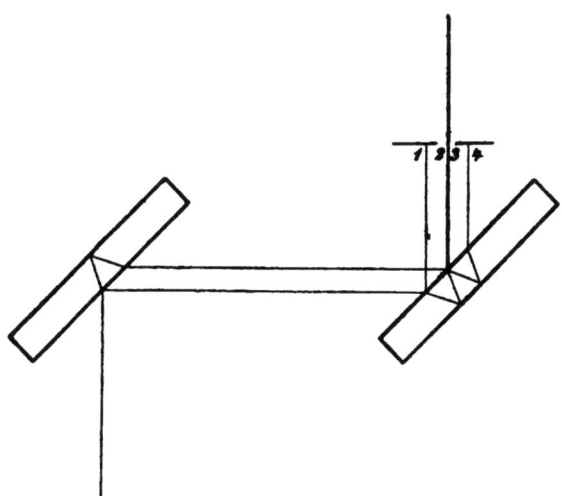

Fig. 12.

abschnitt, und projizieren den Strahlenverlauf auf diese Schnittebene, so erhalten wir die Fig. 12.

In dieser Form werden die Interferenzen in dem **Interferenzrefraktometer von Jamin** beobachtet, und diese Form hat den Vorzug, daſs zwischen den Platten die kohärenten Teile weit auseinander gezogen werden können, so daſs in jeden Teil für sich Licht verzögernde Mittel eingeschoben und deren Einfluſs auf die Lichtgeschwindigkeit aus der Verschiebung der Interferenzstreifen bestimmt werden kann. Gleichzeitig liegen bei dieser Anordnung die Strahlen 2 und 3 in der Mitte und die störenden Strahlen 1 und 4 außerhalb, so daß letztere ganz abgeblendet werden können. Haben wir wieder bei der Jaminschen Anordnung einen horizontalen Lichtstrahl und die Platten zunächst genau parallel und vertikal, so ruft eine geringe Neigung einer Platte um eine horizontale, in ihr liegende Achse die Streifen hervor und zwar um so schmaler, je größer die Neigung. Die Streifen liegen horizontal, weil sie parallel der horizontalen Schnittlinie der Platten sein müssen. Dreht man eine Platte um eine vertikale Achse, so wandern die Streifen nach oben oder unten aus dem Gesichtsfeld heraus.

Sowohl die Jaminschen als auch die Brewsterschen Streifen lassen sich direkt auf einem Schirm auffangen, wenn die lichtaussendende Fläche L nicht sehr ausgedehnt ist; bedeutend heller und schärfer wird die Erscheinung, wenn man die Streifen in der Brennebene einer Linse auffängt, oder mit einem auf unendlich eingestellten Fernrohr oder Auge beobachtet. Alsdann kann eine beliebig ausgedehnte Lichtquelle benutzt werden, und zwar muß, um größte Schärfe zu erhalten, die lichtsendende Fläche so stehen, daß ihr zweites Spiegelbild durch $L_1 L_2$ geht und senkrecht zur Ebene des Plattenneigungswinkels steht. In diesem Falle vereinigt die Linse in einem Punkte ihrer Brennebene nur kohärente Strahlenpaare von genau gleicher Phasendifferenz.

Die Streifenbreite für die Brewstersche Anordnung berechnet sich dann nach der Fresnelschen Formel $\delta = \dfrac{b}{2a} \lambda$. Die Größe a, der halbe Abstand zwischen L_1 und L_2, ergiebt sich aus der Fig. 11 zu $a = 2d \sin \dfrac{\alpha}{2}$; dabei würde aber vorausgesetzt sein, daß die Lichtstrahlen durch Brechung in den Platten nicht von der gezeichneten geraden Richtung abgelenkt sind. Ist jedoch n der Brechungsindex der Platten bezogen auf die umgebende Luft, so erscheint das Bild L_2' der Platte I genähert und zwar so, daß $L_1' L_2' = \dfrac{2d}{n}$ ist. Es wird dem entsprechend auch $a = \dfrac{2d}{n} \sin \dfrac{\alpha}{2}$, wofür bei kleinem α auch gesetzt werden kann $a = \dfrac{d\alpha}{n}$. Den Streifenabstand, da der Schirm in der sehr grofsen Entfernung b liegt, haben wir durch den Richtungsunterschied $i_2 - i_2'$ der Strahlen auszudrücken; es ist dann $\delta = b(i_2 - i_2')$, oder $b(i_2 - i_2') = \dfrac{b}{2a}\lambda$; $i_2 - i_2' = \dfrac{n\lambda}{2d\alpha}$. Die Winkel i_2 sind dabei die Einfallswinkel an der Platte II. Diese Formel gilt auch für die Jaminschen Streifen, wenn man dabei unter i_2 nicht die Einfallswinkel selbst, sondern ihre Projektion auf die Ebene des Neigungswinkels der Platten versteht.

---

§ 16. Interferenzen an einer planparallelen Schicht. Lummers Kurven, Michelsons Ausmessung des Meters in Wellenlängen.

Eine weitere Gruppe einfacher Interferenzerscheinungen zwischen kohärenten, ebenen Wellenzügen erhalten wir jedesmal, wenn Licht durch eine einfache **planparallele Schicht** dringt, an deren Vorder- und Hinterfläche es reflektiert werden kann. Eine solche Schicht ist vorhanden, z. B. wenn Licht eine planparallele Glasplatte durchdringt, oder wenn zwischen zwei durchsichtige parallel gestellte Platten eine Luft- oder Flüssigkeitsschicht gebracht ist.

Da wir nun zur Berechnung derartiger Erscheinungen die Differenz der von den kohärenten Strahlen durchlaufenen Wege in Wellenlängen auszudrücken haben, müssen wir berücksichtigen, dafs auf den Abschnitten der Lichtwege, die in dem optisch dichteren Medium der Platten liegen, die Wellenlängen kürzer sind, dafs also auf diesen Abschnitten verhältnismäfsig mehr Wellenlängen liegen. Die Fortpflanzungsgeschwindigkeiten und ebenso die Wellenlängen des Lichtes verhalten sich nun umgekehrt wie die Brechungsquotienten der Medien. Ist n der Brechungsindex der Platten bezogen auf die umgebende Luft, so ist die Anzahl der auf den betreffenden Abschnitten der Lichtwege liegenden Wellenlängen n mal so grofs, als wenn das Material der Platten selbst Luft wäre. Bilden wir daher die Differenz der gesamten Lichtwege, so haben wir von den im Glas liegenden Längen das n fache zu rechnen, um die Differenz direkt in Wellenlängen ausdrücken zu können. Das erreichen wir aber am einfachsten, indem wir die Plattendicke nicht gleich d, sondern gleich nd in die Formel einführen.

Berücksichtigen wir dieses, so berechnet sich die Wegdifferenz zwischen zwei parallelen Wellenzügen, von denen einer eine Glasplatte einfach durchsetzt, der andere aber im Innern zweimal reflektiert ist, folgendermafsen (Fig. 13).

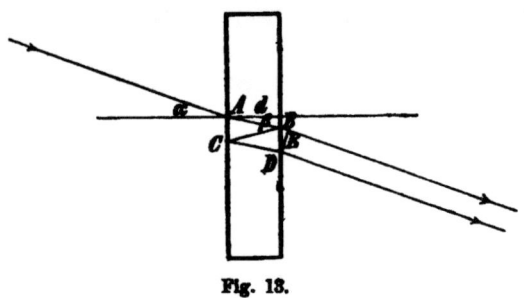

Fig. 13.

Der Unterschied beider ist gleich der Differenz der als Lichtwege zu messenden Längen $CD - BE$. Ist nun α der Einfallswinkel und β der Brechungswinkel, d die Plattendicke, n deren Brechungsquotient auf Luft bezogen, so ist:

$$BE = BD \sin \alpha = 2d \operatorname{tg} \beta \sin \alpha$$

und

$$CD = \frac{d}{\cos \beta}, \quad \text{ferner} \quad \frac{\sin \alpha}{\sin \beta} = n,$$

also

$$\delta = 2n\, CD - BE = \frac{2nd}{\cos \beta} - 2d \frac{\sin \beta}{\cos \beta} \sin \alpha,$$

oder

$$\delta = \frac{2d}{\cos \beta}\left(n - \frac{1}{n} \sin^2 \alpha\right) = \frac{2d}{\sqrt{n^2 - \sin^2 \alpha}} \cdot (n^2 - \sin^2 \alpha)$$

$$\delta = 2d \sqrt{n^2 - \sin^2 \alpha}.$$

1) **Lummers Kurven.** Nach dieser Formel hängt die Phasendifferenz kohärenter, austretender Strahlen bei einer planparallelen Glasplatte nur ab vom Neigungswinkel der einfallenden Strahlen, also haben alle in derselben Richtung

§ 16. Interferenzen an einer planparallelen Schicht. 41

eine solche Platte durchsetzenden Strahlen die gleiche Phasendifferenz.

Beleuchten wir daher eine solche Platte von der einen Seite mit einer homogenen ausgedehnten Lichtquelle AB und stellen auf die andere Seite eine Linse L und in deren Brennebene einen Schirm, so werden auf diesem Schirm alle aus gleicher Richtung auf die Platte fallenden Strahlen in einen Punkt vereinigt werden, dort also die Helligkeit erzeugen, die der Phasendifferenz für diese Richtung entspricht. Da diese Phasendifferenz für die verschiedenen Richtungen verschieden ist, so entstehen in der Brennebene der Linse konzentrische helle und dunkle Ringe, die sogenannten Haidingerschen oder Lummerschen Ringe, deren Mittelpunkt in der Achse der Linse liegt. Nur wenn die

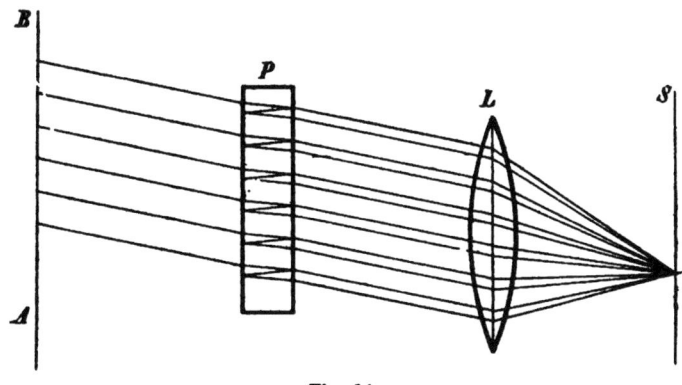

Fig. 14.

Platte gut planparallel ist, sind die Ringe scharf und kreisrund, jede Unebenheit der Platte drückt sich in der Gestalt der Ringe aus, bei starker Unregelmäſsigkeit der Platte verwischen sie sich. Die Helligkeit im Mittelpunkt der Kreise entspricht der Plattendicke in der Achse der Linse; ist hier das Bild nicht scharf, so läſst es sich stets scharf erhalten, indem man ein dünnes Strahlenbündel um die Linsenachse herum herausblendet. Schiebt man dann die Platte parallel mit sich senkrecht zur Linsenachse vorüber, so entspricht jedem Wechsel der Helligkeit in der Bildmitte von hell zu dunkel ein Dickenunterschied zwischen den beiden Stellen der Platte von $\dfrac{n\lambda}{4}$. Man ist so imstande, die Dickenunterschiede zwischen verschiedenen Teilen der Platte mit gröfster Genauigkeit festzustellen.

2) **Michelsons Vergleichung des Meters mit der Gröfse der Wellenlängen.** Eine Abart dieser Versuchsanordnung ist die von Michelson angegebene. Das Licht einer ausgedehnten Lichtquelle AB fällt auf eine schräg stehende Glasplatte G. Ein Teil wird hier reflektiert und gelangt zum Spiegel S_1 und von dort zurückkehrend durchsetzt er die Glasplatte. Der andere Teil durchsetzt erst die Glasplatte, gelangt zum Spiegel S_2 und wird rückkehrend von der Glasplatte in die Richtung des ersten Teiles reflektiert. Die Zusammenwirkung beider Teile übersehen

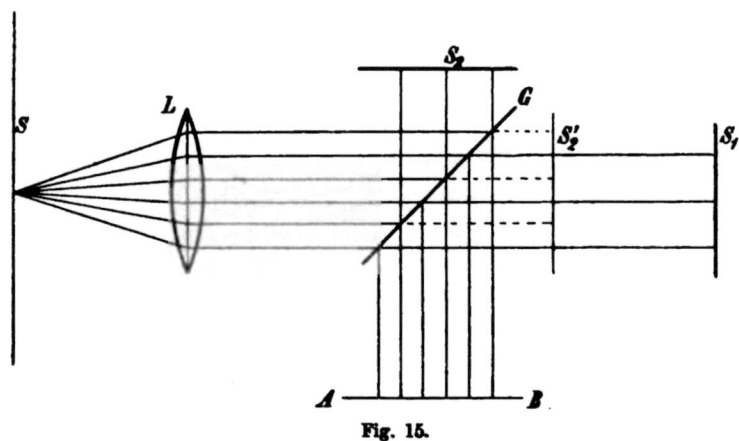

Fig. 15.

wir, wenn wir berücksichtigen, dafs der zweite Teil nach der Reflexion von G genau so läuft, als käme er von dem Spiegelbilde S_2' von S_2 in Bezug auf G. Der Abstand $S_1 S_2'$ entspricht hier also genau der auf Luft reduzierten Plattendicke in der vorigen Versuchsanordnung. Durch eine Linse läfst sich daher genau so, wie beim vorigen Versuche, die Interferenzfigur der konzentrischen Kreise entwerfen. Ist der eine Spiegel durch eine Mikrometerschraube in der Strahlenrichtung mefsbar zu verschieben, so läfst sich durch die Änderung der Interferenzfigur die mikrometrisch gemessene Strecke direkt in Wellenlängen auswerten.

§ 17. Interferenzen an dünnen Blättchen. Fizeaus und Newtons Ringe.

Es bedeute wieder AB eine homogenes Licht aussendende, leuchtende Fläche, und es seien G_1 und G_2 die Grenzflächen einer dünnen Schicht, die entweder sein kann die dünne Schicht zwischen zwei aneinandergelegten Glasplatten, oder auch ein dünnes Blättchen aus Glas oder Glimmer oder dergleichen, L sei wieder eine Linse und S ein Schirm, welcher jetzt jedoch so gestellt sei, daſs ein Punkt P der Grenzfläche G_2 in einem Punkte P' der Schirmebene abgebildet wird. Es läſst sich dann zu jedem von einem leuchtenden Punkte L_1 ausgehenden und durch P

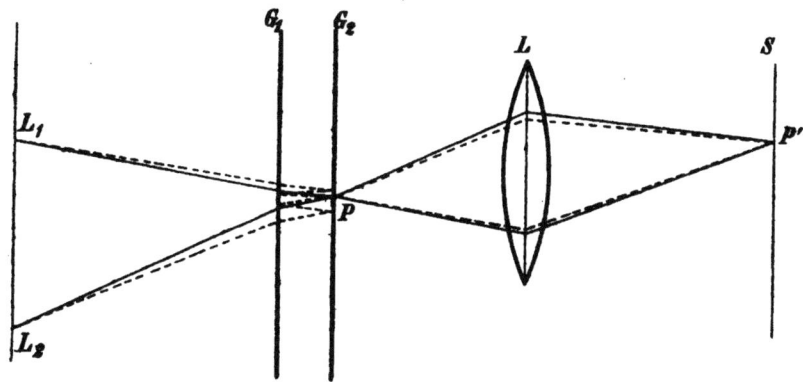

Fig. 16.

gehenden Strahl ein zweiter von L_1 ausgehender Strahl angeben, der nach zweimaliger Reflexion im Innern der dünnen Schicht ebenfalls durch P geht. Diese beiden Strahlen werden in P' wieder zusammentreffen und hier die Phasendifferenz $\delta = 2d(\sqrt{n^2 - \sin^2 \alpha_1})$ haben, so lange man annehmen kann wegen der Dünnheit der Schicht, daſs die in Wirklichkeit verschiedenen Einfallswinkel der beiden Strahlen noch als wesentlich gleich gerechnet werden können. Jedes andere von einem anderen leuchtenden Punkte L_2 ausgehende derartige Strahlenpaar wird, sobald es nur durch P geht, ebenfalls in P' zur Vereinigung gelangen. In P' kommen also eine ganze Reihe von interferierenden Strahlenpaaren zur Übereinanderlagerung und da diese Strahlenpaare unter verschiedenen Winkeln α auf die Schicht treffen, so sind auch die Interferenzen der einzelnen Paare im allgemeinen nicht einander gleich. Sind nun α_1 und α_2 die äufsersten Einfallswinkel, welche noch Strahlen liefern, die von P aus noch gerade den Rand der Linse an entgegen gesetzten Seiten durchsetzen, so ist der gröfste Unterschied der Phasendifferenz der in P' zusammenkommenden Strahlenpaare gleich $\delta_1 - \delta_2 = 2d\left(\sqrt{n^2 - \sin^2\alpha_1} - \sqrt{n^2 - \sin^2\alpha_2}\right)$. Es wird sich dann offenbar zu jeder Differenz $\delta_1 - \delta_2$ eine Schichtdicke d angeben lassen, für welche diese Gröfse $\delta_1 - \delta_2$ kleiner als $\frac{\lambda}{4}$ ist. Für diese Schichtdicke und jede noch geringere Dicke werden dann, wenn das mittelste aller Strahlenbündel für sich allein etwa gerade volle Dunkelheit erzielt, alle anderen nach P' gelangenden Bündel jedenfalls weniger als die mittlere Helligkeit, also immer noch Lichtschwächung bewirken. Unter diesen Verhältnissen wird also auf dem Schirme noch eine einheitliche Interferenzwirkung durch Zusammenwirken aller Strahlenbündel zustande kommen. Ist die Schicht planparallel, so bildet sich wieder ein System von hellen und dunkeln Ringen aus, deren Durchmesser aus d und dem zu dem jedesmal die Linsenmitte durchsetzenden Strahl gehörenden α zu berechnen ist.

Besonders charakterisiert sind diese Ringe, die bei Abbildung der Vorderfläche der Schicht entstehen, dadurch, dafs sie nur von einer gewissen Dünnheit der Schicht an entstehen, und bei immer dünnerer Schicht um so reiner werden. Je dicker die Schicht ist, auf desto kleineren Durchmesser mufs die Linse abgeblendet werden, um die Ringe überhaupt noch sichtbar zu machen. Diese Formen der Interferenzringe werden bei Fizeaus Verfahren der Messung der Änderung der Dicke von dünnen Schichten benutzt. Ändert sich nämlich die Dicke der Schicht $G_1 G_2$, so wird offenbar bei jedem Zuwachs der Dicke um $\frac{\lambda}{4}$ die Mitte des Bildes aus Hell in Dunkel bezw. umgekehrt übergehen; das entspricht aber einem Verschwinden des innersten Fleckes und einem Sichzusammenziehen des ganzen Ringsystems um eine Streifenbreite. Fixiert man also einen excentrischen Punkt des Bildfeldes, so kann man durch Zählen der vorbei-

§ 17. Interferenzen an dünnen Blättchen.

wandernden Streifen ablesen, wie oft die Schichtdicke sich um $\frac{\lambda}{4}$ geändert hat.

Für diese Interferenzerscheinung ist ferner noch charakteristisch, dafs für ihr Zustandekommen nicht erforderlich ist, dafs die Grenzen der Schicht einander parallel sind. Wird in P die Fläche G_2 ein wenig gegen G_1 geneigt, so würde nur das ganze von P ausgehende Büschel ein wenig in der Richtung geändert, bei ausreichender Linsenöffnung würde aber dennoch die Hauptmasse dieser Strahlen in P' vereinigt, das heifst aber, die Interferenzerscheinung in P' wird weder in ihrer Art noch in ihrer Schärfe verändert sein.

Ist im besonderen die Schicht ein von Ebenen begrenzter dünner Keil, so erscheinen die Fizeauschen Ringe in der gleichen Klarheit, aber sie sind in der Richtung der Keilkante in die Länge gezogen. Beobachten wir nur einen schmalen Streifen senkrecht zur Keilkante in der Mitte des Ringsystems, so erscheint dieser von hellen und dunkeln Streifen parallel der Keilkante durchzogen. Schiebt man den Keil senkrecht zur Kante parallel mit sich selbst zwischen Linse und leuchtender Fläche fort, so wandern die Streifen im Bilde entsprechend mit und man kann wieder aus dem Vorbeiwandern der Streifen die Dickenunterschiede an den verschiedenen Stellen der Platte ermitteln; man bekommt für jeden die Mitte des Gesichtsfeldes passierenden Streifen einen Dickenzuwachs bezw. Abnahme an der in der Linsenachse liegenden Stelle des Keils. Eine gänzlich falsche Messung würde man jedoch ausführen, wenn man bei ruhendem Keil die Streifen im Bildfelde zählen und daraus die Dicken entnehmen wollte, die den Plattenpunkten zukommen sollen, welche den Streifen im Bildfelde korrespondieren.

Eine weitere Abänderung dieser Interferenzerscheinung erhalten wir, wenn wir die dünne Schicht bilden lassen durch den Zwischenraum zwischen einer ebenen Platte und einer sehr schwach gekrümmten Konvexlinse. Wir erhalten dann wieder ein System von hellen und dunkeln Ringen, das System der Newtonschen Ringe. Verfahren wir auch hier genau wie bei der Ausmessung der Keildicken, indem wir die Schicht senkrecht zur Linsenachse vorüberziehen, und die Gröfse der Verschiebung messen, die erforderlich ist, um stets den nächstfolgenden Interferenzstreifen in die

Mitte des Gesichtsfeldes zu bringen, so bekommen wir hierdurch die Dickenunterschiede an den verschiedenen Stellen der Schicht. Nun ist, wenn d die Schichtdicke an einer Stelle, r der Abstand dieser Stelle von dem Berührungspunkt zwischen Linse und Platte und R der Krümmungsradius der Konvexfläche ist,

$$d : r = r : (2R - d) \text{ oder } r^2 = d\,(2R - d).$$

Vernachlässigen wir das kleine d gegen $2R$, so wird $r = \sqrt{2dR}$. Mifst man also die Interferenzfigur in oben angegebener Weise aus, so mufs man erhalten, dafs die

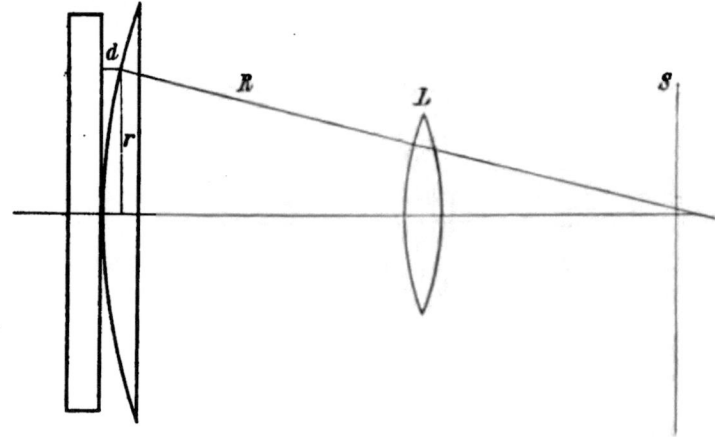

Fig. 17.

Radien der dunklen Ringe sich verhalten wie $\sqrt{1} : \sqrt{3} : \sqrt{5}$ u. s. w. und die der hellen wie $\sqrt{2} : \sqrt{4} : \sqrt{6}$ u. s. w. bei Beobachtung in durchfallendem Lichte. Auch hier kann man nicht das richtige Resultat erhalten, wenn man einfach die Ringe bei ruhendem Plattenpaar entweder im Bildfelde oder bei Beobachtung mit blofsem Auge durch Auflegen eines Glasmafsstabes auf das Plattenpaar messen würde. Ist d gemessen, so ergiebt die Gleichung $R = \dfrac{r^2}{2d}$ die Möglichkeit, mit grofser Genauigkeit den Krümmungsradius der Konvexfläche zu bestimmen, wenn man annehmen darf, dafs die diese Fläche berührende Fläche wirklich plan ist.

§ 18. Lummers, Fizeaus, Newtons Streifen in reflektiertem Licht.

Die Lummer-Haidingerschen Ringe sowohl wie die Fizeauschen und Newtonschen wurden bisher behandelt für den Fall, dafs das Licht die Platten durchsetzt. Wesentlich glänzender treten die gleichen Erscheinungen auf, wenn man **das Licht auf die Platten auffallen läfst und nur das reflektierte beobachtet.** Die Ableitung der Ringsysteme bleibt dann genau die gleiche, nur dafs man in den Figuren 13, 14 und 16 die leuchtende Fläche auf der gleichen Seite der Platte anzunehmen hat wie die Linse. Experimentell ist das auszuführen, indem man zwischen die Linse und die Platte eine schräg gestellte Platte analog wie die Glasplatte in Fig. 15 bringt. An Stelle des in den Figuren 13, 14 und 16 einfach durchgehenden Strahles tritt dann ein solcher, der von der andern Seite kommt und an der Vorderfläche der Schicht in die Richtung des vorher durchgehenden reflektiert wird. Zwei Unterschiede sind dann bei dieser Anordnung gegen die vorige zu beachten. Erstens die Erscheinung wird merklich deutlicher; der Grund hiervon liegt darin, dafs bei der vorigen Anordnung das durchgehende Licht wesentlich intensiver ist als das zweimal reflektierte; die dunklen Ringe sind also nicht vollkommen schwarz. Bei der Anwendung von reflektiertem Lichte sind aber die beiden interferierenden Teile von wesentlich gleicher Intensität und daher tritt in den dunklen Partieen auch viel vollständigere Vernichtung der Lichtwirkung ein. Der zweite wesentliche Unterschied bei der Verwendung reflektierten Lichtes ist der, dafs die ganze Erscheinung um eine Ringbreite verschoben ist, wo dort Helligkeit herrscht, ist hier Dunkelheit und umgekehrt. Der ganze Interferenzvorgang deutet darauf hin, dafs einer der beiden kohärenten Strahlen um eine halbe Wellenlänge in sich verschoben sein mufs. In der That erklärt sich dieser Unterschied gegen die Erscheinung im durchfallenden Licht dadurch, dafs bei der Reflexion eines in einem dünneren Medium liegenden Strahles an der Grenze eines dichteren Mediums stets eine halbe Wellenlänge verloren geht. Für diese Thatsache, auf die wir hier als eine Folgerung aus den beobachteten Erscheinungen geführt sind, wird jede physikalische Theorie des Lichtes eine Erklärung aus den Hypothesen über die besondere Natur des Lichtes beizubringen haben. Für die mathematische Optik ist es eine einfache Thatsache der Erfahrung, die nun auch bei anderen Gelegenheiten, wo derartige Reflexionen auftreten, zu berücksichtigen sein wird. Bei den übrigen bisher schon besprochenen Interferenzerscheinungen, dem Fresnelschen Spiegelversuch, den Streifen nach Brewster und Jamin traten derartige Reflexionen am dichteren Medium stets nur paarweise auf, so dafs nur der nicht wahrnehmbare Verlust von zwei halben Wellenlängen eingetreten sein konnte.

Viertes Kapitel.
Weitere allgemeine mathematische Beziehungen zwischen den zur Darstellung der Lichtwellen benutzten Funktionen. Das Huygenssche Prinzip.

§ 19. Die Wellenfunktion als harmonische Funktion.

Bei den im zweiten Kapitel abgeleiteten allgemeinen mathematischen Beziehungen ist noch kein Gebrauch von der Thatsache gemacht, daſs die Lichtvorgänge stets durch einfache harmonische Funktionen darzustellen sind. Die allgemeine Darstellung kugelförmiger Wellen war gegeben in der Form

$$u = \frac{A}{r} \sin 2\pi \left(\frac{t}{\tau} - \frac{r}{\lambda} + \delta \right)$$

und zwar sind für die vollständige Darstellung für jeden Ort drei verschiedene derartige Funktionen anzugeben, entsprechend den Komponenten des Lichtvektors nach den drei Koordinatenrichtungen. Die drei Funktionen u, v, w unterscheiden sich nun nur dadurch, daſs bei v und w an Stelle des Faktors A der Faktor B bezw. C tritt. Diese A, B, C sind nicht konstant, sie ändern sich jedoch so, daſs stets $A^2 + B^2 + C^2$ konstant ist und der Intensität des Lichtes entspricht. So lange wir es nun nur mit natürlichem Lichte zu thun haben, so ist die Lage der Polarisationsrichtung an sich unbestimmt, es kann daher dann auch nie auf die Kenntnis der einzelnen Komponenten selbst ankommen, sondern nur auf deren Mittelwert $\sqrt{u^2 + v^2 + w^2}$, d. i. die absolute Größe des Lichtvektors in jedem Augenblick. Bezeichnen wir diese mit φ, so können wir jetzt stets setzen $\varphi = \dfrac{A}{r} \sin 2\pi \left(\dfrac{t}{\tau} - \dfrac{r}{\lambda} + \delta \right)$, wo dann A eine wirkliche Konstante ist. Für die Berechnung der Intensitätsverteilung natürlichen Lichtes genügt daher diese eine Funktion, die jetzt als skalare Funktion zu behandeln ist.

Setzen wir noch $\dfrac{2\pi}{\tau} = n$ und $\dfrac{2\pi}{\lambda} = k$, so wird

$$1) \qquad \varphi = \frac{A}{r} \sin(nt + \delta - kr),$$

wo hier δ an Stelle von $2\pi\delta$ gesetzt ist, was offenbar zulässig ist, da δ eine willkürliche Konstante ist. Es wird daher auch

$$2) \qquad \varphi = \frac{A}{r} (\sin(nt + \delta) \cos kr - \cos(nt + \delta) \sin kr).$$

Es ist also die Funktion φ, die die allgemeine Wellenfunktion genannt werden soll, stets darzustellen durch eine Summe von Gliedern, deren jedes die Zeit nur in einem Faktor von der Form $\sin(nt + \delta)$ oder $\cos(nt + \delta)$ enthält. Der andere Faktor jedes Gliedes hat die Form $\dfrac{\cos kr}{r}$ oder $\dfrac{\sin kr}{r}$. Für die Differentiation der Wellenfunktion nach den Koordinaten x, y, z kommen offenbar nur diese letztgenannten Faktoren in Betracht. Nun ist: da $r = \sqrt{x^2 + y^2 + z^2}$

$$\frac{\partial \left(\dfrac{\cos kr}{r} \right)}{\partial x} = \frac{x}{r} \cdot \frac{\partial \dfrac{\cos kr}{r}}{\partial r} = -\frac{kx}{r^2} \sin kr - \frac{x}{r^3} \cos kr$$

$$\frac{\partial \left(\dfrac{\cos kr}{r} \right)}{\partial x^2} = -\frac{kr^2 - 2kx^2}{r^4} \sin kr - \frac{k^2 x^2}{r^3} \cos kr$$

$$\qquad - \frac{r^3 - 3rx^2}{r^6} \cos kr + \frac{kx^2}{r^4} \sin kr$$

$$= -\frac{r^2 - 3x^2}{r^5} \cos kr - \frac{k(r^2 - 3x^2)}{r^4} \sin kr - \frac{k^2 x^2}{r^3} \cos$$

Zwei entsprechende Gleichungen werden durch zweimalige Differentiation nach y bezw. z erhalten. Addieren wir diese Gleichungen, so erhalten wir

$$\Delta \frac{\cos kr}{r} = -\frac{k^2}{r} \cos kr,$$

oder wenn wir einmal $\frac{\cos kr}{r}$ allein mit φ bezeichnen

3) $\qquad \Delta \varphi = -k^2 \varphi.$

Genau dieselbe Gleichung erhalten wir auch, wenn $\varphi = \frac{\sin kr}{r}$ gewesen wäre. Bilden wir aber die Gröfse $\Delta \varphi$ für die allgemeine Wellenfunktion, so mufs, da in dieser die Koordinaten nur in den Faktoren $\frac{\cos(kr)}{r}$ und $\frac{\sin(kr)}{r}$ vorkommen, die Gleichung 3) offenbar ebenfalls erfüllt sein. Die Gleichung 3) kann daher für die harmonischen Schwingungen, mit denen wir es allein bei den Lichtschwingungen zu thun haben, an die Stelle der allgemeinen Wellengleichung Gleichung 2) im zweiten Kapitel gesetzt werden. Sie wird auch aus dieser direkt erhalten, wenn man berücksichtigt, dafs offenbar $\frac{\partial^2 \varphi}{\partial t^2} = -n^2 \varphi$ ist und die Bedeutung von n und k in Betracht zieht.

---

§ 20. Mathematischer Hilfssatz.

Zur weiteren Entwickelung der allgemeinen Eigenschaften derartiger Wellenfunktionen bedürfen wir zunächst eines mathematischen Hilfssatzes. Sind φ und ψ irgend ganz beliebige Funktionen, die nur innerhalb eines bestimmten Raumes eindeutig und stetig sind, und ist $d\tau$ ein Element dieses Raumes und ds ein Element der diesen Raum begrenzenden Oberfläche und N die nach innen gerichtete Normale der Oberfläche, so ist zunächst:

$$\int d\tau \frac{\partial \varphi}{\partial x} = \iint dy\, dz \int dx \frac{\partial \varphi}{\partial x} = \iint dy\, dz\, \varphi = -\int ds\, \varphi \cos(Nx)$$

und ebenso

$$\int d\tau \frac{\partial \varphi}{\partial y} = -\int ds\, \varphi \cos(Ny)$$

$$\int d\tau \frac{\partial \varphi}{\partial z} = -\int ds\, \varphi \cos(Nz).$$

Ferner bestehen die Identitäten

$$\frac{\partial \varphi}{\partial x} \cdot \frac{\partial \psi}{\partial x} = \frac{\partial}{\partial x}\left(\varphi \frac{\partial \psi}{\partial x}\right) - \varphi \frac{\partial^2 \psi}{\partial x^2}$$

$$\frac{\partial \varphi}{\partial y} \cdot \frac{\partial \psi}{\partial y} = \frac{\partial}{\partial y}\left(\varphi \frac{\partial \psi}{\partial y}\right) - \varphi \frac{\partial^2 \psi}{\partial y^2}$$

$$\frac{\partial \varphi}{\partial z} \cdot \frac{\partial \psi}{\partial z} = \frac{\partial}{\partial z}\left(\varphi \frac{\partial \psi}{\partial z}\right) - \varphi \frac{\partial^2 \psi}{\partial z^2}.$$

Multiplizieren wir diese Gleichungen mit $d\tau$, addieren sie und integrieren über den durch s begrenzten Raum, so wird unter Berücksichtigung der vorhergehenden Gleichungen:

$$\int d\tau \left(\frac{\partial \varphi}{\partial x}\frac{\partial \psi}{\partial x} + \frac{\partial \varphi}{\partial y} \cdot \frac{\partial \psi}{\partial y} + \frac{\partial \varphi}{\partial z} \cdot \frac{\partial \psi}{\partial z}\right)$$
$$= -\int ds\, \varphi \frac{\partial \psi}{\partial N} - \int d\tau\, \varphi\, \Delta \psi.$$

Da hier die linke Seite in φ und ψ symmetrisch ist, muſs auch auf der rechten Seite φ und ψ vertauscht werden können, also muſs sein:

$$\int ds\, \varphi \frac{\partial \psi}{\partial N} + \int d\tau\, \varphi\, \Delta \psi = \int ds\, \psi \frac{\partial \varphi}{\partial N} + \int d\tau\, \psi\, \Delta \varphi.$$

Nehmen wir nun an, die beiden willkürlichen Funktionen φ und ψ seien Wellenfunktionen und addieren dann zur letzten Gleichung die Identität $\int d\tau\, k^2 \varphi \psi = \int d\tau\, k^2 \varphi \psi$, so fallen infolge der in vorigen Paragraphen für die Wellenfunktionen abgeleiteten Gleichung 3) die Raumintegrale fort und es wird

4) $$\int \varphi \frac{\partial \psi}{\partial N} ds = \int \psi \frac{\partial \varphi}{\partial N} ds.$$

§ 21. Anwendung auf die Wellenfunktion.

Die Gleichung 4) hat sowohl Gültigkeit, wenn φ und ψ allgemeine Wellenfunktionen sind, als auch, wenn dieselben die Form $\dfrac{\cos(kr)}{r}$ oder $\dfrac{\sin(kr)}{r}$ haben, Voraussetzung ist dabei nur, daß φ und ψ nicht im Innern des Integrationsraumes unendlich werden, und auch nicht ihre Differentialquotienten. Für den Fall, daß $\psi = \dfrac{\sin kr}{r}$ ist, tritt eine derartige Unstetigkeit niemals ein, denn es ist:

$$\sin\frac{kr}{r} = k - \frac{k^3 r^2}{1.2.3} + \frac{k^5 r^4}{1.2.3.4.5} \ldots \text{ für } r = 0 \text{ wird dies}$$

gleich k und $\dfrac{\partial \sin\frac{kr}{r}}{\partial r}$ wird gleich Null. Ist aber $\psi = \dfrac{\cos kr}{r}$, so wird $\dfrac{\cos kr}{r} = \dfrac{1}{r} - \dfrac{k^2 r}{1.2} + \dfrac{k^4 r^3}{1.2.3.4}$ und dies wird für $r = 0$ gleich unendlich.

Um Gleichung 4) auch in diesem Falle anwenden zu können, wenn der Punkt $r = 0$ innerhalb des Integrationsraumes liegt, muß man den Punkt $r = 0$ durch eine kleine Kugelfläche umschließen und diese Fläche zur Oberfläche s, über welche die Integration in der Gleichung 4) auszudehnen ist, hinzuziehen. Bilden wir dann zunächst für diese Kugelfläche die Werte der in 4) auftretenden Integrale, so wird $\int \varphi \dfrac{\partial \psi}{\partial N} ds$ folgendermaßen gefunden:

Für die Kugel ist $\dfrac{\partial \psi}{\partial N} = \dfrac{\partial \psi}{\partial r}$, da für die Kugel die Normale nach außen gerichtet ist. Also $\dfrac{\partial \psi}{\partial N} = -\dfrac{1}{r^2}\cos kr - \dfrac{k \sin kr}{r}$. Nennen wir dann, das Flächenelement einer Kugel vom Radius Eins $d\omega$, so ist $ds = r^2 d\omega$, also $\dfrac{\partial \psi}{\partial N} ds = -(\cos kr + kr \sin kr) d\omega$ und es wird $\int \varphi \dfrac{\partial \psi}{\partial N} ds = -\int \varphi (\cos kr + kr \sin kr) d\omega$; da nun φ innerhalb der beliebig klein zu wählenden Kugel konstant gleich φ_0 gesetzt werden kann, so wird für den Grenzwert $r=0$

$$\int \varphi \frac{\partial \psi}{\partial N} ds = -\varphi_0 \int d\omega = -4\pi \varphi_0.$$

Das andere Integral der Gleichung 4), nämlich $\int \psi \frac{\partial \varphi}{\partial N} ds$ verschwindet für die Kugel, denn es enthält den Faktor

$$\frac{ds}{r} = r d\omega.$$

Unter Berücksichtigung dieser für die kleine Kugelfläche geltenden Werte, erhalten wir jetzt für den Fall, dafs $\psi = \dfrac{\cos kr}{r}$ angenommen wird aus Gleichung 4)

5a) $\quad 4\pi \varphi_0 = \int \varphi \dfrac{\partial}{\partial N}\left(\dfrac{\cos kr}{r}\right) ds - \int \dfrac{\cos kr}{r} \dfrac{\partial \varphi}{\partial N} ds,$

wo jetzt beide Integrationen nur über die äufsere Oberfläche des willkürlich begrenzten Raumes auszudehnen sind.

Setzen wir dagegen $\psi = \dfrac{\sin kr}{r}$, so brauchen wir die kleine Kugel nicht erst einzuführen und haben direkt

5b) $\quad 0 = \int \varphi \dfrac{\partial}{\partial N}\left(\dfrac{\sin kr}{r}\right) ds - \int \dfrac{\sin kr}{r} \dfrac{\partial \varphi}{\partial N} ds.$

---

§ 22. Das Huygenssche Prinzip in allgemeinster Form.

Die Gleichungen 5a) und 5b) gelten nun noch für jede Funktion φ, die nur der Stetigkeitsbedingung genügt, insbesondere gelten sie, wenn φ eine allgemeine Wellenfunktion ist. Setzen wir daher $\varphi = \dfrac{\sin(nt + \delta - kr_1)}{r_1}$, wo die r_1 zu messen sind von irgend einem Punkte $r_1 = 0$, der aufserhalb der Fläche s liegt, und bezeichnen wir zur Unterscheidung die schon in den Gleichungen 5) vorkommenden r, die von einem Punkte innerhalb s gemessen wurden, mit r_0, so wird

§ 22. Das Huygenssche Prinzip in allgemeinster Form.

$$5\text{a)} \quad 4\pi\varphi_0 = \int \Bigg[\frac{\cos k r_0}{r_0} \cdot \frac{\partial r_1}{\partial N} \cdot \Bigg\{ \frac{k \cos (nt + \delta - k r_1)}{r_1}$$
$$+ \frac{\sin (nt + \delta - k r_1)}{r_1^2} \Bigg\}$$
$$- \frac{\sin (nt + \delta - k r_1)}{r_1} \cdot \frac{\partial r_0}{\partial N} \Bigg\{ \frac{k \sin k r_0}{r_0} + \frac{\cos k r_0}{r_0^2} \Bigg\} \Bigg] ds$$

und wenn wir $\varphi = \dfrac{\cos (nt + \delta - k r_1)}{r_1}$ setzen, wird

$$5\text{b)} \quad 0 = \int \Bigg[\frac{\sin k r_0}{r_0} \cdot \frac{\partial r_1}{\partial N} \Bigg\{ \frac{k \sin (nt + \delta - k r_1)}{r_1}$$
$$+ \frac{\cos (nt + \delta - k r_1)}{r_1^2} \Bigg\}$$
$$- \frac{\cos (nt + \delta - k r_1)}{r_1} \cdot \frac{\partial r_0}{\partial N} \Bigg\{ -\frac{k \cos k r_0}{r_0} + \frac{\sin k r_0}{r_0^2} \Bigg\} \Bigg] ds.$$

Die Subtraktion der zweiten dieser beiden Gleichungen von der ersten ergiebt dann

$$6) \quad 4\pi\varphi_0 = \int \Bigg[\frac{k}{r_0 r_1} \Big(\frac{\partial r_1}{\partial N} - \frac{\partial r_0}{\partial N} \Big) \cos(k r_0 - (nt + \delta - k r_1)) \Bigg] ds$$
$$- \int \Bigg[\frac{1}{r_0 r_1} \Big(\frac{1}{r_1} \frac{\partial r_1}{\partial N} - \frac{1}{r_0} \frac{\partial r_0}{\partial N} \Big) \sin(k r_0 - (nt + \delta - k r_1)) \Bigg] ds.$$

Diese Gleichung ergiebt uns also jetzt den Wert φ_0 der allgemeinen Wellenfunktionen φ für den innerhalb des Integrationsraumes liegenden Punkt $r_0 = 0$ an, während der Ausgangspunkt $r_1 = 0$ der durch φ dargestellten Lichtbewegung aufserhalb des Integrationsraumes liegt. Da aber die Gleichung in den r_1 und r_0 vollkommen symmetrisch ist, so gestattet sie auch unmittelbar den Wert von φ für einen aufserhalb des Raumes liegenden Punkt zu berechnen, wenn der Ausgangspunkt des Lichtvorganges innerhalb des Raumes liegt. Es ist also für die Gültigkeit der Gleichung 6) gleichgültig, ob der Ausgangspunkt des Lichtes innerhalb oder aufserhalb des abgeschlossenen Raumes liegt, sie gestattet stets die Berechnung von φ für alle die Punkte, die vom Licht sendenden Punkte durch s getrennt sind.

Es ist nun ferner $k = \dfrac{2\pi}{\lambda}$ im allgemeinen sehr grofs gegenüber den Werten von $\dfrac{1}{r_1}$ und $\dfrac{1}{r_0}$, man wird also stets für alle Punkte, deren Abstände von der trennenden Fläche im Vergleich zur Wellenlänge des Lichtes sehr grofs sind, das zweite Integral ganz vernachlässigen können. Setzt man dann noch $\dfrac{1}{r_1}\left(\dfrac{\partial r_1}{\partial N} - \dfrac{\partial r_0}{\partial N}\right) = C_1$ und $\delta - kr_1 = \delta_1 - \dfrac{\pi}{2}$ so wird

7) $\qquad \varphi_0 = \dfrac{k}{4\pi} \int \dfrac{C_1}{r_0} \sin(nt + \delta_1 - kr_0)\, ds.$

Damit hat aber der unter dem Integralzeichen stehende Ausdruck wiederum genau **die Form einer allgemeinen Wellenfunktion** angenommen und zwar erscheint jetzt die **Lichtwirkung im Punkt $r_0 = 0$ als die Summe einer Menge einzelner Wellenbewegungen, die von allen Punkten der Oberfläche s ausgegangen sind und deren Amplituden und Phasen durch den ursprünglichen Lichtvorgang bestimmt sind.**

§ 23. Das Huygenssche Prinzip auf die Wellenfläche bezogen.

Bei der Ableitung der Gleichung 7) ist über die Gestalt der Oberfläche, über welche die Integration auszuführen ist, aufser der Stetigkeitsbedingung keinerlei Voraussetzung gemacht; es lagen von den Punkten $r_1 = 0$ und $r_0 = 0$ der eine innerhalb, der andere aufserhalb der Oberfläche s. Da nun auf die linke Seite der Gleichung 7) die Gröfse φ_0 nur dadurch gekommen ist, dafs eben $r_0 = 0$ innerhalb s lag, so ergiebt sich unmittelbar aus der Herleitung, wenn beide Punkte zugleich innerhalb oder aufserhalb s liegen, dafs dann das Integral auf der rechten Seite notwendig gleich Null sein mufs.

Nennen wir Wellenfläche die Gesamtheit aller derjenigen Punkte, die von der von einem Punkte ausgehenden Lichtbewegung gleichzeitig erreicht werden, so hat ins-

§ 23. Das Huygenssche Prinzip auf die Wellenfläche bezogen.

besondere die Gleichung 7) auch für jede Wellenfläche Gültigkeit und sagt dann aus, daſs das zu irgend einem Punkte hingelangende Licht anstatt direkt von dem leuchtenden Punkt aus berechnet zu werden, auch hergeleitet werden kann, indem man alle Punkte einer Wellenfläche als selbstleuchtend betrachtet, und ihre Wirkung in dem Beobachtungspunkt, selbstverständlich unter Berücksichtigung der für die einfachen Interferenzerscheinungen geltenden Gesetze, summiert. In dieser Form ist der in Gleichung 7) dargestellte Gedanke zuerst vor Huygens ausgesprochen und wird nach ihm das Huygenssche Prinzip genannt. Die Gleichung 7) stellt zufolge ihrer Herleitung die allgemeine Form des Huygensschen Prinzipes dar, in welcher sie für jede beliebige geschlossene Oberfläche gilt. Die Beschränkung auf Wellenflächen hat in vielen Fällen den Vorteil, daſs man von vornherein weiſs, daſs alle Punkte derselben Wellenfläche im allgemeinen die gleiche Phase haben. So weit die Lichtausbreitung nur in ein und demselben homogenen Medium geschieht, ist die Wellenfläche stets eine Kugelfläche und in allen Punkten derselben sind auch die Amplituden einander gleich.

Fünftes Kapitel.

Die geradlinige Ausbreitung des Lichtes.

§ 24. Abhängigkeit des Integralwertes von der Grenzkurve.

Das Huygenssche Prinzip hat gelehrt, daſs, wenn die von einem Punkte 1 ausgegangene Lichtbewegung bis zu einer den Punkt 1 umschlieſsenden Fläche s fortgeschritten ist, für jeden auſserhalb s liegenden Punkt die Lichtmenge als Summenwirkung von Lichtbewegungen gefunden werden kann, die von allen Punkten der Fläche s ausgegangen sind. Es kommt jetzt darauf an festzustellen, in welcher Weise die einzelnen Teile von s an dieser Lichtübertragung beteiligt sind, das heiſst, es ist erforderlich, die Werte der Integrale der Gleichung 7) des vorigen Kapitels für die einzelnen Teile von s zu ermitteln. Die folgenden Überlegungen lassen diese Aufgabe zunächst besser übersehen.

Begrenzen wir durch eine geschlossene Kurve auf s irgend ein Flächenstück s' und wollen wir für dieses den Wert der rechten Seite von Gleichung 6) ausrechnen, so wird dieser Wert nicht geändert, wenn wir das Flächenstück s' ersetzen durch irgend ein anderes, anders gebogenes s'', das durch dieselbe Begrenzungskurve geht, sofern nur weder 1 noch 0 zwischen s' und s'' liegen. Denn s' und s'' bilden zusammen eine geschlossene Fläche, die weder den Punkt 1 noch 0 einschlieſst, über beide zusammen ist also der Wert jener Integrale gleich Null, wenn die Normale von beiden Flächenstücken nach innen des von ihnen umschlossenen Raumes gerechnet wird. Rechnen wir jedoch die Normale für beide nach dem Innern der ganzen Fläche s, so müssen wir das Vorzeichen für eines der beiden Flächenstücke s' oder s'' umkehren und erhalten dann, daſs das Integral über s' genau den gleichen Wert haben muſs wie das über s''.

Der Wert des Integrales der Gleichung 7) über ein begrenztes Flächenstück hängt also nur von der Gestalt der Grenzkurve ab, insbesondere ist es auch gestattet, den übrigen Teil der geschlossenen Fläche s ganz beliebig zu wählen, so lange nur einer der beiden Punkte 1 oder 0 eingeschlossen wird. Es kann z. B. stets dieser Teil von s ersetzt werden durch eine sich rings ins Unendliche erstreckende Fläche die zwischen 1 und 0 hindurchgeht. Durch diese Überlegungen wird es möglich, den Wert des Integrales für ein beliebiges Flächenstück zu bestimmen, indem man zunächst von ganz speziellen vereinfachenden Annahmen über die Gestalt und Begrenzung des zu untersuchenden Flächenstückes ausgeht und die Resultate dann verallgemeinert. Obwohl die genaue Bestimmung des Integralwertes eine Berechnung der unter den Integralzeichen stehenden Funktionen erfordern würde, wie sie Helmholtz in seiner elektromagnetischen Lichttheorie unter Einführung elliptischer Koordinaten ausgeführt hat, gelingt es, auf diesem vereinfachten, von Fresnel angegebenen Wege, ebenfalls zu demselben Ziele zu gelangen.

§ 25. Berechnung des Integrales für eine Wellenfläche.

Nehmen wir zunächst an, die Begrenzungskurve des Flächenstückes, für welches wir den Wert der Integrale der Gleichung 7) des vorigen Kapitels berechnen wollen, sei ein Kreis, durch dessen Mittelpunkt die Verbindungslinie der Punkte 0 und 1 geht und dessen Ebene senkrecht zu dieser Linie 0 1 steht, so können wir als Flächenstück ein Stück der kugelförmigen Wellenfläche wählen, welche gerade durch den Kreis hindurch geht. Wir haben dann für alle Punkte dieser Fläche s, daſs alle r_1 denselben Wert haben. Um dann die Wirkung, die von allen diesen Punkten nach dem Punkt 0 hingesandt wird, zu erhalten, teilen wir das

Flächenstück s in Zonen, indem wir um die Punkte 1 und 0 als Brennpunkte Rotationsellipsoide konstruieren, deren jedes einem bestimmten Werte von $r_1 + r_0 = \zeta$ entspricht. Als innerstes Ellipsoid wählen wir dasjenige, für welches der Cosinus unter dem Integralzeichen der Gleichung 6) also $\cos(k\zeta - nt - \delta)$ zum erstenmal verschwindet. Jedes folgende Ellipsoid soll stets einem um $\dfrac{\lambda}{2}$ gröfseren ζ als das vorhergehende entsprechen; wegen der Bedeutung von $k = \dfrac{2\pi}{\lambda}$ folgt dann, dafs stets gerade für die ζ, die für die Zoneneinteilung gewählt sind, der Wert des Cosinus verschwindet und es treten stets in der einen Zone alle Cosinuswerte

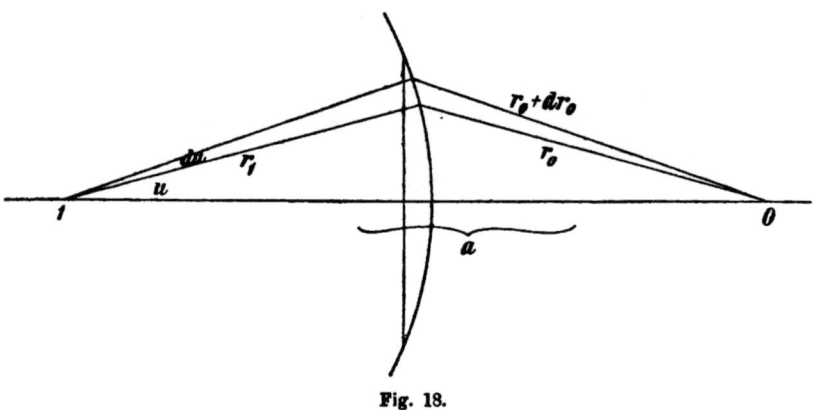

Fig. 18.

mit dem einen, positiven oder negativen, Vorzeichen auf und in den beiderseits benachbarten mit dem entgegengesetzten Vorzeichen.

Ziehen wir nun nur solche Punkte 0 und 1 in Betracht, für welche λ gegenüber den r_0 und r_1 als unendlich klein gelten kann, so kann innerhalb jeder Zone der Faktor $\dfrac{C_1}{r_0}$ als konstant angesehen werden, und nur von Zone zu Zone ändert sich $\dfrac{C_1}{r_0}$ in stetiger Weise. Das Flächenelement ds unter dem Integralzeichen ist dann noch in seiner Abhängigkeit von ζ darzustellen. Bezeichnen wir den Winkel zwischen r_1 und a (Fig. 18) mit u, so ist offenbar ein unendlich schmaler

§ 25. Berechnung des Integrales für eine Wellenfläche. 61

Streifen einer Zone dargestellt durch $2\pi r_1^2 \sin u\, du$ und der Inhalt einer Zone wird $2\pi r_1^2 \int_{\zeta}^{\zeta+\frac{\lambda}{2}} \sin u\, du = 2\pi r_1^2 \overline{\cos u} \Big|_{\zeta+\frac{\lambda}{2}}^{\zeta}$.

Dies können wir noch vereinfachen, indem wir berücksichtigen, daſs nach der Figur

$$r_0^2 = a^2 + r_1^2 - 2ar_1 \cos u_\zeta$$

$$\left(r_0 + \frac{\lambda}{2}\right)^2 = a^2 + r_1^2 - 2ar_1 \cos u_{\zeta+\frac{\lambda}{2}}.$$

$$\lambda r_0 + \frac{\lambda^2}{4} = 2ar_1 \overline{\cos u}\Big|_{\zeta+\frac{\lambda}{2}}^{\zeta}.$$

Es wird also der Flächeninhalt der einem bestimmten r_0 anliegenden Zone $\quad Z_1 = \dfrac{\pi r_1}{a_1}\left(\lambda r_0 + \dfrac{\lambda^2}{4}\right)$

der nächsten Zone $\quad Z_2 = \dfrac{\pi r_1}{a_1}\left(\lambda r_0 + \dfrac{3\lambda^2}{4}\right)$

der dritten Zone $\quad Z_3 = \dfrac{\pi r_1}{a_1}\left(\lambda r_0 + \dfrac{5\lambda^2}{4}\right)$

und es ist $2Z_2 = Z_1 + Z_3$.

Das heiſst, der Inhalt jeder Zone ist stets das arithmetische Mittel aus der vorhergehenden und der folgenden.

Kehren wir nun zur Berechnung des Integrales in unserer Gleichung 7) zurück und erstrecken dasselbe über die $2n$te Zone zusammen mit den anliegenden Hälften der $2n-1$sten und $2n+1$sten, so wird der Integralwert über ein solches Gebiet genommen bis auf Glieder höherer Ordnung verschwinden; denn in diesem Gebiete kommt jeder Sinuswert zweimal mit entgegengesetzten Zeichen vor. Die Werte von $\dfrac{C_1}{r_0}$ unterscheiden sich wegen der Stetigkeit nur um unendlich Kleines und das Gebiet mit positiven Sinuswerten ist flächengleich dem mit negativen. Auf diese Weise heben sich unter dem Integralzeichen alle Glieder fort bis auf die der zentralen Zone mit der halben zweiten und der letzten halben Zone, nur diese bleiben übrig und es muſs daher die ganze durch das Flächenstück nach dem Punkte O übertragene Lichtbewegung durch diese übermittelt sein. Sehen wir uns noch die Wirkung der äuſsersten halben Randzone näher an, so finden wir, daſs bei stetig wachsendem Durchmesser des die Fläche begrenzenden Kreises die Glieder der Randzone abwechselnd positives und negatives Zeichen bekommen. Wenn daher bei einer gewissen Gröſse des Kreisdurchmessers die Randzone die Wirkung der Zentralzone verstärkt, so wird bei etwas gröſserem Durchmesser eine Schwächung eintreten, dann wieder eine Verstärkung und so fort. Nehmen wir insbesondere an, daſs die durch den Kreis begrenzte Fläche gerade die Öffnung in einem sonst undurchsichtigen Schirm ausfülle, so kann nur durch diese Fläche hindurch Licht nach dem Sammelpunkte hingelangen und mit wachsendem · Durchmesser der Öffnung muſs die Helligkeit im Sammelpunkte abwechselnd gröſser und kleiner sein.

Die Erfahrung hat dies thatsächlich bestätigt und wir nennen diesen Einfluſs des Randes der Öffnung die Beugung des Lichtes an dem Rande. Ohne jedoch jetzt schon näher auf diese Beugungserscheinung einzugehen, deren genauere Behandlung in einem späteren Kapitel ausgeführt werden wird, können wir doch schon das folgende von dem Einfluſs des Randes vorhersagen. In der Gröſse C_1 unter dem Integralzeichen steckt der Ausdruck $\dfrac{\delta r_0}{\delta N}$ als Subtrahent. Dieser wird mit wachsendem r_0 immer kleiner und ist an sich negativ, da die normale N nach der Seite des Punktes O gerichtet ist, also wird der Faktor $\dfrac{C_1}{r_0}$, wo noch r_0 im Nenner steht mit wachsendem r_0 stark abnehmen und es muſs von einem bestimmten r_0 an der Einfluſs der Randzone gegenüber der halben Zentralzone vernachlässigt werden können.

Diese Vernachlässigung der Wirkung der Randzone kann nun praktisch bereits bedeutend früher zugelassen werden als es mathematisch zulässig erscheint; denn wenn wir uns, was leichter zu verwirklichen ist, anstatt daſs der Durchmesser der kreisförmigen Öffnung zunimmt, den Sammelpunkt O

§ 25. Berechnung des Integrales für eine Wellenfläche.

senkrecht auf die Mitte der Öffnung zu bewegen denken, so wird dieselbe Erscheinung auftreten, indem auch dann die Randzone abwechselnd Verstärkung und Schwächung der Helligkeit im Sammelpunkte bewirkt. Bei der Kleinheit der Wellenlängen werden aber diese Punkte abwechselnd gröfserer und geringerer Helligkeit bei mäfsigem Durchmesser der Öffnung bereits so dicht aneinandergereiht sein, dafs unser Auge sie nicht zu trennen vermag, vielmehr nur die mittlere Helligkeit wahrnimmt, das ist aber die Helligkeit, die durch das zentrale Gebiet allein übermittelt wird. Wir können daher jetzt allgemein sagen, in allen Fällen, wo die Bedingungen so liegen, dafs die Beugungserscheinungen an den Rändern nicht berücksichtigt zu werden brauchen, wird die nach dem Huygensschen Prinzip vom leuchtenden nach dem Sammelpunkt übertragene Lichtwirkung nur durch das aus den innersten anderthalb Zonen bestehende zentrale Gebiet übertragen.

Es erübrigt jetzt noch den Wert der durch das zentrale Gebiet übertragenen Lichtbewegung im Sammelpunkte auszurechnen; dazu müssen wir das Integral

$$\int \frac{k}{r_0 r_1} \left(\frac{\partial r_1}{\partial N} - \frac{\partial r_0}{\partial N} \right) \cos \left(k(r_0 + r_1) - (nt + \delta) \right) ds$$

für dieses Flächenstück bestimmen. Es ist aber $\frac{\partial r_1}{\partial N} = 1$ und $\frac{\partial r_0}{\partial N} = -1$, da es sich hier nur um ein aufserordentlich schmales Gebiet in der Umgebung der Linie 01 handelt. Das ringförmige Flächenelement ds ist dann, wie oben bereits entwickelt ist, $ds = 2\pi r_1^2 \sin u \, du$. Wir haben aber noch die Beziehung

$$r_0^2 = r_1^2 + a^2 - 2 a r_1 \cos u,$$

also

$$2 r_0 \, dr_0 = 2 a r_1 \sin u \, du,$$

folglich wird

$$ds = 2\pi \frac{r_1 r_0}{a} dr_0,$$

das Integral nimmt also, da auch $dr_0 = d\zeta$ ist, die Form an

$$\frac{4\pi}{a} \int k \cos(k\zeta - (nt + \delta)) \, d\zeta$$

und ist zu erstrecken von $\zeta = a$ bis zur Mitte der zweiten Zone, das ist aber die Größe ζ, für welche $\cos(k\zeta - (nt + \delta)) = 1$ der Sinus, also Null wird. Der Integralwert für das zentrale Gebiet ist also

$$\frac{4\pi}{a} \sin((nt + \delta) - ka),$$

das ist aber gerade das 4π fache des Wertes, den die den Lichtvorgang darstellende Wellenfunktion

$$\varphi = \frac{\sin(nt + \delta - kr_1)}{r_1}$$

für $r_1 = a$ direkt ergiebt. Für das zentrale Gebiet allein ist also bereits Gleichung 7) erfüllt.

---

§ 26. Berechnung des Integrales für eine beliebige Fläche, Entstehung grader Lichtstrahlen.

Die bisherige Ableitung setzte als Flächenstück, auf welches die Gleichung 7) des vorigen Kapitels angewendet wurde, ein kreisförmiges, zur Linie a zentriertes Stück der Wellenfläche voraus. Da nun das zentrale Gebiet allein schon der Gleichung 7) genügt, so kann, wenn wir das Flächenstück beliebig weit über die Wellenfläche ausgedehnt denken, doch niemals ein Gebiet hinzukommen, welches endliche Werte für die Lichtwirkung im Sammelpunkte beiträgt. Insbesondere muß auch der Integralwert über den ganzen Rest der kugelförmigen Wellenfläche gleich Null sein, da ja über die geschlossene Fläche der Wert gleich $4\pi\varphi_0$ sein muß, und dieser Wert bereits durch das zentrale Gebiet erfüllt wird. Wir sehen dies auch direkt, wenn wir die Integration über die ganze Kugelfläche ausdehnen. Alle zwischenliegenden Glieder heben sich bei der Zonenzusammenfassung paarweise fort, das erste Glied ist das zentrale Gebiet und für das letzte, dem diametral gegenüberliegenden Punkte

§ 26. Berechnung des Integrales für eine beliebige Fläche.

entsprechende, wird $\frac{\partial r_1}{\partial N} = \frac{\partial r_0}{\partial N}$; dieses wird also schon von selbst gleich Null.

Wenn dies aber für die geschlossene Wellenfläche gilt, so gilt es auch, wie wir bereits sahen, für jede einen der beiden Punkte 1 oder 0 umschließende, geschlossene Fläche, die sich an das im vorigen Paragraphen zu Grunde gelegte Flächenstück anschließt. Nunmehr können wir die Betrachtung ausdehnen auf jedes beliebige, durch irgend eine Kurve begrenzte Flächenstück und feststellen, welche Lichtintensität von dem leuchtenden nach dem Sammelpunkt durch dieses Flächenstück übertragen wird. Zu dem Zwecke zerteilen wir das Flächenstück, dessen Gestalt ja willkürlich ist und das nur durch seine Grenzkurve bestimmt ist, durch folgende drei Flächenscharen in kleinere Abschnitte.

1) Wir schneiden das Flächenstück durch die bereits verwendeten Ellipsoide $\zeta = \text{const}$ in schmale Streifen.

2) Jeden solchen Streifen teilen wir durch eine Schar von Ebenen, die durch die Linie 01 gehen und die wir Meridianebenen nennen, in kleinere Abschnitte.

3) Fügen wir eine Schar kugeliger den Punkt 1 umgebender Wellenflächen hinzu.

Durch diese drei Flächensysteme gelingt es stets, das durch seine Grenzkurve gegebene Flächenstück auszufüllen mit einer Oberfläche, die sich zusammensetzt lediglich aus Abschnitten jener drei Flächenscharen. Bilden wir dann das Integral der Gleichung 6) über diese einzelnen Abschnitte, so werden die den Meridianebenen zukommenden Anteile gleich Null, weil hier $\frac{\partial r_1}{\partial N} = 0 = \frac{\partial r_0}{\partial N}$ ist. Ebenfalls verschwinden die den Ellipsoiden zukommenden Anteile, weil hier $\frac{\partial r_1}{\partial N} - \frac{\partial r_0}{\partial N} = 0$ ist, denn der Winkel zwischen r_0 und r_1 wird beim Ellipsoid durch die Normale halbiert. Es bleiben also nur übrig die von den Ellipsoiden begrenzten Streifen von Wellenflächen, also Stücke, deren Einfluß auf die Lichtübertragung wir schon kennen.

Ging die Verbindungslinie 01 durch das Flächenstück hindurch, so können wir uns die Wellenfläche zunächst so weit vorgedrungen denken, daß sie die Begrenzungskurve an einer Stelle berührt. Von diesem Berührungspunkte aus schneiden wir durch eine Ebene senkrecht zur Linie 01 die oberste Kugelkappe ab und erhalten so ein zentrales Gebiet, auf welches die Entwickelungen des vorigen Paragraphen unmittelbar Anwendung finden. Von hier an beginnen wir dann die oben skizzierte weitere Zerteilung des Flächenstückes. Ist dann der mittlere Abschnitt grofs genug, um die von seinem Rande herrührenden Beugungserscheinungen vernachlässigen zu dürfen, so ist nun unmittelbar zu übersehen, dafs auch der übrige Teil des Flächenstückes niemals eine Beugungswirkung ergeben kann, die gröfser wäre als die bereits vernachlässigte. Denken wir uns daher jetzt das Flächenstück durch irgend eine zwischen 0 und 1 hindurchgehende ins Unendliche sich erstreckende Fläche von der Eigenschaft ergänzt, dafs sie jede sie erreichende Lichtbewegung vernichtet oder dafs sie, wie wir zu sagen pflegen, vollkommen schwarz ist, so erscheint uns das Flächenstück als eine Öffnung in einem lichtundurchlässigen Schirm. Durch eine solche Öffnung gelangt dann Licht nach einem Sammelpunkte hin, wenn die grade Verbindungslinie zwischen leuchtendem und Sammelpunkt durch die Öffnung hindurchgeht. Die dann erzeugte Wirkung ist genau die gleiche als wenn der Schirm nicht vorhanden wäre. Trifft die Verbindungslinie die Öffnung nicht, so herrscht Dunkelheit. Nur wenn die Verbindungslinie nahe dem Rande der Öffnung sowohl innerhalb wie aufserhalb vorbeigeht, kommen noch besondere Beugungserscheinungen hinzu, die in einem späteren Abschnitt näher behandelt werden sollen. Damit ist die Entstehung der geometrischen Schattenbilder begründet.

Als Ergebnis der bisherigen Entwickelungen können wir nunmehr den Satz aussprechen: **Von einem leuchtenden Punkte gelangt das Licht nach irgend einem anderen Punkte nur durch ein sehr schmales Lichtbündel, das die gerade Verbindungslinie beider Punkte unmittelbar umschliefst. Der Querschnitt dieses Bündels ist nur so grofs, dafs die Längen der Aufsenlinien von der Achse um weniger als $\frac{\lambda}{2}$ verschieden sind.** Versteht man unter Lichtstrahlen derartige schmale gerade Lichtbündel, so kann man sagen, das

Licht breitet sich von einem Punkte nach allen Seiten in geraden, von einander unabhängigen Lichtstrahlen aus.

§ 27. Das Fermatsche Prinzip.

Das wesentlichste Merkmal der im Vorigen Lichtstrahlen genannten engen Bündel ist, dafs in ihnen zwei unmittelbar benachbarte Lichtwege vom leuchtenden Punkt bis zum Sammelpunkt unendlich kleine Differenz der Länge haben. In der That, konstruieren wir über irgend einen anderen Punkt der Kugelfläche ein Lichtbündel nach dem gleichen Sammelpunkt hin, so finden wir in diesem überall gröfsere Differenzen zwischen unmittelbar benachbarten Lichtwegen. Auf dem natürlichen Lichtwege verschwinden diese Differenzen, dieser selbst ist ein Minimum. Auf dieser Eigenschaft des Lichtbündels beruht überhaupt im wesentlichen die Ableitung seiner Existenz, denn dadurch bildet das $\zeta = a$, welches der graden Linie entspricht, notwendig immer die untere Integrationsgrenze und daher läfst sich keine Zone mehr abgrenzen, welche diese innerste Zone kompensieren könnte. Also bleibt gerade dieses Bündel, für welches der Lichtweg ein Minimum ist, übrig.

In dieser Form lassen sich jetzt dieselben Betrachtungen auch anwenden auf den Fall, dafs die Fläche s die Grenze zwischen zwei Medien von verschiedenen Brechungsquotienten ist. Auch in diesem Falle mufs sich das allgemeine Huygenssche Prinzip anwenden lassen, denn die Lichtwirkung im Sammelpunkte läfst sich jedenfalls als Summenwirkung der von allen Punkten der Grenzfläche ausgehenden Wellen berechnen, gleichgültig, auf welche Weise diese Punkte selbst ihre Erregung erhalten haben, denn die ganze Ableitung des Huygensschen Prinzips ist vollständig unabhängig davon, ob die Lichtwege r_1 und r_0 von Licht mit gleicher oder verschiedener Geschwindigkeit zurückgelegt werden. Gehen wir aber jetzt zur Auswertung des Integrales der Gleichung 7) und teilen dazu wieder in Zonen ein, derart, dafs an den Grenzen der Zonen der Cosinus gerade Null wird, so müssen wir hier berücksichtigen, dafs in dem Ausdruck der Phase die Wellenlänge vorkommt, und diese ist auf den Wegen r_1 und r_0 jetzt verschieden. Am einfachsten tragen wir diesem wieder in derselben Weise Rechnung, wie es ähnlich bei den einfachen Interferenzerscheinungen geschehen ist; wenn n_1 und n_0 die Brechungsquotienten der beiden Medien sind, setzen wir überall an Stelle der einfachen Weglängen die optischen Weglängen $n_0 r_0$ und $n_1 r_1$. Die ganze Ableitung wird dadurch in keiner Weise beeinflußt und wir erhalten den Vorteil, daß wir jetzt $\zeta = n_0 r_0 + n_1 r_1$ setzen können und damit die Zoneneinteilung genau so ausführen, wie in dem einfacheren Falle, nur das die Fläche $\zeta = $ const jetzt keine Rotationsellipsoide, sondern kompliziertere Flächen sind. Bei der Zerlegung der Grenzfläche in lauter kleine Abschnitte werden sich dann wieder die benachbarten paarweise in ihrer Wirkung im Sammelpunkte aufheben und als untere Integrationsgrenze bleibt die Stelle, wo ζ einen Grenzwert, im allgemeinen ein Minimum, in besonderen Fällen auch ein Maximum hat. Durch das enge Gebiet um die Stelle herum wird dann die Lichtbewegung nach dem Sammelpunkte gelangen, und wir sehen, daß die Lichtstrahlen bei der Brechung an der Grenze verschiedener Medien immer den Weg gehen müssen, auf welchem die optischen Weglängen ein Maximum oder Minimum sind.

Die analoge Betrachtung ist auch anwendbar auf den Fall, daß die Fläche s das Licht reflektiert. Sammelpunkt und leuchtender Punkt liegen dann wieder im gleichen Medium. Die Brechungsquotienten können beide gleich Eins gesetzt werden, die Zoneneinteilung geschieht wieder durch die Rotationsellipsoide und der singuläre Punkt, der notwendig eine Integrationsgrenze sein muß und deshalb als diejenige Stelle übrig bleibt, über welche der Lichtstrahl seinen Weg nehmen muß, ist der Berührungspunkt der Fläche s mit einem der Ellipsoide. Für diesen ist wieder ζ ein Maximum oder Minimum.

Wir erhalten also als Ergebnis den Satz: **Das Licht gelangt stets bei beliebig vielen Spiegelungen und Brechungen von einem leuchtenden Punkte zu einem Sammelpunkte auf dem Wege, für welchen die optische Weglänge einen extremen Wert, Maximum oder Minimum, hat.** Da auf dem optisch kürzesten Wege zugleich die zum Zurücklegen erforderliche Zeit die kleinste ist, können wir den Satz auch in der Form aussprechen, in welcher er als Fermatsches Prinzip bekannt ist: **Das Licht gelangt auf dem Wege zu einem anderen Punkte hin, auf welchem es die kürzeste (oder längste) Zeit braucht.**

§ 28. Satz von Malus.

Wir haben unter Wellenfläche die Gesamtheit all derjenigen Punkte verstanden, die von einer von einem Punkte ausgehenden Lichtbewegung zu gleicher Zeit erreicht werden. In einem homogenen Medium ist die Wellenfläche stets eine Kugelfläche. Sind die Lichtstrahlen jedoch an irgend einer Fläche beim Übergang in ein anderes Medium gebrochen, so wird die Wellenfläche im allgemeinen nicht mehr eine Kugel sein. Wir können dieselbe konstruieren, indem wir auf den einzelnen physischen Lichtstrahlen gleiche optische Weglängen abtragen. Es zeigt sich dann, daſs die Wellenfläche stets senkrecht auf den Lichtstrahlen steht; denn, ist in Fig. 19 S die Grenzfläche der beiden Medien und W ein

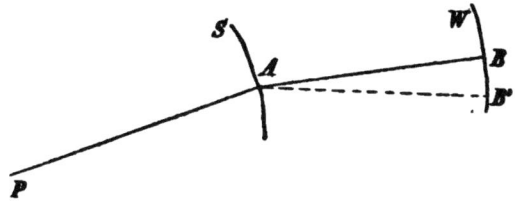

Fig. 19.

Stück der Wellenfläche und treffe ein von einem Punkt P ausgehender Lichtstrahl die brechende Fläche in A und die Wellenfläche in B und ziehen wir noch eine Linie von A nach einem anderen Punkte B' der Wellenfläche, so ist PAB' jedenfalls gröſser als PAB, denn der natürliche Lichtweg nach B' hin führt nicht über A; also muſs auch $AB' > AB$ sein. AB ist also die kürzeste Verbindungslinie von A nach der Wellenfläche hin, eine Kugel um A mit AB als Radius muſs also die Wellenfläche berühren, es muſs also in der That der Lichtstrahl senkrecht auf der Wellenfläche stehen. Dieselbe Überlegung läſst sich für jede weitere Spiegelung und Brechung wiederholen, wir erhalten daher den nach Malus genannten Satz: Die

Lichtstrahlen stehen stets senkrecht auf den Wellenflächen und jede die Lichtstrahlen senkrecht schneidende Fläche ist eine Wellenfläche, enthält also nur Punkte gleicher Phase.

§ 29. Entstehung eines Bildpunktes.

Wird jetzt ein endliches Büschel von einem Punkte ausgehender Lichtstrahlen durch irgend welche Spiegelungen und Brechungen so abgelenkt, daſs alle Lichtstrahlen wieder in einem Punkte zusammenlaufen, so heiſst dieser Punkt der Bildpunkt des leuchtenden Punktes. In diesem Falle muſs die Wellenfläche im letzten Medium eine Kugelfläche sein, deren Mittelpunkt der Bildpunkt ist. **Die optischen Weglängen aller im Bildpunkte zusammenlaufenden Strahlen sind einander gleich.** Dadurch sind aber alle Bedingungen, die für das Zustandekommen des Bildes erforderlich sind, umkehrbar in dem Sinne, daſs sie von selbst auch erfüllt sind, wenn man den Bildpunkt und den leuchtenden Punkt vertauscht. Der Abbildungsvorgang ist also selbst umkehrbar.

Die Aufgabe, eine brechende Fläche so zu konstruieren, daſs ein bestimmter Punkt das Bild eines bestimmten anderen ist, ist zu lösen durch Diskussion der Gleichung $n_0 r_0 + n_1 r_1 = 0$. Wählt man die Verbindungslinie der beiden Punkte zur z-Achse, so muſs die gesuchte Fläche offenbar eine Rotationsfläche um diese Achse sein; man kann noch den Punkt, in welchem die Fläche die z-Achse schneiden soll, beliebig wählen. Nimmt man diesen als Koordinatenanfang, so ist es leicht, die r durch die Koordinaten x und z auszudrücken, und man erhält die Gleichung der Fläche. Für eine einfache Brechung erhält man die sogenannte Cartesische Ovale, für eine Spiegelung ein Rotationsellipsoid. Bei geeigneter Auswahl der beiden Punkte können diese Flächen zu Paraboloiden und auch zu einer Kugel werden. Diese Flächen haben jedoch für die praktische Optik kein besonderes Interesse, da sie im allgemeinen nicht mit genügender Genauigkeit herzustellen sind und auch nur die Abbildung eines einzigen Punktes in einen anderen bewirken. Von Wichtigkeit ist nur, daſs es auch für die brechende Kugel stets zwei Punkte giebt, für welche eine genaue optische Abbildung besteht.

§ 30. Allgemeine Form der Wellenfläche, astigmatische Büschel.

Im allgemeinen hat die Wellenfläche nicht die Gestalt einer Kugelfläche, die Lage der Lichtstrahlen zu einander wird dann entsprechen der Lage der Normalen einer beliebig gekrümmten Fläche, wie dieselbe durch die analytische Geometrie beschrieben wird. Hier sei dieselbe nur ganz kurz durch die Fig. 20 erläutert.

Es sei $ABCDEFGH$ ein Stück der Wellenfläche, durch die Mitte P derselben gehe ein Lichtstrahl. Legen wir durch diesen eine Ebene und drehen diese um denselben herum, so wird die Ebene die Wellenfläche in Kurvenstücken von lauter verschiedenen Krümmungen schneiden. In zwei

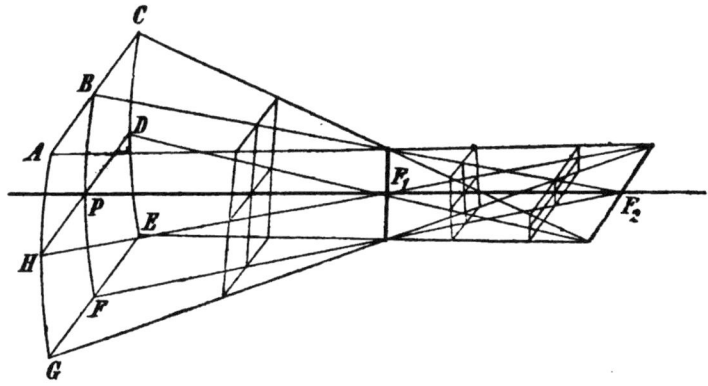

Fig. 20.

zu einander senkrechten Lagen haben diese Kurven die gröfste bezw. die kleinste Krümmung. In diesen beiden Fällen fallen die Normalen zur Wellenfläche in die betreffenden Ebenen hinein und schneiden die benachbarten Strahlen und zwar die einen in der Hauptebene HPD in F_1, die anderen in der Hauptebene BPF in F_2. In allen anderen Ebenen gehen die benachbarten Normalen nicht durch den Lichtstrahl hindurch. Begrenzen wir um P herum ein Strahlenbündel, welches in der Wellenfläche kreisförmigen Querschnitt hat, so ist der Querschnitt dieses Bündels senkrecht zu seinem mittelsten Strahl an den Stellen F_1 und F_2 eine gerade Linie, an den übrigen Stellen ist er elliptisch, an einer Stelle zwischen F_1 und F_2 ist er noch einmal ein Kreis.

Sechstes Kapitel.

Die Gesetze der Spiegelung und Brechung. Entstehung optischer Bilder.

§ 31. Das Brechungsgesetz.

Im vorigen Kapitel haben wir gesehen, daſs das Licht stets auf dem Wege beim Übergang von einem Medium in ein anderes von einem leuchtenden Punkte zu einem Augenpunkte hingelangt, auf welchem die optische Weglänge ein Minimum oder Maximum ist. Hieraus läſst sich unmittelbar das Gesetz über die Richtungsänderung des Lichtstrahls bei der Brechung an der Grenze zweier Medien ableiten.

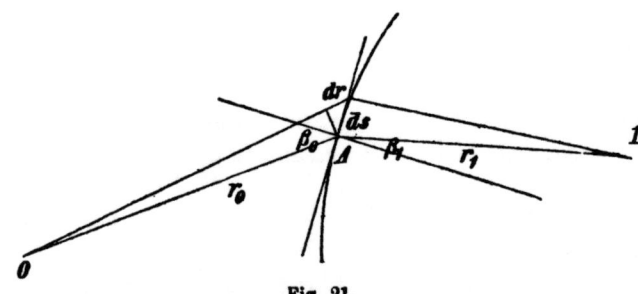

Fig. 21.

Gelangt das Licht vom Punkte 0 über den auf der Grenzfläche liegenden Punkt A nach 1 hin und bezeichnen wir wieder die optischen Weglängen bezw. mit $n_0 r_0$ und $n_1 r_1$, so muſs $n_0 r_0 + n_1 r_1$ einen extremen Wert haben. Die Änderung dieser Gröſse bei einer kleinen Verschiebung von A um ds auf der Grenzfläche, also $d(n_0 r_0 + n_1 r_1)$ muſs gleich Null sein. Nach dem Taylorschen Lehrsatze ist aber

$$n_0 r_0 + n_1 r_1 + d(n_0 r_0 + n_1 r_1) = n_0 r_0 + n_1 r_1$$
$$+ \frac{d}{ds}(n_0 r_0 + n_1 r_1)ds + \frac{1}{2}\frac{d^2}{ds^2}(n_0 r_0 + n_1 r_1)ds^2 + \cdots$$

es muſs also zunächst bei Vernachlässigung der höheren Potenzen von ds

$$\frac{d}{ds}(n_0 r_0 + n_1 r_1) = 0$$

sein, oder

$$n_0 \frac{dr_0}{ds} + n_1 \frac{dr_1}{ds} = 0.$$

Es ist aber, wie man leicht sieht, wenn man von A ein Lot auf das benachbarte r_0 zieht,

$$\frac{dr_0}{ds} = \sin \beta_0,$$

und da r_1 mit ds abnimmt, wenn r_0 zunimmt, ist entsprechend zu setzen

$$\frac{dr_1}{ds} = -\sin \beta_1.$$

Setzt man dieses in die vorige Gleichung ein, so erhält man

$$n_0 \sin \beta_0 = n_1 \sin \beta_1,$$

also unmittelbar das Snelliussche Brechungsgesetz

$$\frac{\sin \beta_0}{\sin \beta_1} = \frac{n_1}{n_0}.$$

---

§ 32. Das Reflexionsgesetz.

Eine ganz analoge Betrachtung läſst sich durchführen, wenn die Grenzfläche das Licht reflektiert; in diesem Falle erhalten wir jedoch schon unmittelbar aus der Thatsache, daſs die Grenzfläche an dem Punkte, wo die Reflexion eintritt, eins der Rotationsellipsoide $r_0 + r_1 = $ const berühren muſs, $\beta_0 = -\beta_1$, denn die Normale zum Ellipsoid und der Grenzfläche halbiert den Winkel zwischen r_0 und r_1. Dies Resultat wird aus dem vorigen über die Lichtbrechung auch erhalten, wenn man die Reflexion ansieht als eine Brechung mit dem Brechungsverhältnis $\frac{n_0}{n_1} = -1$. Alle folgenden Entwickelungen über die Lichtbrechung behalten unverändert Gültigkeit, wie man sich im einzelnen leicht überzeugt, wenn man $\frac{n_0}{n_1} = -1$ setzt, sie sind daher auf die Erscheinungen der Spiegelung unmittelbar übertragbar. Es wird dies nicht noch weiter besonders hervorgehoben werden.

§ 33. Das im Meridianschnitt liegende Bild.

Die Grundgesetze der Spiegelung und Brechung ergeben sich so als die erste Annäherung für die Erfüllung des Satzes vom kürzesten Lichtwege. Ist nun in der obengenannten Taylorschen Reihe auch das Glied mit ds^2 gleich Null, so heißt das, daß nicht nur für das enge in einem Lichtstrahl zusammengefaßte Lichtbündel der Lichtweg ein Minimum ist, sondern daß auch noch die benachbarten Strahlen im Punkte 1 zusammenlaufen. In diesem Falle ist der Punkt 1 ein optisches Bild des Punktes 0, da durch das Zusammentreffen mehrerer Lichtstrahlen mit gleicher optischer Weglänge eine Steigerung der Lichtbewegung in 1 zustande kommt, in der Weise, daß für einen hinter 1 gelegenen Punkt dieser als lichtsendender Punkt angesehen werden kann. Ein solcher Bildpunkt kann auf r_1 natürlich nur an ganz bestimmten Stellen liegen, deren Lage durch Nullsetzen des zweiten Gliedes der Taylorschen Reihe zu bestimmen ist. Es ist also:

$$n_0 \frac{d^2 r_0}{ds^2} + n_1 \frac{d^2 r_1}{ds^2} = 0,$$

oder

$$n_0 \frac{d}{ds}(\sin \beta_0) - n_1 \frac{d}{ds}(\sin \beta_1) = 0,$$

$$n_0 \cos \beta_0 \frac{d\beta_0}{ds} - n_1 \cos \beta_1 \frac{d\beta_1}{ds} = 0.$$

Ist dann R der Krümmungsmittelpunkt der als Kugelfläche gedachten Grenzfläche und ϱ der Radius und be-

§ 33. Das im Meridianschnitt liegende Bild.

zeichnen $\omega_0, \omega_1, \gamma_0, \gamma_1$, die aus der Fig. 22 ersichtlichen Winkel, so ist:

$$\beta_0 = \gamma_0 + \omega_0,$$
$$\beta_1 = \pi - \gamma_1 - \omega_1,$$

und es wird bei einer Verschiebung des Punktes A auf der Kugelfläche

$$\frac{d\beta_0}{ds} = \frac{d\gamma_0}{ds} + \frac{d\omega_0}{ds}$$
$$\frac{d\beta_1}{ds} = -\frac{d\gamma_1}{ds} - \frac{d\omega_1}{ds},$$

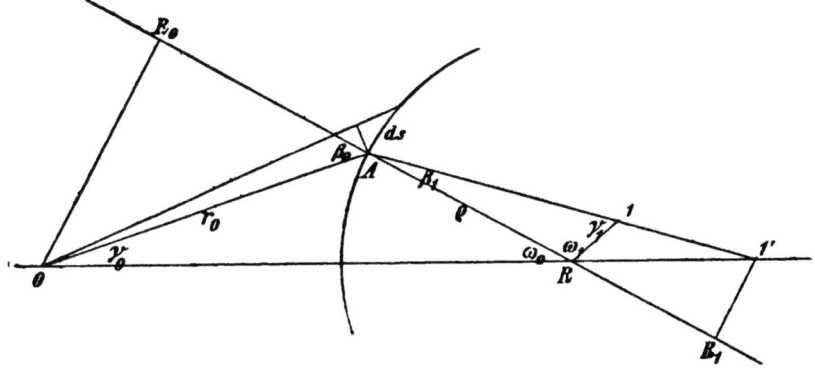

Fig. 22.

zugleich ist aber der Natur der Sache nach $\dfrac{d\omega_0}{ds} = -\dfrac{d\omega_1}{ds}$. Setzen wir diese Werte ein, so bekommen wir zunächst

$$n_0 \cos\beta_0 \left(\frac{d\gamma_0}{ds} + \frac{d\omega_0}{ds}\right) - n_1 \cos\beta_1 \left(-\frac{d\gamma_1}{ds} + \frac{d\omega_0}{ds}\right) = 0.$$

Nun ist aber $\dfrac{r_0 d\gamma_0}{ds} = \cos\beta_0$; $\dfrac{r_1 d\gamma_1}{ds} = \cos\beta_1$ und für ds kann man setzen $ds = \varrho\, d\omega_0$, folglich wird aus unserer Gleichung

$$\frac{n_0 \cos^2\beta_0}{r_0} + \frac{n_0 \cos\beta_0}{\varrho} + \frac{n_1 \cos^2\beta_1}{r_1} - \frac{n_1 \cos\beta_1}{\varrho} = 0$$

oder

$$\frac{n_1 \cos\beta_1 - n_0 \cos\beta_0}{\varrho} = \frac{n_1 \cos^2\beta_1}{r_1} + \frac{n_0 \cos^2\beta_0}{r_0}.$$

§ 34. Das im Sagittalschnitt liegende Bild.

Durch diese Gleichung ist die Lage desjenigen Bildpunktes auf r_1 bestimmt, der hervorgerufen wird durch diejenigen mit r_0 benachbarten Strahlen, welche in der Einfallsebene von r_0 liegen. Offenbar muſs es noch einen zweiten Bildpunkt auf r_1 geben, dessen Lage, wenn wir uns auf eine kugelförmige brechende Fläche beschränken, leicht zu ersehen ist. Denn wenn die Fläche sphärisch ist mit dem Mittelpunkte R, so muſs das ganze Raumgebilde der Strahlen offenbar um OR eine Rotationsfigur sein, also müssen diejenigen mit r_0 benachbarten Strahlen, welche zu einem zu dem bisherigen ds senkrechtstehenden ds gehören, r_1 in dem Punkte $1'$ treffen, in welchem r_1 auch von der Linie OR getroffen wird; und dieser Punkt $1'$ ist notwendig ein zweiter Bildpunkt auf r_1. Zur Ermittelung der Lage dieses Punktes ziehen wir von 0 und $1'$ aus die Lote OR_0 und $1'R_1$ auf AR und haben dann

$$OR_0 : 1'R_1 = R_0R : RR_1$$

oder

$$r_0 \sin\beta_0 : r_1 \sin\beta_1 = (r_0 \cos\beta_0 + \varrho) : (r_1 \cos\beta_1 - \varrho)$$

unter Berücksichtigung von $\dfrac{\sin\beta_0}{\sin\beta_1} = \dfrac{n_1}{n_0}$ wird hieraus

$$\frac{r_0 n_1}{r_1 n_0} = \frac{r_0 \cos\beta_0 + \varrho}{r_1 \cos\beta_1 - \varrho}$$

oder

$$\frac{n_1 \cos\beta_1 - r_0 \cos\beta_0}{\varrho} = \frac{n_0}{r_0} + \frac{n_1}{r_1}.$$

---

§ 35. Die Abbildung durch Centralstrahlen.

Wir haben also für die Brechung eines schmalen Strahlenbündels an einer sphärischen Fläche, zwei verschiedene Bildpunkte gefunden; die Wellenfläche kann also nach der Brechung im allgemeinen keine Kugelfläche mehr sein. Aus der Natur der Wellenfläche wissen wir aber schon, daſs mehr als diese beiden Bildpunkte nicht vorhanden sein können. Die Hauptkrümmungen der Wellenfläche liegen also in diesem Falle in dem durch den einfallenden Strahl und den Kugelmittelpunkt gelegten Schnitt, dem Meridianschnitt, und in dem hierzu in A senkrecht geführten, dem Sagittalschnitt. In dem Falle, dafs der Einfallswinkel klein ist, so dafs der Winkel für den Sinus und der Cosinus gleich 1 gesetzt werden kann, nehmen beide Gleichungen die Form an:

$$\frac{n_1 - n_0}{\varrho_0} = \frac{n_0}{r_0} + \frac{n_1}{r_1}.$$

Die Abbildung ist also dann eine eindeutige, die Wellenfläche wird zur Kugelfläche und alle Strahlen innerhalb dieses Gebietes vereinigen sich im Bildpunkte.

---

§ 36. Die aplanatische Abbildung.

Die Gesamtheit der von einem leuchtenden Punkte auf eine Kugelfläche auffallenden Strahlen erzeugt aber durchaus kein einheitliches Bild des leuchtenden Punktes, vielmehr ergiebt jedes dünne Lichtbüschel für sich schon zwei Bildpunkte, deren Lage für die verschiedenen Büschel mit der Gröfse des Einfallswinkels variiert und durch die beiden Gleichungen bestimmt ist:

für den Meridianschnitt

$$\frac{n_1 \cos \beta_1 - n_0 \cos \beta_0}{\varrho} = \frac{n_1 \cos^2 \beta_1}{r_1} + \frac{n_0 \cos^2 \beta_0}{r_0}$$

für den Sagittalschnitt

$$\frac{n_1 \cos \beta_1 - n_0 \cos \beta_0}{\varrho} = \frac{n_1}{r_1'} + \frac{n_0}{r_0}$$

wenn mit r_1' der Wert von r_1 für den Sagittalschnitt bezeichnet wird.

Es liegt die Frage nahe, ob nicht durch besondere Verhältnisse sich alle diese verschiedenen Bildpunkte in einen einzigen vereinigen lassen, so dafs dann in der That durch die ganze von einem Lichtpunkte auf eine Kugelfläche auffallende Lichtmenge eine einheitliche Abbildung entsteht. Damit dies erfüllt ist, müssen offenbar zunächst für jedes dünne Büschel die beiden Bildpunkte zusammenfallen, also $r_1' - r_1 = 0$ sein. Subtrahieren wir aber die obigen Gleichungen, so wird:

$$\frac{n_1 \cos^2 \beta_1}{r_1} + \frac{n_0 \cos^2 \beta_0}{r_0} = \frac{n_1}{r_1'} + \frac{n_0}{r_0}$$

oder

$$\frac{n_1 \cos^2 \beta_1}{r_1} - \frac{n_1}{r_1'} = \frac{n_0}{r_0} \sin^2 \beta_0$$

setzen wir jetzt

$$\frac{1}{r_1'} = \frac{1}{r_1 + \delta r} = \frac{1}{r_1}\left(1 - \frac{\delta r_1}{r_1}\right) = \frac{1}{r_1} - \frac{\delta r_1}{r_1^2}$$

so wird

$$\frac{n_1 \delta r_1}{r_1^2} = \frac{n_0}{r_0} \sin^2 \beta_0 + \frac{n_1}{r_1} \sin^2 \beta_1$$

sollen beide Bildpunkte zusammenfallen, so muſs aber $\delta r_1 = 0$ sein, also: $\dfrac{\sin^2 \beta_0}{\sin^2 \beta_1} = -\dfrac{r_0}{r_1}\dfrac{n_1}{n_0}$. Da aber $\dfrac{\sin \beta_0}{\sin \beta_1} = \dfrac{n_1}{n_0}$ nach dem Brechungsgesetz ist, so muſs $\dfrac{r_0}{r_1} = -\dfrac{n_1}{n_0} = -\dfrac{\sin \beta_0}{\sin \beta_1}$ sein. Die Bedingung dafür, daſs für irgend ein dünnes Büschel beide Bildpunkte zusammenfallen, wird also unabhängig von dem Einfallswinkel, ist sie also für ein Büschel erfüllt, so ist sie es auch für alle anderen. Diese Bedingung läſst sich auch schreiben: $n_0 r_0 + n_1 r_1 = 0$. Der Ausdruck $n_0 r_0 + n_1 r_1$ ist aber die optische Weglänge, aus deren Variation im Paragraphen 31 und 33 das Brechungs- und die Abbildungsgesetze abgeleitet wurden; ist diese konstant und unabhängig vom Einfallswinkel, so heiſst das, daſs alle vom Lichtpunkt ausgehenden Strahlen in demselben Bildpunkt vereinigt werden.

Es handelt sich jetzt noch darum festzustellen, welche Lage der Lichtpunkt zur Kugelfläche haben muſs, um dieser Bedingung genügen zu können. Da auch die senkrecht auffallenden Strahlen der Bedingung genügen müssen, so haben wir auſser $n_0 r_0 = -n_1 r_1$ noch die Gleichung

$$\frac{n_1 - n_0}{\varrho} = \frac{n_0}{r_0} + \frac{n_1}{r_1},$$

woraus dann folgt durch Substitution

$$\frac{n_1-n_0}{\varrho} = \frac{n_1{}^2-n_0{}^2}{n_1 r_1}$$

oder $r_1 = \dfrac{n_1+n_0}{n_1}\varrho$ und entsprechend $r_0 = -\dfrac{n_1+n_0}{n_0}\varrho$
führen wir an Stelle der von der Kugelfläche gemessenen Abstände r_1 und r_0 noch die vom Kugelmittelpunkt gemessenen $R_1 = r_1 - \varrho$ und $R_0 = r_0 + \varrho$ ein, so wird

$$R_1 = \frac{n_0}{n_1}\varrho \text{ und } R_0 = -\frac{n_1}{n_0}\varrho.$$

Das negative Vorzeichen hat die Bedeutung, daſs stets einer der beiden Punkte, Licht- oder Bildpunkt, virtuell sind, und wir können sagen, alle von einem Punkte der mit der brechenden Kugelfläche konzentrischen Kugelfläche vom Radius $R_1 = \dfrac{n_0}{n_1}\varrho$ ausgehenden Strahlen werden so gebrochen, als kämen sie von einem Punkte her, der auf einer konzentrischen Kugel vom Radius $R_0 = \dfrac{n_1}{n_0}\varrho$ liegt; und umgekehrt, die nach dem zweiten Punkte hinzielenden Strahlen werden so gebrochen, daſs sie sich alle in dem ersten zu einem einheitlichen Bilde vereinigen. **Zwei in dieser Weise als Licht und Bildpunkt einander entsprechende Punkte heiſsen aplanatische Punkte, und jede Kugelfläche besitzt auf jedem Durchmesser zwei solche aplanatische Punkte.**

---

§ 37. Geometrische Konstruktion der Strahlenbrechung an einer Kugelfläche.

Aus der soeben hergeleiteten Grundeigenschaft der aplanatischen Punkte ergiebt sich folgende einfache geometrische Konstruktion, welche zugleich zu jedem beliebigen auf die Kugelfläche auffallenden Strahl, die Richtung des gebrochenen zu zeichnen gestattet.

Wir zeichnen konzentrisch zu der brechenden Kugelfläche vom Radius ϱ zwei Kugeln mit dem Radius $R_0 = \dfrac{n_1}{n_0}\varrho$

und $R_1 = \frac{n_0}{n_1}\varrho$. Alle nach einem Punkte 0 auf der Kugel R_0 zielenden Strahlen werden dann in dem Punkte 1 der Kugel R_1 vereinigt, der auf CO liegt, und ein beliebiger die Kugel ϱ treffender Strahl LM ist bis zum zweiten Schnitt M mit der Kugel R_0 zu führen, die Verbindungslinie CM giebt dann auf der Kugel R_1 den Punkt N, nach welchem der Strahl an der Kugel ϱ hin gebrochen wird. Die Richtigkeit dieser Konstruktion ergiebt sich auch unmittelbar geometrisch als eine Folge des Snelliusschen Brechungsgesetzes, wie leicht zu übersehen.

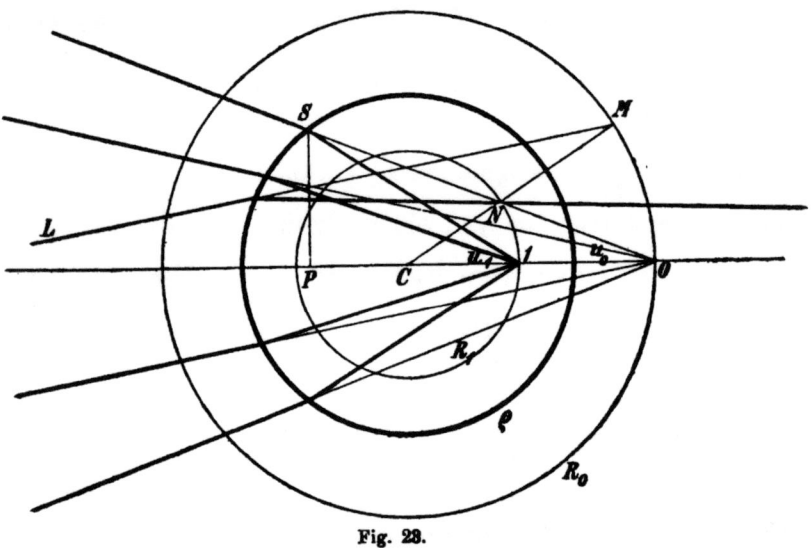

Fig. 28.

Ist der Brechungsindex der Kugel kleiner als der der Umgebung, so liegt R_0 innerhalb und R_1 aufserhalb ϱ, die Konstruktion selbst wird dadurch jedoch nicht geändert; für alle auf ϱ auffallenden, aber die innere Kugel R_0 nicht treffenden Strahlen giebt es dann keinen gebrochenen Strahl mehr, dieselben werden total reflektiert.

Für den Fall der Spiegelung, wo $\frac{n_1}{n_0} = -1$ ist, versagt diese Konstruktion. Kugelspiegel haben aufser den Punkten der spiegelnden Fläche selbst und dem Kugelmittelpunkt, welche auch bei brechenden Kugelflächen die

§ 37. Konstruktion der Strahlenbrechung an einer Kugelfläche. 81

Eigenschaft aplanatischer Punkte haben, **keine aplanatischen Punkte.**

Der Verlauf aller Strahlen, die von einem nicht aplanatischen Punkte ausgehen, ist in der Fig. 24, die nach obiger Konstruktion hergestellt ist, zu übersehen.

Die sämtlichen Bildpunkte der meridionalen Büschel liegen auf einer Kurve, welche die Kaustik genannt wird. Diejenigen der sagittalen Büschel liegen auf der Achse auf der Strecke zwischen dem Schnittpunkt der mittelsten Strahlen mit der Achse und dem der äußersten mit der Achse. Diese Strecke AB stellt die **Größe der sphärischen Aberration auf der Achse dar, der „Längsabweichung".** Der Querschnitt der gesamten Strahlenbüschel an der engsten Stelle, d. h. dort, wo die äußersten Strahlen den gegenüberliegenden Zweig der

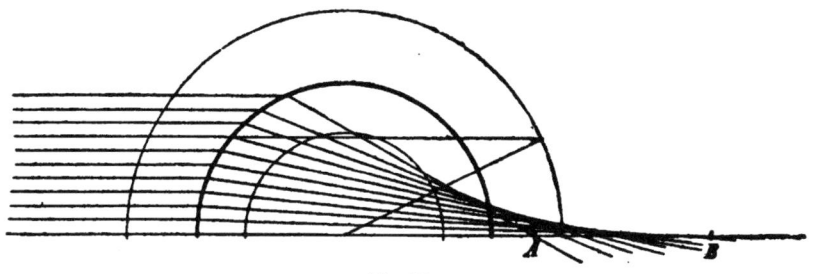

Fig. 24.

Kaustik treffen, heißt die **„Seitenabweichung"** oder sphärische Aberration senkrecht zur Achse.

In den Fig. 25a, b, c ist nach dieser Konstruktionsweise die Größe der sphärischen Aberration für verschiedene Linsen dargestellt und zwar:

    a) für eine Bikonvexlinse, Sammellinse; Brechungsindex $n = 1,5$;
    b) für eine desgl. bei gleichem Brechungsindex, gleicher Brennweite, aber anderer Verteilung der Krümmungen;
    c) von einer Zerstreuungslinse; Brechungsindex $n = 1,6$.

Denkt man sich die Linse der Figur c) hinter die von Figur b) gesetzt, so sieht man, wie es möglich ist, durch Kombination einer Sammellinse und einer Zerstreuungslinse von verschiedenen Brechungsindices ein System zu erhalten, bei welchem die entgegengesetzten sphärischen Aberrationen sich aufheben und parallel einfallende Strahlen wieder genau in einen Punkt vereinigt werden.

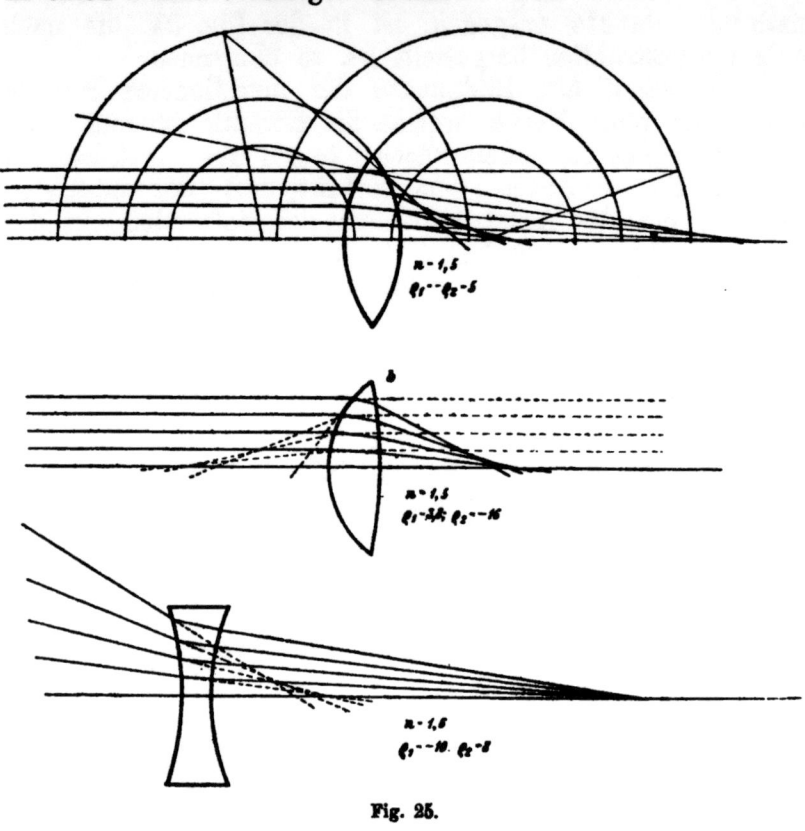

Fig. 25.

§ 38. Die Sinusbedingung.

Noch eine Eigenschaft der aplanatischen Punkte ergiebt sich aus der Figur 23 des vorigen Paragraphen. Bezeichnet man mit u_0 und u_1 die Winkel des einfallenden und gebrochenen Strahles mit der Achse CO und zieht das Loth SP, so ist

$$\sin u_0 = \frac{SP}{r_0}; \quad \sin u_1 = \frac{SP}{r_1}, \text{ folglich}$$

$$\frac{\sin u_0}{\sin u_1} = \frac{r_1}{r_0}$$

und dies ist wegen der Eigenschaften

§ 38. Die Sinusbedingung.

aplanatischer Punkte gleich $\frac{n_0}{n_1}$, das heifst, das Verhältnis der Sinus der Divergenzwinkel ist unabhängig von der Gröfse des Einfallswinkels, also für alle Strahlen konstant. Betrachten wir noch zwei benachbarte Punkte $0'$ und $1'$ und nennen das Verhältnis $\frac{11'}{00'}$ die Vergröfserung v, so haben wir $\frac{00'}{11'} = \frac{R_0}{R_1} = -\left(\frac{n_1}{n_0}\right)^2$ und wir können auch schreiben $\frac{\sin u_0}{\sin u_1} = \frac{n_1}{n_0} \cdot v$. In dieser Form stellt diese für die aplanatischen Punkte hergeleitete Beziehung ein allgemeines Gesetz für optische Abbildungen dar, das unter dem Namen des Sinusgesetzes bekannt ist, dessen Bedeutung jedoch erst später näher erwiesen werden kann.

Siebentes Kapitel.

Die rein geometrischen Beziehungen optischer Abbildungen.

§ 39. Allgemeiner Begriff der optischen Abbildung.

Wenn auch nach den Entwickelungen des vorigen Kapitels sich ergeben hat, daſs im allgemeinen durch ein von einem leuchtenden Punkt ausgehendes Strahlenbüschel von gröſserem Öffnungswinkel bei der Brechung an einer Kugelfläche ein einheitlicher Bildpunkt nicht erhalten wird, so findet dies dennoch statt, sobald wir uns auf ein sehr schmales Lichtbüschel beschränken, das zur Kugelfläche senkrecht steht. Bleiben sämtliche bei der Abbildung verwendeten Strahlen innerhalb eines engen Cylinderraumes, der senkrecht zur Kugelfläche steht, so wird zugleich jeder in diesem Cylinderraum liegende Punkt einheitlich durch die Brechung an der Kugelfläche abgebildet, d. h. alle Punkte eines Raumstückes werden in allen Punkten eines anderen Raumstückes durch Lichtstrahlen abgebildet, so daſs jedem Punkte im Objektraum ein bestimmter Punkt im Bildraume entspricht und jedem Lichtstrahl im Bildraum ein bestimmter Lichtstrahl im Objektraum. Haben wir anstatt einer brechenden Kugelfläche deren beliebig viele, deren Krümmungsmittelpunkte alle auf der Achse desselben engen Cylinderraumes liegen, so überträgt sich die Abbildungsweise unmittelbar auf das ganze System centrierter Kugelflächen. Steht der enge cylindrische Raum nicht senkrecht zur ersten Kugelfläche, so erhalten wir hier schon zwei Bildpunkte, aber da der Meridianschnitt für alle folgenden centrierten

Kugelflächen immer Meridianschnitt bleibt, und ebenso der Sagittalschnitt immer Sagittalschnitt, so können wir durch das ganze optische System zwei getrennte vollständige Abbildungen in den beiden Hauptschnitten verfolgen. Bevor wir die Gesetze dieser optischen Bilder im Zusammenhange mit den Gesetzen der Lichtbewegung betrachten, ist es ratsam, vorher zunächst die allgemeinen geometrischen Beziehungen, die hierbei auftreten müssen, zu entwickeln, und zwar genügt es, diese Beziehungen zunächst nur für den die Achse des optischen Systems unmittelbar umgebenden Raum zu entwickeln, da die im Meridian- und Sagittalschnitt sich vollziehenden Abbildungen sich als besondere Fälle der allgemeinen Abbildung eines Raumstückes in ein anderes Raumstück ansehen lassen.

§ 40. Die Art der kollinearen Abbildung in optischen Bildern.

Für die rein geometrischen Beziehungen von optischen Bildern gilt folgende, wie wir sahen innerhalb eines sehr engen cylindrischen Raumes erfüllte Definition eines optischen Bildes. Wir sagen, ein Punkt P' ist das optische Bild eines Punktes P, wenn alle von P ausgehenden und den Bildraum erreichenden Lichtstrahlen durch die eingefügten Licht brechenden oder zurückwerfenden Substanzen so geleitet werden, daſs sie sich im Punkte P' schneiden. Dementsprechend ist ein räumliches Gebilde das optische Bild eines räumlich ausgedehnten Objektes, wenn alle Punkte desselben die optischen Bilder der Punkte des Objektes sind. Es folgt hieraus unmittelbar, daſs alle Punkte, die im Objekte auf einer Geraden liegen, auch im Bilde in gerader Linie liegen müssen; denn wenn drei Punkte P_1, P_2, P_3 auf einer Geraden liegen, so entspricht dem durch diese Punkte gehenden Lichtstrahl im Bilde ein bestimmter Strahl, und auf diesem müssen die drei Bildpunkte liegen. In derselben Weise müssen alle im Objekte in einer Ebene liegenden Punkte im Bilde wieder in einer Ebene liegen. Auf diese Weise ist durch den Begriff der optischen Abbildung zwischen Objekt und Bild eine bestimmte geometrische

Verwandtschaft festgelegt und zwar diejenige, die die neuere Geometrie die **kollineare Verwandtschaft** nennt, und alle Beziehungen, die die Geometrie für die kollineare Verwandtschaft herleitet, müssen ohne weiteres für jede optische Abbildung gelten. Im allgemeinen ist jedoch der Begriff der kollinearen Verwandtschaft ein weitergehender, als in optischen Abbildungen verwirklicht wird, wir können uns daher auf gewisse vereinfachte Verhältnisse beschränken.

Die einfachste und zugleich vollkommenste Art eines optischen Bildes würde die sein, in der das Bild dem Objekte mathematisch vollkommen ähnlich ist. Bild und Objekt würden sich dann stets so zu einander orientieren lassen, daß alle einander entsprechenden Linien parallel sind. Dieser Fall der vollkommenen Ähnlichkeit zwischen einem räumlichen Gebilde und seinem optischen Bilde läßt sich im allgemeinen durch optische Systeme nicht verwirklichen, er trifft nur in besonderen Fällen zu. Der nächst einfache Fall ist der, daß zwar nicht das ganze Objekt im Bilde ähnlich wiedergegeben ist, aber daß doch alle Figuren einer bestimmten Ebene E_1 des Objektraumes durch ähnliche Figuren in der Ebene E_1' des Bildraumes wiedergegeben werden. Findet neben der ähnlichen Abbildung der Ebene E_1 auf E_1' für den übrigen Raum dann überhaupt noch eine optische Abbildung statt, so lassen sich für diese Abbildungsweise sofort eine Reihe geometrischer Beziehungen angeben.

1) **Parallelen Linien in E_1 entsprechen** wegen der Ähnlichkeit **auch parallele Linien in E_1'**, folglich können den unendlich fernen Punkten von E_1 auch nur die unendlich fernen von E_1' entsprechen. Eine Ebene E_2, die mit E_1 parallel ist, hat aber nur die unendlich fernen Punkte mit dieser gemein, folglich muß auch das Bild E_2' mit E_1' parallel sein. Das heißt aber: **Alle mit E_1 parallelen Ebenen werden in Ebenen abgebildet, die mit E_1' parallel sind.**

2) Entspricht dem außerhalb E_1 und E_2 liegenden Punkte P im Bildraum der Punkt P', so kann man jede in E_2 liegende Figur von P aus auf E_1 perspektivisch projizieren, und ebenso das Bild der Figur von P' aus auf E_1'. Nun sind aber die so in E_1 und E_1' erhaltenen Figuren als Objekt und Bild zusammengehörige nach dem

Wesen der optischen Abbildung, und nach der Voraussetzung für diese Abbildung sind sie einander ähnlich; folglich müssen auch die ursprünglichen Figuren in E_2 und E_2' einander ähnlich sein, da ja E_1 und E_2 ebenso wie E_1' und E_2' einander parallel sind, und die eine Figur durch perspektivische Projektion aus der anderen gewonnen wurde. Folglich ergiebt sich jetzt: **Alle mit E_1 parallelen Ebenen werden ebenfalls vollkommen ähnlich in den mit E_1' parallelen Ebenen abgebildet.** Infolge dieser Ähnlichkeit sind alle Winkel einer Figur in einer E-Ebene gleich denen der entsprechenden in der E'-Ebene, aber alle Strecken in der E'-Ebene sind ein bestimmtes Vielfaches der entsprechenden Strecken in der E-Ebene. Wir nennen dies Vielfache die Vergröfserung des Ebenenpaares EE'.

3) **Ist die Vergröfserung für zwei parallele Ebenenpaare $E_1 E_1'$ und $E_2 E_2'$ die gleiche, so mufs sie für alle parallelen Ebenenpaare die gleiche sein;** denn wir können dann in den Ebenen E_1 und E_2 kongruente, parallel liegende Figuren ziehen, die Bilder dieser Figuren in E_1' und E_2' müssen dann auch einander kongruent und parallel sein. Den Verbindungslinien entsprechender Ecken dieser Figuren im Objektraum entsprechen dann im Bilde die Verbindungslinien der entsprechenden Ecken als Bilder. Diese Verbindungslinien sind aber im Objektraum ebenso wie im Bildraum einander parallele Strahlen, folglich schneiden sie auch auf jedem „konjugierten" Ebenenpaar EE' wieder kongruente Figuren heraus, d. h. aber in jedem anderen Ebenenpaar ist die Vergröfserung die gleiche wie in den Ebenen, von welchen ausgegangen wurde. **Dieser Fall, dafs die Vergröfserung in allen Ebenenpaaren EE' die gleiche ist, ist ein spezieller Fall in der Optik und wird die teleskopische Abbildung genannt.** In allen anderen Fällen haben keine zwei Paare konjugierter Ebenen die gleiche Vergröfserung.

4) Haben wir keine teleskopische Abbildung, so können parallelen Strahlen im Objekte, die die Ebene E_1 schneiden, im Bildraume keine parallelen Strahlen entsprechen, sondern alle entsprechenden Strahlen müssen sich in einem Punkte schneiden. Allen Punkten der unendlich fernen Ebene des Objektraumes müssen daher Punkte einer im Endlichen liegenden Ebene des Bildraumes entsprechen, und diese mufs

auch parallel E_1' sein. Wir nennen diese Ebene die **Brennebene des Bildraumes**. Umgekehrt entspricht der unendlich fernen Ebene des Bildraumes eine bestimmte, zu E_1 parallele Ebene des Objektraumes und diese heifst die **Brennebene des Objektraumes**. Alle zu E_1 senkrechten Strahlen schneiden sich im Bilde in einem bestimmten Punkte der Brennebene, und dieser Punkt heifst der **Brennpunkt im Bilde** und unter den hier zusammenlaufenden Strahlen ist einer, der senkrecht zu E_1' steht, dieser heifst die **Achse der Abbildung im Bildraum**. Entsprechend giebt es im Objektraum einen bestimmten Brennpunkt und eine Achse. Die Achse des Bildraumes ist auch das Bild der Achse des Objektraumes, denn es kann nur ein Paar konjugierter Strahlen geben, die im Objekt- und im Bildraum auf den Brennebenen senkrecht stehen. Um die Achsen herum herrscht Symmetrie der Abbildung und deswegen müssen diese geometrischen Abbildungsachsen bei Bilderzeugung durch centrierte optische Systeme mit der Symmetrieachse des Systemes zusammenfallen. Für die Zeichnung der geometrischen Bilder können wir daher stets die Achsen in eine Linie legen.

Gegenüber dieser zur Achse symmetrischen Abbildung gestattet die Geometrie nur noch eine allgemeinere kollineare Verwandtschaft, die sich dadurch auszeichnet, dafs die Vegröfserungen für eine zur Achse senkrechte Ebene in zwei verschiedenen, zu einander senkrechten Richtungen verschieden sind. Da im Folgenden nur centrierte optische Systeme behandelt werden sollen, können wir diese Verallgemeinerung übergehen.

§ 41. Definition der Brennpunkte, Hauptpunkte und Brennweiten.

Es hat sich also ergeben, wenn überhaupt von einem endlichen Raumstück ein optisches Bild erzeugt wird und auch nur eine Ebene innerhalb dieses Raumes vollkommen ähnlich in eine Bildebene abgebildet wird und keine teleskopische Abbildung vorliegt, dafs dann im Objekt- und Bildraume immer eine Brennebene existiert und senkrecht dazu eine Achse, zu welcher die ganze Abbildung symmetrisch

§ 41. Definition der Brennpunkte, Hauptpunkte und Brennweiten. 89

ist, und dafs alle zu der Brennebene im Objektraume parallelen Ebenen dann ebenfalls vollkommen ähnlich in Ebenen abgebildet werden, die zur Brennebene im Bildraum parallel sind. Die Vergröfserungszahlen für diese Paare konjugierter Ebenen sind alle verschieden, nur bei der teleskopischen Abbildung sind sie alle einander gleich. Um daher die weiteren metrischen Beziehungen abzuleiten, genügt es jetzt durch Objektraum und Bildraum einen durch die Achse gehenden Schnitt zu legen durch Ebenen, die selbst als Objekt und Bild zusammengehören, und nur die in diesen Schnitten entstehenden Figuren zu betrachten. Die so erhaltenen metrischen Beziehungen gelten dann offenbar auch direkt für die beiden astigmatischen Abbildungen in schiefen Büscheln im Meridian- und Sagittalschnitt.

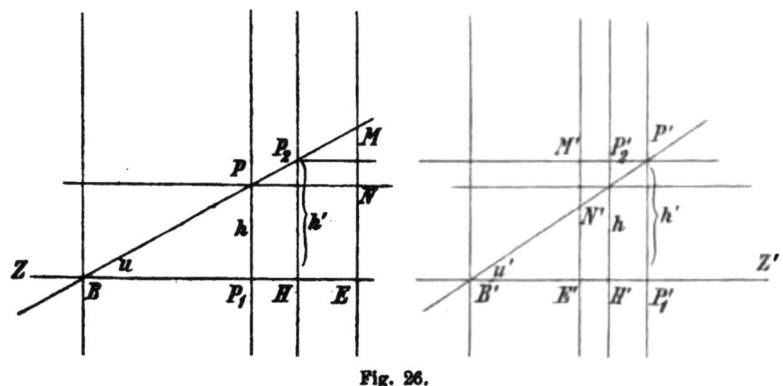

Fig. 26.

Stellen dann in der Fig. 26 Z bezw. Z' die Achsen im Objekt bezw. Bildraum und B, B' die Brennpunkte und E, E' die Spuren zweier ähnlich aufeinander abgebildeten Ebenen mit der Achse in dem zu betrachtenden Querschnitt durch den Objekt- und Bildraum dar, so ist es jetzt leicht zu jedem in diesem Querschnitt liegenden Objektpunkt den Bildpunkt zu zeichnen, sobald wir noch die Vergröfserung für die Ebenen EE' als bekannt gleich v annehmen. Wir ziehen durch den abzubildenden Punkt P zwei Strahlen, PN parallel zur Achse und PM durch den Punkt B; dann machen wir $E'N' = vEN$ und $E'M' = vEM$, der Schnittpunkt von $B'N'$ mit der durch M' gehenden Parallelen zur Z'-Achse ist der Bildpunkt P'. Die Anwendung der einfachsten Proportionen zwischen Parallelen läfst aus dieser Konstruktion

VII. Die rein geometrischen Beziehungen optischer Abbildungen.

auch unmittelbar wieder erkennen, daſs, wenn P auf einer zur Achse senkrechten Linie bewegt wird, die die Achse in P_1 schneidet, P' sich ebenfalls auf einer zur Achse Senkrechten bis P_1' bewegen muſs, und daſs $\dfrac{P'P_1'}{PP_1}$ die Vergröſserungszahl für die durch PP_1 gehende zur Achse senkrechte Ebene ist. Läſst man jedoch P auf dem Strahle BM wandern, so bewegt sich P' auf dem konjugierten Strahle $P'M'$; während dabei PP_1 alle Werte von 0 bis ∞ annimmt, bleibt aber $P'P_1'$ konstant, also bestätigt sich wieder, daſs alle konjugierten Ebenenpaare ungleiche Vergröſserung haben. Unter dieser Reihe verschiedener Vergröſserungen tritt nun aber einmal auch notwendig die Vergröſserung Eins auf; es muſs also stets ein konjugiertes Ebenenpaar geben, welches kongruent in einander abgebildet wird. Haben wir Objekt und Bildfigur so zu einander gelegt, daſs die Achsen in einer Geraden liegen, so ist dieses Ebenenpaar leicht gefunden, wir brauchen nur $P'M'$ in den Objektraum hinüberzuverlängern und finden dadurch auf BM einen Punkt P_2, der jedenfalls in der kongruent abgebildeten Ebene liegen muſs. Ebenso ergiebt die Verlängerung von PN in den Bildraum hinüber auf $B'N'$ einen Punkt, der in der entsprechenden Bildebene liegen muſs. Die Ebenen, welche kongruent auf einander abgebildet werden, heiſsen die **Hauptebenen**, ihre Spuren mit der Achse die **Hauptpunkte**; letztere sind in der Figur mit H, H' bezeichnet.

Nennen wir jetzt noch den Abstand des Strahles PN von der Achse, also die Gröſse $PP_1 = h$, die Einfallshöhe des achsenparallelen Strahles, und entsprechend $P'P_1' = P_2'H' = P_2H = h'$ die Einfallshöhe des Bildstrahles $P'M'$, und nennen ferner die Tangente der Winkel zwischen schiefen Strahlen und der Achse, also die Winkel u und u' in der Fig. 26 die Divergenzen der Strahlen, so ist der Quotient aus Einfallshöhe im Objektraum durch Divergenz des konjugierten Strahles im Bildraum für alle achsenparallelen Strahlen eine konstante Gröſse, denn es ist stets

$$\frac{h}{tg\,u'} = B'H' = f'$$

und entsprechend ist
$$\frac{h'}{tg u} = \frac{P_2 H}{tg u} = BH = f.$$

Man nennt das konstante Verhältnis aus Einfallshöhe und Divergenz die Brennweite der Abbildung im Objektraum bezw. im Bildraum und findet dieselben dargestellt durch den Abstand von den Brennpunkten bis zu den Hauptpunkten.

§ 42. Metrische Beziehungen über die Lage von Objekt und Bild.

Wir bestimmen jetzt die Lage irgend eines Punktes im Objekt und Bildraum durch ein rechtwinkeliges Koordinatensystem, dessen x-Achse in der optischen Achse, und dessen y-Achse in der Brennebene liegt. Die Abscissen sind stets im Sinne der Lichtbewegung positiv zu rechnen, die Ordinaten in der Figur nach oben hin positiv. Sind dann in der Figur P, P' ein Paar beliebiger konjugierter Punkte in dem Ebenenpaar EE' und

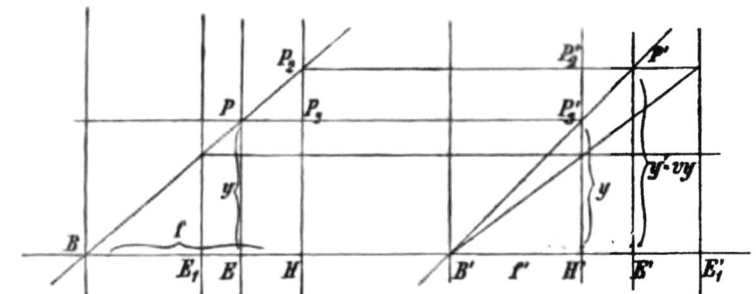

Fig. 27.

sind wieder HH' die Hauptpunkte, BB' die Brennpunkte, und ist v die Vergrößerung für das Ebenenpaar EE', so ist $P'E' = y' = vy = P_2 H$ und es ist $P_3'H' = y$.

Ferner ist:
$$BE = x; \quad B'E' = x'; \quad BH = f; \quad B'H' = f'$$
$$B'E' : B'H' = P'E' : P_3'H'$$

folglich:

1)
$$\frac{x'}{f'} = v = \frac{f}{x}$$
und hieraus

2)
$$x x' = f f'.$$

Die zweite dieser Gleichungen gestattet, wenn die Brennpunkte und Brennweiten gegeben sind, zu irgend einer Ebene im Objektraum die Lage der konjugierten Ebene im Bildraum und umgekehrt zu finden, und die erste Gleichung bestimmt dann die Vergröfserung für dieses Ebenenpaar.

Die Abbildungsgleichung läfst sich in eine andere Form bringen, wenn man zum Koordinatenanfang nicht die Brennpunkte, sondern die Achsenpunkte $E_1 E_1'$ irgend zweier konjugierter Ebenen nimmt. Ist $BE_1 = z$, $B'E_1' = z'$ und werden die Abscissen im neuen Koordinatensystem mit ζ bezw. ζ' bezeichnet, so ist

$$x = z + \zeta; \quad x' = z' + \zeta'$$

unter Berücksichtigung des Vorzeichens von ζ'; also folgt nach 2):

$$(z + \zeta)(z' + \zeta') = ff',$$

da aber auch $zz' = ff'$, so erhalten wir durch Ausmultiplizieren und Division mit $\zeta \zeta'$:

3)
$$\frac{z}{\zeta} + \frac{z'}{\zeta'} + 1 = 0.$$

Für den besonderen Fall, dafs als konjugierte Ebenen die Hauptebenen gewählt wurden, ist $z = f$ und $z' = f'$. Sind in diesem Falle die Abscissen mit ξ, ξ' bezeichnet, so ist:

4)
$$\frac{f}{\xi} + \frac{f'}{\xi'} + 1 = 0.$$

---

§ 43. Die verschiedenen Vergröfserungen.

Neben der linearen Vergröfserung v in konjugierten Ebenen, die auch die Seitenvergröfserung heifst, sind nun noch zwei andere Vergröfserungsverhältnisse in optischen Aufgaben von Bedeutung, es sind dies das Verhältnis der Divergenzen konjugierter Strahlen oder die Winkelvergröfserung und das Verhältnis konjugierter Längen auf der Achse oder die **Tiefenvergröfserung**. Die Beziehungen zwischen diesen Vergröfserungen ergeben sich folgendermafsen: für die Seitenvergröfserung hatten wir bereits gefunden:

$$v = \frac{f}{x} = \frac{x'}{f'}.$$

Sind jetzt die Brennpunkte und Hauptpunkte einer Abbildung gegeben, und dadurch auch die Achse und die Brennebenen und Hauptebenen selbst, so ist es leicht zu irgend einem Strahl im Objektraum, dessen Schnittpunkt mit der Achse die Abscisse x hat, dessen Divergenz $tg u$ ist und der die Brenn- bezw. Hauptebene in P_1 und P_2 schneidet, den konjugierten zu zeichnen.

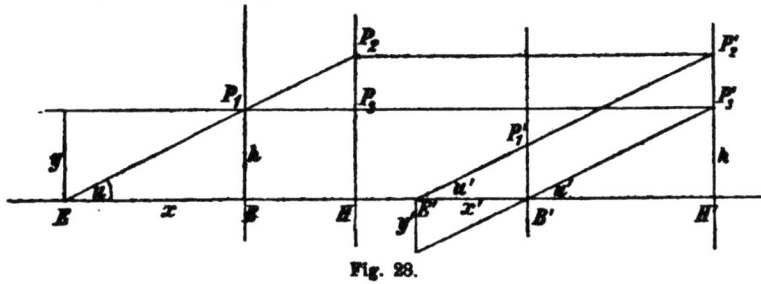

Fig. 28.

Derselbe mufs die Hauptebene im Bildraum in einem Punkte P_2' treffen, so dafs $P_2' H' = P_2 H$ ist. Die Richtung des konjugierten Strahles finden wir aber, indem wir durch P_1 einen achsenparallelen Strahl ziehen $P_1 P_3$; machen wir dann $P_3' H' = P_1 B$, so ist $B' P_3'$ der Konjugierte zu $P_1 P_3$; ziehen wir zu diesem Strahl den parallelen Strahl $P_2' E'$, so ist dieser der Konjugierte zu $E P_1 P_2$, denn da P_1 in der Brennebene liegt, darf er keinen Strahl im Endlichen erreichen, welcher konjugiert ist zu einem durch P_1 gehenden. Sind nun h und h' die Schnitthöhen der durch E und E' gehenden konjugierten Strahlen mit der Brennebene, so wird

$$tg u = -\frac{h}{x}, \text{ wir hatten aber schon } tg u = \frac{h'}{f}$$

und entsprechend

$$tg u' = -\frac{h'}{x'} \qquad \text{und} \qquad tg u' = \frac{h}{f'}.$$

94 VII. Die rein geometrischen Beziehungen optischer Abbildungen.

Durch Vereinigung der ersten mit der letzten und der zweiten mit der dritten dieser Gleichungen folgt dann aber:

5) Die Winkelvergröfserung $w = \dfrac{tgu'}{tgu} = -\dfrac{x}{f'} = -\dfrac{f}{x'}$.

Durch Vereinigung mit Gleichung 1) erhalten wir ferner

6) $$wv = -\dfrac{f}{f'}$$

und wir sehen, dafs die Winkelvergröfserung für alle durch denselben Punkt gehenden Strahlen konstant ist. Ferner ist auch $w = \dfrac{tgu'}{tgu} = \dfrac{f}{f'} \cdot \dfrac{h}{h'}$, woraus durch Multiplikation mit v unter Berücksichtigung von 5) erhalten wird

7) $$v = -\dfrac{h'}{h} = \dfrac{y'}{y};$$

zieht man also durch die Achsenpunkte konjugierter Ebenen beliebige konjugierte Strahlen, so ist das Verhältnis der Schnitthöhen dieser konjugierten Strahlen mit den Brennebenen gleich der Vergröfserung in den konjugierten Ebenen.

Die Tiefenvergröfserung u wird folgendermafsen bestimmt. Haben wir aufser den Punkten x, x' auf der Achse noch die Punkte $x + t$, $x' + t'$, so gilt sowohl $xx' = ff'$ als auch
$$(x + t)(x' + t') = ff',$$
hieraus wird durch Subtraktion erhalten:
$$xt' + x't + tt' = 0,$$
folglich:
$$u = \dfrac{t'}{t} = -\dfrac{x' + t'}{x} = -\dfrac{x'}{x}\left(1 + \dfrac{t'}{x'}\right).$$

Die Tiefenvergröfserung ist also nicht von der Lage von x allein abhängig, sondern auch von der Gröfse des betrachteten Abschnittes t. Nur wenn wir Strecken auf der Achse wählen, die im Verhältnis zu den x sehr klein sind, erhält der Begriff der Tiefenvergröfserung einen bestimmten Sinn. Unter dieser Voraussetzung ist:
$$u = -\dfrac{x'}{x}$$
oder weil $xx' = ff'$

§ 44. Die verschiedenen möglichen Abbildungsweisen.

8) $$u = -\frac{ff'}{x^2},$$

wir erhalten dann weiter:

9) $$\frac{u}{v^2} = -\frac{f'}{f} \text{ und}$$

10) $$\frac{wu}{v} = 1.$$

Aus dem Werte der Winkelvergröfserung 5) lassen sich noch zwei besondere Punkte auf der Achse herleiten, nämlich diejenigen, in welchen $w = 1$ ist; diese heifsen die Knotenpunkte und zeichnen sich dadurch aus, dafs Strahlen, die nach dem Knotenpunkt im Objektraum gerichtet sind, im Bildraum die Achse unter gleichem Winkel schneiden. Ist $w = 1$, so ist $x = -f'$ und $x' = -f$, d. h. im Objektraum liegt der Knotenpunkt im Abstand der negativen Bildbrennweite vom Brennpunkt, im Bildraum im Abstand der negativen Objektbrennweite. Sind die beiden Brennweiten entgegengesetzt gleich, so fallen die Knotenpunkte mit den Hauptpunkten zusammen.

§ 44. Die verschiedenen möglichen Abbildungsweisen.

Wir bekommen jetzt eine Übersicht über die verschiedenen Arten von Abbildungen, indem wir als Objekt eine Reihe gleichgrofser, äquidistanter Ordinaten mit Pfeil-

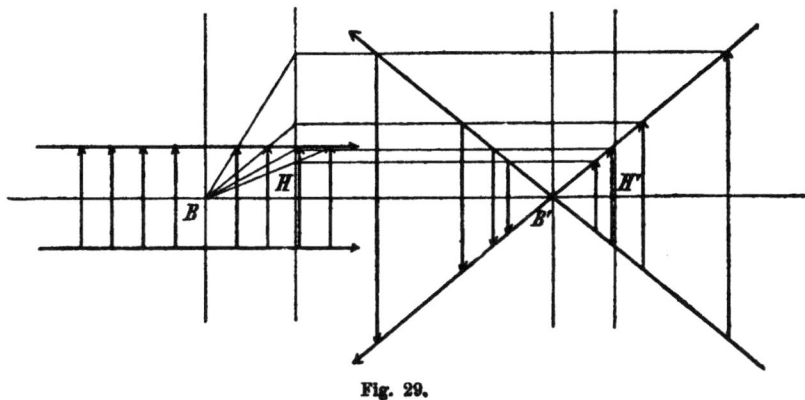

Fig. 29.

spitzen, die selbst zwischen zwei achsenparallelen Pfeilen liegen, annehmen, und die Abbildung geometrisch konstruieren.

Durch den Abbildungsvorgang ist im Objektraum ein Brennpunkt B und ein Hauptpunkt H definiert; wir ziehen von B aus Strahlen durch die oberen Pfeilspitzen, vom Schnitt dieser Strahlen mit der Hauptebene ziehen wir Parallele zur Achse in den Bildraum hinüber, wir führen auch die Richtung der langen Pfeile in den Bildraum fort, die Verbindungslinien der Spuren dieser Linien in der Hauptebene im Bildraum mit dem Brennpunkt giebt die beiden Bilder der langen Pfeile und auf diesen schneiden die zuerst gezogenen Parallelen die Bildpunkte der kleinen Pfeilspitzen aus. Man sieht sofort, dafs bei symmetrischer Anordnung der kleinen Pfeile die Konstruktion nur in einem Quadranten ausgeführt zu werden braucht, um sofort für alle Quadranten die Bilder zu geben und dafs dieselbe Zeichnung zugleich 4 verschiedenen Abbildungsweisen genügt, sobald wir die Pfeilspitzen entsprechend im Bilde anbringen. Wir bekommen in der That genau dieselben Linien sowohl wenn die Bildbrennweite positiv ist, wie in Fig. 29, als auch wenn sie ebenso grofs, aber negativ ist, und in derselben Weise gelten dieselben Linien, wenn die Brennweite im Objektraum negativ in gleicher Gröfse angenommen wird. Die folgende Figur 30 läfst diese vier verschiedenen Arten leicht übersehen.

Haben f und f' gleiches Vorzeichen, beide positiv wie bei $H_1 H_1'$, oder beide negativ bei $H_2 H_2'$, so ist die Richtung der Lichtbewegung im Bildraum entgegengesetzt derjenigen im Objektraum; diese Art Abbildung nennt man rückläufig; sie kann offenbar nur eintreten, wenn im optischen System eine ungerade Anzahl von Spiegelungen auftritt. Der Bildraum fällt dann auf dieselbe Seite des optischen Systemes wie der Objektraum.

Haben f und f' ungleiches Vorzeichen, wie bei H_3, H_3' und H_4, H_4', so ist die Lichtbewegung im Objekt und Bildraum gleichgerichtet, die Abbildung heifst rechtläufig, Objektraum und Bildraum sind durch das optische System getrennt, Spiegelungen können nur in gerader Anzahl vorhanden sein.

Wir nennen diejenigen Bilder reell, welche im Sinne der Lichtbewegung hinter der Hauptebene liegen, virtuell diejenigen, welche vor der Hauptebene liegen. Das Gebiet der virtuellen Bilder ist in den Figuren schraffiert. Da auch optische Bilder selbst

§ 44. Die verschiedenen möglichen Abbildungsweisen. 97

wieder Objekte für optische Abbildungen sein können, haben wir auch reelle und virtuelle Objekte zu unterscheiden und zwar ist ein Objekt reell zu nennen, wenn es im Sinne der Lichtbewegung vor der Hauptebene liegt, im anderen Falle virtuell. Wir haben die Regel: Bei

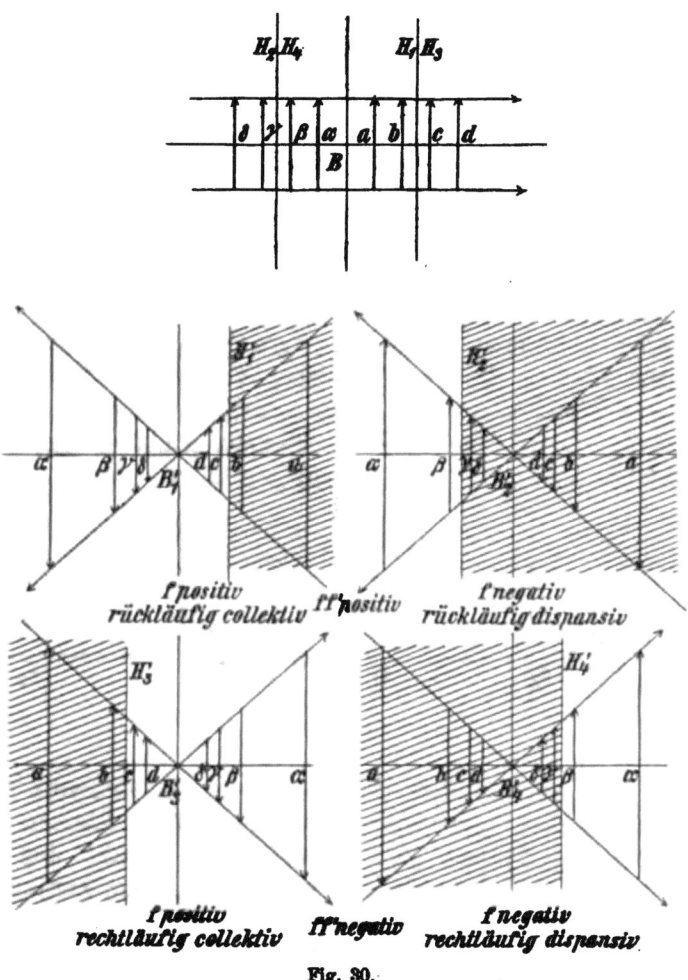

Fig. 30.

reellen Objekten sind die aufrechten Bilder stets virtuell, die umgekehrten reell; bei virtuellen Objekten ist es umgekehrt.

Liegt der Brennpunkt im Bildraum im Bereich der reellen Bilder, so heißt die Abbildung kollektiv, liegt er

98 VII. Die rein geometrischen Beziehungen optischer Abbildungen.

im Bereich der virtuellen Bilder, so ist die Abbildung dispansiv.

Die so erhaltenen 4 Arten von Abbildungen ergeben sich in gleicher Weise aus der Diskussion der Formeln $xx' = ff'$ und $v = \dfrac{f}{x}$, aufser diesen Arten kann es nur noch die teleskopische geben, die eine besondere Betrachtung erfordert.

---

§ 45. Die teleskopische Abbildung.

Auf die teleskopische Abbildungsweise lassen sich alle bisherigen Konstruktionen nicht anwenden, da wir bei dieser keine im Endlichen liegenden Brennebenen und keine Hauptebenen haben. Definiert war die teleskopische Abbildung dadurch, dafs in zwei Paaren konjugierter Ebenen die Vergröfserung die gleiche ist, es folgt dann aus § 40, 3, dafs in allen parallelen Ebenen die Vergröfserung dieselbe ist. Infolge hiervon giebt es auch keine bestimmte Achse der Abbildung, sondern jeder zu den

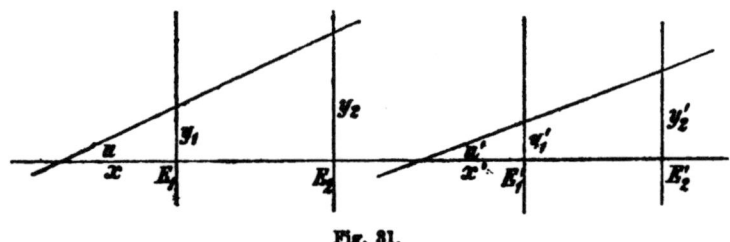

Fig. 31.

ähnlich sich abbildenden Ebenen senkrecht stehende Strahl kann als Achse genommen werden. Wir können beim teleskopischen System zu irgend einem Strahl den konjugierten leicht finden, wenn irgend zwei Paare konjugierter Ebenen gegeben sind. Es seien E_1 und E_2 bezw. $E_1{'}$ und $E_2{'}$ die Spuren solcher Ebenen mit der Fläche der Zeichnung und als Achse dienen uns irgend zwei konjugierte zu jenen Ebenen senkrechte Strahlen.

Nehmen wir dann noch E_1 und $E_1{'}$ als Koordinatenanfang und bezeichnen die Abstände der Ebenen von einander mit a und a', so möge ein Strahl im Objektraum mit den Ebenen E_1 und E_2 die Schnitthöhen y_1 und y_2

haben. Die konjugierten Schnitthöhen sind dann durch das konstante Vergrößerungsverhältnis v sofort bestimmt $y_1' = v y_1$ und $y_2' = v y_2$. Es ergiebt sich dann zunächst $\frac{x}{a} = \frac{y_1}{y_2 - y_1}$ und $\frac{x'}{a'} = \frac{y_1'}{y_2' - y_1'}$, berücksichtigen wir aber die Werte von y_1' und y_2', so wird $\frac{x'}{x} = \frac{a'}{a} = u$; es zeigt sich also, daß auch die Tiefenvergrößerung konstant ist. Ferner ist $tg\, u = \frac{y_1}{x}$, $tg\, u' = \frac{y_1'}{x'}$, also $\frac{tg\, u'}{tg\, u} = \frac{y_1'}{y_1} \cdot \frac{x}{x'} = \frac{v}{u} = w$, das heißt: es ist auch die Winkelvergrößerung konstant, und die Beziehung $\frac{w u}{v} = 1$ gilt auch für die teleskopische Abbildung. Die Eigenschaft, daß $v = $ const. ist, läßt sich auch aussprechen in dem Satze: **beim teleskopischen System ist der Querschnitt konjugierter Strahlencylinder gleich der linearen Vergrößerung.**

§ 46. Zusammensetzung zweier Abbildungen.

Wird das durch irgend eine optische Vorrichtung erzeugte Bild eines Gegenstandes durch eine zweite Vorrichtung noch einmal abgebildet, so ist dies zweite Bild offenbar auch

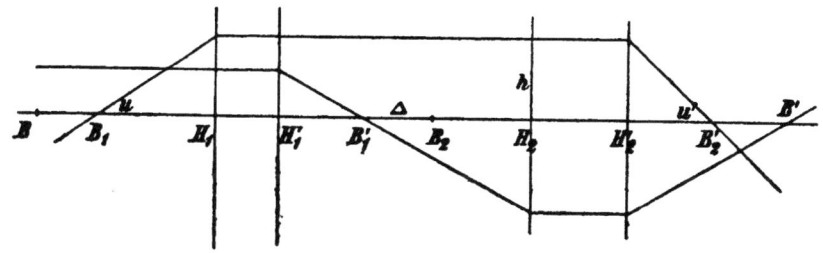

Fig. 32.

ein Bild des Gegenstandes selbst und der aus zwei Einzelabbildungen zusammengesetzte Vorgang kann als einfache Abbildung angesehen werden und muß in diesem Sinne ebenfalls seine Brennpunkte und Brennweiten haben. Zeichnen

VII. Die rein geometrischen Beziehungen optischer Abbildungen.

wir die Abbildungen zentriert, so daſs sie eine gemeinsame Achse haben, so ist es leicht, die Daten der Gesamtabbildungen aus denen der Einzelabbildungen herzuleiten. Diese Ableitungen gelten auch dann noch, wenn nur die Achse des Bildraumes des vorderen Systemes mit der des Objektraumes des zweiten Systemes zusammenfällt. Da dies bei den Abbildungen durch schiefe Büschel erfüllt zu sein pflegt, so gelten diese Ableitungen auch für diese.

Sind $B_1 B_1' H_1 H_1'$ die Brenn- und Hauptpunkte der ersten Abbildung und $B_2 B_2' H_2 H_2'$ diejenigen der zweiten und $BB' HH'$ die der Gesamtabbildung und wird noch der Abstand $B_1'B_2$ von B_1' aus gemessen mit Δ und die Strecken BB_1 und $B'B_2'$ von B und B' aus gemessen mit Z und Z' bezeichnet, so ist, wie aus dem Verlauf der beiden in der Fig. 32 gezeichneten Strahlen sich ergiebt, B_1' konjugiert mit B' in Bezug auf die zweite Abbildung und ebenso B konjugiert mit B_2 in Bezug auf die erste Abbildung. Also ist: $\Delta Z' = f_2 f_2'$ und $\Delta Z = -f_1 f_1'$, folglich

11) $$Z' = \frac{f_2 f_2'}{\Delta}; \quad Z = -\frac{f_1 f_1'}{\Delta}.$$

Ferner ist auch B_1 konjugiert mit B_2' in Bezug auf die Gesamtabbildung; also ist

$$ff' = ZZ' = -\frac{f_1 f_1' f_2 f_2'}{\Delta^2}.$$

Ferner ist die Winkelvergröſserung allgemein

$$\omega = \frac{tg\, u'}{tg\, u} = -\frac{f}{Z'} = -\frac{f}{f_2 f_2'} \Delta,$$

es ist aber nach der Fig. 32

$$tg\, u' = \frac{h}{f_2'} \quad \text{und} \quad tg\, u = \frac{h}{f_1} \quad \text{also} \quad \frac{tg\, u'}{tg\, u} = \frac{f_1}{f_2'},$$

folglich

$$\frac{f_1}{f_2'} = -\frac{f}{f_2 f_2'} \Delta$$

und hieraus erhalten wir

12) $$f = -\frac{f_1 f_2}{\Delta} \quad \text{und entsprechend} \quad f' = \frac{f_1' f_2'}{\Delta}.$$

Durch 11) und 12) sind aber die Daten der Gesamtabbildung vollständig gefunden. Dieselbe Berechnung läfst sich beim Zusammenfügen beliebig vieler Abbildungen zu einer Gesamtabbildung wiederholen, indem man erst die erste mit der zweiten vereinigt, die so erhaltene mit der dritten u. s. f. Es macht dabei keinen Unterschied, ob man erst 1 und 2 zusammenfafst und dann 3 hinzufügt oder erst 2 und 3 zusammenfafst und dann 1 hinzufügt, oder allgemein die Einzelabbildungen in verschiedener Weise erst in Gruppen zusammenfafst und dann zu einem Ganzen vereinigt.

Aus der Form der Gleichung 12) ist unmittelbar zu erkennen, dafs die Gesamtbrennweiten eines aus k Einzelsystemen zusammengesetzten Systemes die Form haben müssen

$$f = (-1)^{k-1} \frac{f_1 \cdot f_2 \ldots f_k}{N}, \quad f' = \frac{f_1' f_2' \ldots f_k'}{N},$$

wo der Nenner N ein Ausdruck ist, in welchem die Abstände der Brennpunkte der Einzelsysteme enthalten sind, der aber für die beiden f und f' jedenfalls derselbe sein muſs. Es folgt also

13) $$\frac{f}{f'} = (-1)^{k-1} \frac{f_1 \cdot f_2 \ldots f_k}{f_1' \cdot f_2' \ldots f_k'}.$$

§ 47. Entstehen der teleskopischen Abbildung.

Wenn bei der Zusammensetzung zweier Einzelsysteme $\varDelta = 0$ ist, entsteht eine teleskopische Abbildung. Umgekehrt kann jede teleskopische Abbildung angesehen werden als entstanden durch Zusammenfügen zweier gewöhnlichen Abbildungen, denn eine teleskopische Abbildung ist vollständig bestimmt, wenn die Seitenvergröfserung v und die Tiefenvergröfserung u gegeben ist. Es ist aber nach 9) $\frac{u}{v^2} = -\frac{f'}{f}$, also in diesem Falle $\frac{u}{v^2} = \frac{f_1' f_2'}{f_1 f_2}$ und nach 10) und der Figur des vorigen Paragraphen

$$\frac{v}{u} = w = \frac{tg\, u'}{tg\, u} = \frac{f_1}{f_2'},$$

VII. Die rein geometrischen Beziehungen optischer Abbildungen.

folglich wird

$$v = \frac{f_2}{f_1'} \quad \text{und} \quad u = \frac{f_2 f_2'}{f_1 f_1'}.$$

Diese beiden Gleichungen gestatten aber zu jeder beliebigen Abbildung $f_1 f_1'$ eine solche hinzuzufügen, daſs die gewünschte teleskopische mit den Vergröſserungen v und u entsteht.

Wird eine teleskopische Abbildung mit einer gewöhnlichen Abbildung zusammengefügt, so entsteht immer eine gewöhnliche Abbildung, denn ein Parallelstrahlenbündel bleibt bei der teleskopischen Abbildung parallel, wird also durch die hinzugefügte gewöhnliche Abbildung in deren hinterer Brennebene vereinigt. Das heiſst aber, die Gesamtabbildung hat eine im Endlichen liegende Brennebene, ist also eine gewöhnliche.

Werden zwei teleskopische Abbildungen zusammengefügt, so entsteht wieder eine teleskopische, denn ein Parallelstrahlenbündel bleibt durch die ganze Abbildung parallel.

Achtes Kapitel.

Die auf den Gesetzen der Lichtbrechung beruhenden besonderen Eigenschaften optischer Bilder.

§ 48. Elementare Herleitung der Abbildungsgleichung für Centralstrahlen.

Die im vorigen Kapitel abgeleiteten Maſsbeziehungen an optischen Bildern finden unmittelbare Anwendung auf den Fall der Strahlenvereinigung durch Brechung an einer Kugelfläche, in welchem die von irgend einem Punkte ausgehenden Strahlen alle wieder in einem Punkte zusammentreffen. Nach § 35 des sechsten Kapitels tritt dies ein, wenn

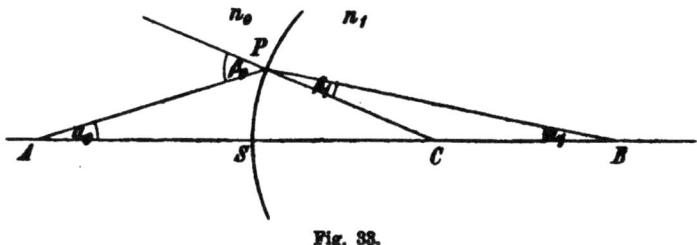

Fig. 33.

man sich beschränkt auf die innerhalb eines zur Kugelfläche senkrecht stehenden, sehr schmalen cylindrischen Raumes verlaufenden Strahlen. Die Begrenzung des schmalen Raumes ist dadurch bestimmt, daſs innerhalb desselben die Cosinus der Einfallswinkel gleich 1, mithin die Sinus gleich den Winkeln selbst gesetzt werden können. Es wurde für diesen Fall als Beziehung zwischen dem Objekt- und Bildabstand

104   VIII. Die auf den Gesetzen der Lichtbrechung beruhenden etc.

(r_0 bezw. r_1) vom Kugelscheitel und dem Kugelradius ϱ gefunden $\dfrac{n_1 - n_0}{\varrho} = \dfrac{n_0}{r_0} + \dfrac{n_1}{r_1}$, wo n_0 und n_1 die Brechungsindices des Objekt- bezw. Bildraumes sind. Wegen der Wichtigkeit dieser Gleichung für das folgende und auch um von den auf die Wellentheorie gegründeten Ableitungen unabhängig zu sein, soll für dieselbe zunächst noch eine einfache direkte Ableitung gegeben werden.

Es sei A der Ausgangspunkt des Lichtes, S der Scheitel der Kugelfläche, C der Mittelpunkt derselben, B der Bildpunkt und P der Eintrittspunkt des Lichtstrahles AP in die Kugelfläche. Es ist dann:

$$\frac{AC}{PC} = \frac{\sin APC}{\sin PAC} = \frac{\sin \beta_0}{\sin u_0}; \quad \frac{PC}{CB} = \frac{\sin u_1}{\sin \beta_1}; \quad \frac{\sin \beta_0}{\sin \beta_1} = \frac{n_1}{n_0},$$

folglich durch Multiplikation der ersten beiden Gleichungen

$$\frac{AC}{CB} = \frac{\sin \beta_0}{\sin \beta_1} \cdot \frac{\sin u_1}{\sin u_0} = \frac{n_1}{n_0} \cdot \frac{\sin u_1}{\sin u_0}.$$

Es ist aber auch

$$\frac{\sin u_1}{\sin u_0} = \frac{AP}{PB} \quad \text{also wird} \quad \frac{AC}{CB} \cdot \frac{PB}{AP} = \frac{n_1}{n_0}.$$

Da im Folgenden nun nur ein so enger cylindrischer Raum um die Achse herum betrachtet werden soll, daß $\sin u_0 = u_0$ gesetzt werden kann, so kann auch $AP = AS$ und $PB = SB$ gesetzt werden, wir erhalten daher

$$\frac{AC \cdot SB}{CB \cdot AS} = \frac{n_1}{n_0}.$$

Führen wir nun für die Scheitelabstände AS und SB die Bezeichnung s_0 und s_1 ein (im sechsten Kapitel waren dieselben mit r_0 und r_1 bezeichnet) und für den Kugelradius ϱ und rechnen alle Strecken in der Richtung der Fortbewegung des Lichtes von links nach rechts positiv, so ist:

$$AC = s_0 + \varrho; \quad CB = s_1 - \varrho$$

und es wird

$$\frac{(s_0 + \varrho) \cdot s_1}{(s_1 - \varrho) \cdot s_0} = \frac{n_1}{n_0},$$

woraus durch eine einfache Umformung erhalten wird $\frac{n_1}{s_1} + \frac{n_0}{s_0} = \frac{n_1 - n_0}{\varrho}$. Diese Gleichung ist aber unter Berücksichtigung der veränderten Bezeichnung identisch mit der angeführten Gleichung des sechsten Kapitels. Genau dieselbe Gleichung erhält man auch, wenn man eine nach der andern Seite gekrümmte Kugelfläche zum Ausgang wählt; es würde dann nur ϱ durch $-\varrho$ zu ersetzen sein. Ebenso wird dieselbe Gleichung erhalten, wenn der Bildpunkt nicht durch reelle Strahlenvereinigung rechts von der brechenden Fläche, sondern nur virtuell links von S erhalten wird; es ist dann s_1 durch $-s_1$ zu ersetzen.

§ 49. Die Brennweiten bei Kugelflächen und Lage der Hauptpunkte.

Um diese Gleichung jetzt in Beziehung zu setzen mit den allgemeinen Abbildungsgleichungen des vorigen Kapitels, müssen wir dieselbe beziehen auf ein paar konjugierter Punkte. Aufser den Punkten A und B haben wir aber den Punkt S als Punkt im Objektraum konjugiert S als Punkt im Bildraum, ja wir sehen unmittelbar, dafs alle Punkte der Tangentialebene an die Kugelfläche in S als leuchtende Punkte gedacht, zugleich Bildpunkte von sich sind; denn alle in einem solchen Punkte im Objektraum zusammenlaufenden Strahlen gehen im Bildraum wegen der beschränkenden Annahme über die zugelassenen Strahlenbüschel von demselben Punkte aus; das heifst aber die Tangentialebene in S **ist sowohl im Objektraum wie im Bildraum die Hauptebene.** Wir müssen daher in beiden Räumen S als Koordinatenanfang nehmen, folglich s_0 durch $-s_0$ ersetzen und erhalten dann

1) $\frac{n_1}{s_1} - \frac{n_0}{s_0} = \frac{n_1 - n_0}{\varrho}$. Diese Gleichung ist aber indentisch mit Gleichung 4) des vorigen Kapitels, wenn

2) $\frac{n_1}{n_1 - n_0} \varrho = -f'$; $\frac{n_0}{n_1 - n_0} \varrho = f$ gesetzt wird; diese Ausdrücke stellen also die Brennweiten der Kugelfläche dar und wir sehen, dafs bei einer brechenden Kugelfläche stets

3) $\dfrac{f}{f'} = -\dfrac{n_0}{n_1}$ ist. Ferner ist das Produkt aus beiden Brennweiten stets negativ, die Abbildung ist also stets rechtläufig. Bei einer reflektierenden Fläche haben wir $n_1 = -n_0$ zu setzen, dann ist das Produkt beider Brennweiten positiv, die Abbildung ist rückläufig und beide Brennweiten sind einander gleich.

Die in den Gleichungen 2) dargestellten Werte für die Brennweiten werden auch unmittelbar erhalten, wenn man den Bildabstand für ein unendlich fernes Objekt aus der Gleichung 1) bestimmt, indem man $s_0 = \infty$ setzt, oder den Objektabstand für den Fall, daſs das Bild in das Unendliche rückt, indem man $s_1 = \infty$ setzt. Auch auf diese Weise wird bestätigt, daſs die Tangentialebene im Kugelscheitel sowohl für den Objekt- wie für den Bildraum Hauptebene ist.

§ 50. Die Abbildungsarten bei brechenden und spiegelnden Kugelflächen.

Aus der Diskussion der Ausdrücke 2) für die Brennweiten ergeben sich folgende Arten der Abbildung für die verschiedenen Lagen der Kugelfläche und Werte der Brechungsindices:

1) Die konvexe Seite ist den Lichtstrahlen zugekehrt, also ϱ ist positiv:
   a) $n_1 > n_0$. Die Brennweite im Objektraum oder die „vordere" Brennweite ist negativ, die hintere positiv. Die Abbildung ist rechtläufig, kollektiv.
   b) $n_1 < n_0$. Die vordere Brennweite ist positiv, die hintere negativ: rechtläufig, dispansiv.
   c) $n_1 = -n_0$. Beide Brennweiten sind negativ; rückläufig, dispansiv; Konvexspiegel.
2) Die konkave Seite ist den Lichsstrahlen zugekehrt, ϱ ist negativ.
   a) $n_1 > n_0$. Die vordere Brennweite ist positiv, die hintere negativ, wie bei 1) b): rechtläufig, dispansiv.
   b) $n_1 < n_0$. Die vordere ist negativ, die hintere positiv, wie bei 1) a): rechtläufig, kollektiv.
   c) $n_1 = -n_0$. Beide Brennweiten sind positiv; rückläufig, kollektiv; Hohlspiegel.

§ 51. Die Lagrange-Helmholtzsche Gleichung.

Haben wir jetzt k verschiedene Medien, von den Brechungsindices $n_1, n_2, \ldots n_k$, die durch $k-1$ centrierte Kugelflächen von einander getrennt sind, so ist nach Gleichung 13) des vorigen Kapitels das Verhältnis der Gesamtbrennweiten gegeben durch

$$\frac{f}{f'} = (-1)^{k-1} \frac{f_1 f_2 \ldots f_k}{f_1' f_2' \ldots f_k'},$$

hier bedeuten die $f_1, f_2 \ldots$ die vorderen Brennweiten der einzelnen Kugelflächen und $f_1', f_2' \ldots$ die hinteren. Auf jede Kugelfläche läfst sich nun aber die Beziehung anwenden $\frac{f_\nu}{f'_\nu} = -\frac{n_\nu}{n_{\nu+1}}$ und da jetzt das hintere Medium einer Kugelfläche zugleich das vordere der nächstfolgenden ist, so erhalten wir $\frac{f}{f'} = (-1)^{k-1}(-1)^k \frac{n_1}{n_k}$, oder

4) $$\frac{f}{f'} = -\frac{n_1}{n_k}.$$

Bei dioptrischen Systemen stehen also stets die Gesamtbrennweiten im negativen Verhältnis der Brechungsindices des ersten und letzten Mediums.

Fügen wir diese Beziehung jetzt ein in die Gleichung 6) des vorigen Kapitels über das Produkt aus Winkel- und Seitenvergröfserung, so erhalten wir $w \cdot v = \frac{n_1}{n_k}$. Hier bedeutet v das Verhältnis der Bildgröfse y_k zur Objektgröfse y, also $v = \frac{y_k}{y_1}$ und es ist $w = \frac{tg\, u_k}{tg\, u_1}$. Durch Einsetzen dieser Werte erhalten wir daher:

5) $$n_k\, y_k\, tg\, u_k = n_1\, y_1\, tg\, u_1.$$

Wir nannten $tg\, u_k$ die Divergenz, nennen wir jetzt das Produkt $n_k\, tg\, u_k$ die „optische Divergenz", so haben wir hiermit den Lagrange-Helmholtzschen Satz: **Das Produkt aus Bildgröfse und optischer Divergenz bleibt bei der Brechung oder Spiegelung an centrierten Kugelflächen konstant.**

Die beiden Gleichungen 4) und 5) enthalten die besonderen Eigenschaften, welche den optischen Bildern zufolge der Gesetze der Lichtbrechung gegenüber der allgemeinen geometrischen Abbildung zukommen. Von diesen beiden Gleichungen folgt die zweite mit Notwendigkeit aus der ersten.

§ 52. Die allgemeine Bedeutung der Sinusbedingung.

Die bis jetzt über die Bilderzeugung durch centrierte Kugelflächen abgeleiteten Gleichungen 4) und 5) hatten zur Voraussetzung, daſs der ganze Abbildungsvorgang sich vollzieht innerhalb eines sehr engen die Achse umschlieſsenden cylindrischen Raumes, wir sahen aber bereits im sechsten Kapitel, daſs es unter besonderen Verhältnissen möglich ist, auch alle von einem Punkte unter gröſserem Öffnungswinkel ausgehenden Strahlen wieder in einen Bildpunkt zu vereinigen, insbesondere war dies der Fall für die aplanatischen Punkte der Kugel. Es hat sich aber bereits dort gezeigt, daſs zwischen den Divergenzwinkeln in den aplanatischen Punkten die Beziehung besteht $n_0 y_0 \sin u_0 = n_1 y_1 \sin u_1$. Diese Gleichung kann aber nicht zugleich erfüllt sein mit der Lagrange-Helmholtzschen Gleichung 5) des vorigen Paragraphen, also genügt die Abbildung in den aplanatischen Punkten der Kugelfläche jedenfalls den allgemeinen Abbildungsgesetzen nicht. Derselbe Fall tritt nun stets ein, wenn in einem optischen System die sphärischen Aberrationen an den einzelnen Kugelflächen sich aufheben. Wenn in diesem Falle von einem Achsenpunkte ein einheitliches Bild auf der Achse erzeugt wird, so ist der Abbildungsvorgang damit im allgemeinen doch noch kein einheitlicher, sondern es ist zunächst nur bewirkt, daſs die Bilder, die die paraxialen Strahlen erzeugen, mit denen der sagittalen und meridionalen der schiefen Büschel alle an demselben Orte liegen. Wenn nun auch diese drei Bildarten örtlich zusammenfallen, so brauchen sie sich doch noch nicht vollkommen zu decken, sondern die drei Bilder eines kleinen den Objektpunkt umgebenden Flächenstückes können verschieden groſs sein. Es läſst sich nun leicht die allgemeine Bedingung angeben, dafür, daſs die drei Vergröſserungen

§ 52. Die allgemeine Bedeutung der Sinusbedingung. 109

der drei Einzelabbildungen einander gleich sind, da für jede Einzelabbildung die abgeleiteten Gesetze ihre Gültigkeit haben. Betrachten wir ein enges Lichtbüschel ll', das den Objektpunkt unter dem Winkel u verläfst und den Bildpunkt unter dem Winkel u' erreicht, so erzeugen in diesem sowohl die dem Sagittalschnitt angehörigen Strahlen ein Bild, als auch die dem Meridianschnitt angehörenden. Für beide Abbildungen gilt aber die Beziehung 6) Kapitel VII und 4) Kapitel VIII; es ist also das Produkt aus Winkelvergröfserung und Seitenvergröfserung $wv = \dfrac{n}{n'}$.

Den Wert für die Winkelvergröfserung im Sagittalschnitt erhalten wir, wenn wir die Fig. 34 um die Achse OO' ein wenig gedreht denken. Die Winkel, die dann die neuen Lagen von l und l' mit den alten bilden, sind dann die-

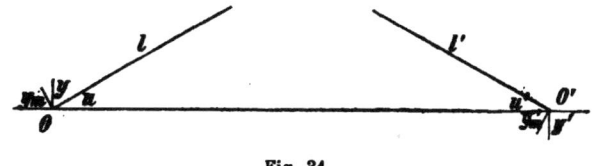

Fig. 34.

jenigen, deren Verhältnis die Winkelvergröfserung w_s in der Sagittalabbildung ist. Das Verhältnis dieser Winkel ist aber, wie leicht zu übersehen, gleich $\dfrac{\sin u'}{\sin u}$, wir haben also $\dfrac{\sin u'}{\sin u} = w_s$. Die Seitenvergröfserung v_s ist das Verhältnis zweier Strecken $\dfrac{y'_s}{y_s}$, die in O und O' senkrecht zur Ebene der Zeichnung stehen. Diese Strecken liegen aber gleichzeitig in dem Flächenstück, das senkrecht zur Achse in O bezw. O' liegt und nach allen Seiten ähnlich abgebildet werden soll, also mufs sein: $v_s = \dfrac{y'_s}{y_s} = \dfrac{y'}{y} = v_0$ gleich der Vergröfserung, die der Abbildung durch die paraxialen Strahlen zukommt. Für den Sagittalschnitt ist also die Bedingung, dafs alle Sagittalabbildungen durch die unter den verschiedenen Winkeln u ausgehenden Strahlen in O' Bilder von gleicher Größe wie die paraxialen Strahlen erzeugen, gegeben durch

$$w_s \cdot v_s = \frac{n}{n'} = \frac{\sin u'}{\sin u} \frac{y'}{y} \quad \text{oder} \quad ny \sin u = n'y' \sin u'.$$

Für die im Meridianschnitt entstehende Abbildung ist die Winkelvergrößerung gegeben durch $\frac{du'}{du}$, wenn man u' als Funktion von u ansieht. Die Seitenvergrößerung ist $\frac{y_m'}{y_m}$, wo jedoch die y_m' und y_m senkrecht zu den l' und l stehen in der Ebene der Zeichnung, also mit den y' und y die Winkel u' und u bilden, so daß $y_m' = y' \cos u'$ und $y_m = y \cos u$ sein muß, damit auch diese Abbildung in dem zur Achse senkrechten Flächenstück die gleiche Bildgröße ergiebt wie die paraxialen Strahlen. Wir haben also jetzt

$$\frac{y' \cos u' \, du'}{y \cos u \, du} = \frac{n}{n'} \quad \text{oder} \quad \frac{y' \, d(\sin u')}{y \, d(\sin u)} = \frac{n}{n'}.$$

Da diese Gleichung für alle u' und u bis zu sehr kleinen Werten herab stets erfüllt sein muß, so können wir wieder schreiben $n'y' \sin u' = ny \sin u$.

Es zeigt sich also, daß dieselbe Beziehung, die bei den aplanatischen Punkten der Kugel erfüllt ist, zugleich ganz allgemein die Bedingung dafür ist, daß die drei Arten von Abbildungen, die bei weit geöffneten Büscheln auftreten, sich vereinigen zu einer einzigen, durch welche ein kleines zur Achse senkrechtes Flächenstück einheitlich abgebildet wird. Die in dieser Gleichung ausgesprochene Beziehung wird die „Sinusbedingung" genannt; sie steht im Widerspruch mit der Lagrange-Helmholtzschen Gleichung, es folgt also, daß die durch weitgeöffnete Büschel erzeugte Abbildung nicht mehr identisch sein kann mit einer kollinearen Abbildung. Da nun, wenn auch nur zwei zur Achse senkrechte Flächenstücke ähnlich abgebildet werden in zwei andere zur Achse senkrechte Flächenstücke, die kollineare Abbildung besteht; denn man kann sofort für jeden außerhalb der Flächenstücke liegenden Punkt sein Bild nach den oben angegebenen Methoden zeichnen, so folgt schon hieraus, daß die Sinusbedingung nicht für zwei Punkte

§ 53. Die Verzeichnung infolge der Erfüllung der Sinusbedingung.

auf der Achse zugleich erfüllt sein kann. Durch weitgeöffnete Büschel kann man also stets nur ein Flächenstück punktweise scharf und ähnlich abbilden. Man nennt allgemein an optischen Systemen solche Punkte, für welche die sphärische Aberration gehoben und zugleich die Sinusbedingung erfüllt ist, „aplanatische Punkte".

---

§ 53. Die Verzeichnung infolge der Erfüllung der Sinusbedingung.

Man kann sich leicht eine Vorstellung davon machen, in welcher Weise das Erfülltsein der Sinusbedingung für ein Paar konjugierter Punkte auf die Abbildung von Figuren in anderen Ebenen von Einfluſs ist. Ist in der Fig. 35 für die Punkte O, O' die Sinusbedingung erfüllt und soll eine

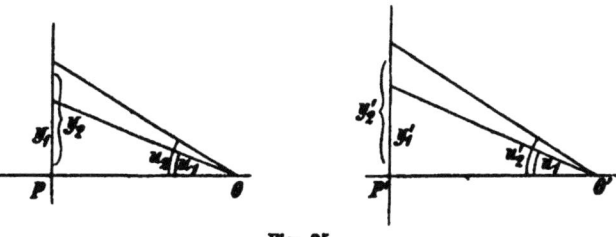

Fig. 35.

Figur in einer durch P gehenden Ebene abgebildet werden, so muſs, wenn die Abbildung dieser Figur eine vollkommen ähnliche ist, $\frac{y_2}{y_1} = \frac{y_2'}{y_1'}$ sein. Es ist aber

$$tg\, u_1 = \frac{y_1}{PO};\ tg\, u_2 = \frac{y_2}{PO};\ tg\, u_1' = \frac{y_1'}{P'O'};\ tg\, u_2' = \frac{y_2'}{P'O'},$$

also muſs auch $\frac{tg\, u_1}{tg\, u_1'} = \frac{tg\, u_2}{tg\, u_2'}$ sein; das heiſst also das Verhältnis der Tangenten konjugierter Winkel müſste konstant sein. Es sollte aber für O und O' das Verhältnis der Sinus konstant sein; die Sinus nehmen aber langsamer zu wie die Tangenten, also wird, je gröſser y wird, im Bilde die Gröſse von y' hinter der für ähnliche Abbildung erforderlichen Gröſse zurückbleiben. Besteht die Figur in P aus einer Reihe von Quadraten, so muſs in P' eine Verzeichnung eintreten von der Art, wie Fig. 36 *b* zeigt. Ist die Figur in *P* von der Gestalt von Fig. 36 *c*, so kann das Bild in *P'* gerade eine Reihe von Quadraten ergeben. An Mikroskop-

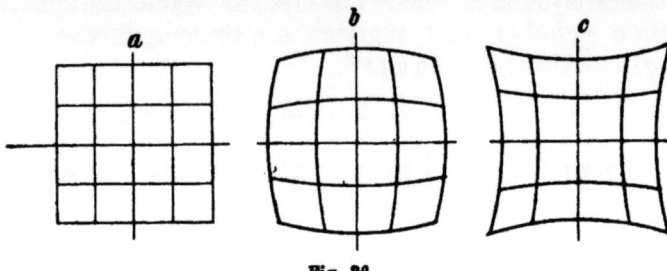

Fig. 36.

systemen ist dieses Kriterium thatsächlich von Abbé benutzt worden, um das Erfülltsein der Sinusbedingung nachzuweisen.

§ 54. Die Sinusbedingung in der hinteren Brennebene.

In anderer ebenso auffallender Weise tritt die Abweichung des Erfülltseins der Sinusbedingung von der kollinearen Abbildung hervor, wenn diese Bedingung für einen Brennpunkt erfüllt ist. Ist das Objekt unendlich weit entfernt, so wird zwar $\sin u = 0$, aber je spitzer der Winkel u wird, um so mehr wird die Änderung von $\sin u$ proportional mit h, wenn

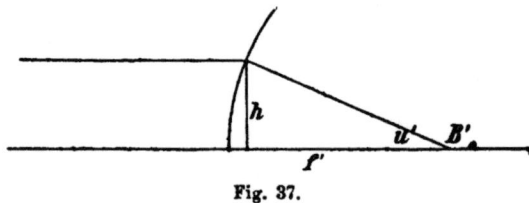

Fig. 37.

h der Abstand des einfallenden Strahles von der Achse ist. Für den hinteren Brennpunkt nimmt daher die Sinusbedingung die Gestalt an $\dfrac{h}{\sin u'} = \dfrac{n'}{n} v = \text{konst}$. Da diese Beziehung auch für so kleine u' gelten soll, daſs der Sinus und die Tangente gleich dem Winkel selbst gesetzt werden können, so wird $\dfrac{h}{\sin u'} = f'$. Beschreiben wir also (Fig. 37) mit der hinteren Brennweite um den hinteren Brennpunkt einen Kreis, so fallen alle Schnittpunkte der einfallenden Strahlen mit den ihnen konjugierten Bildstrahlen auf diesen Kreis, während bei der kollinearen Abbildung diese Schnittpunkte alle in einer Ebene, nämlich der hinteren Hauptebene liegen, welche diesen Kreis in seinem Scheitel berührt.

---

§ 55. Die möglichen Abbildungsfehler.

Es hat sich also ergeben, wenn die abbildenden Strahlen mit der Achse Winkel von der Größe bilden, daß der Unterschied zwischen dem Sinus und der Tangente zu berücksichtigen ist, dann muß außer der Aufhebung der sphärischen Aberration eines Achsenpunktes die Sinusbedingung erfüllt sein, damit ein kleines die Achse umgebendes Flächenstück scharf abgebildet wird, und zugleich ist damit die Möglichkeit der scharfen Abbildung auf ein in einer bestimmten Entfernung liegendes flächenhaftes Objekt beschränkt. Wesentlich andere Bedingungen sind zu erfüllen, wenn ein ausgedehntes Flächenstück abgebildet werden soll, denn wenn ein in etwas größerer Entfernung von der Achse gelegener Punkt abgebildet werden soll, so wird auch schon, wenn die Öffnung des Linsensystems nur klein ist und daher das abbildende Strahlenbüschel nur schmal, von dem Punkte ein doppeltes Bild entstehen. Die Gesamtheit der Punkte einer Ebene wird also in zwei verschiedene, ungleich gekrümmte Flächen abgebildet. Es besteht „Astigmatismus". Durch besondere Kombination verschiedener brechender Flächen läßt es sich dann erreichen, daß diese beiden gekrümmten Bildflächen zum Zusammenfallen gebracht werden, dann ist der Astigmatismus gehoben. Aber auch bei gehobenem Astigmatismus wird ein ebenes Flächenstück zunächst in eine gekrümmte Fläche abgebildet werden, wir haben also noch den Fehler der Bildfeldkrümmung. Als letzter noch möglicher Fehler bleibt dann immer noch, wenn auch die Krümmung der Bildfläche gehoben ist, die Möglichkeit, daß die Vergrößerung der von der Achse entfernteren Bildabschnitte eine andere ist wie für die axialen Teile; dann würde das Bild nicht ähnlich dem Objekte sein, sondern verzeichnet.

Im ganzen sind also fünf **Abbildungsfehler** vorauszusehen, wenn eine Abbildung eines endlichen Flächenstückes durch ein Linsensystem erreicht werden soll: 1) **Die sphärische Abberration in der Achse.** 2) **Die Abweichung von der Sinusbedingung.** 3) **Der Astigmatismus.** 4) **Die Bildkrümmung.** 5) **Die Verzeichnung.** Eine vollständige Theorie dieser Fehler ist von Seidel entworfen und von Finsterwalder eingehend diskutiert. Dieselbe erfordert natürlich eingehende Rechnungen und würde den Rahmen dieses Buches überschreiten. Eine kurze Übersicht über die Verteilung der Fehler soll nach Thiesens Entwickelung in einem späteren Kapitel gegeben werden.

Bei zusammengesetzten Instrumenten, Fernrohren und besonders Mikroskopen, haben die Objektive die Aufgabe, ein kleines um die Achse herum gelegenes sehr scharfes Bild mittels weitgeöffneter Büschel zu erzeugen, es müssen daher für die Objektive die beiden ersten Bedingungen scharf erfüllt sein. Die Okulare breiten das kleine Bild auf eine ausgedehnte Fläche aus, werden dabei selbst aber nur von sehr spitzen Strahlenbüscheln durchsetzt; für sie kommen daher nur die drei letzten Bildfehler in Betracht. **Es kann daher eine Abweichung von der Sinusbedingung oder ein Rest sphärischer Aberration, der im Objektiv übriggeblieben ist, niemals durch die besondere Form des Okulars aufgehoben werden, und auch kann ein Astigmatismus im Bilde nicht vom Objektiv herrühren.** In photographischen Objektiven hat man alle fünf Fehler zugleich möglichst klein zu machen, da dieses aber nur mit erheblichem Aufwande möglich ist, pflegt man solche Objektive, bei welchen vorwiegend die ersten beiden Fehler gehoben sind, die also mit grofser Helligkeit und kleinerem Bildfelde arbeiten, die **Porträtobjektive**, von den **Reproduktions- und Weitwinkelobjektiven** zu unterscheiden, die bei geringerer Helligkeit grofse Flächen scharf zeichnen und den drei letzten Bedingungen genügen.

Neuntes Kapitel.
Abbildungsgesetze durch Centralstrahlen für Linsen und Linsensysteme.

§ 56. Wahl der Konstanten eines optischen Systems, Grundformeln.

Beschränken wir uns auf die Abbildung durch Centralstrahlen, so lassen sich aus der Vereinigung der im vorigen Kapitel behandelten Gesetze der Lichtbrechung an einer Kugelfläche mit den im siebenten Kapitel behandelten allgemeinen Gesetzen der kollinearen Abbildung, insbesondere der Zusammensetzung mehrerer Abbildungen die Formeln für die Bilderzeugung in Linsensystemen aufstellen. Ein anderer Weg führt zu diesen Formeln, wenn man nur von der Brechung an einer Kugelfläche ausgeht und ohne die Sätze des siebenten Kapitels vorauszusetzen, stets das durch eine Kugelfläche erzeugte Bild als Objekt für die nächste Fläche ansieht. In dieser Weise hat Gaufs die Formeln des siebenten Kapitels zuerst gefunden und damit zugleich die Formeln für Linsensysteme. In noch anderer Weise hat Helmholtz die Formeln für eine Kugelfläche zunächst verallgemeinert, so dafs er die Gesetze des siebenten Kapitels erhielt, und ist dann erst zur Anwendung der Formeln auf einzelne Linsen übergegangen. Bei diesen drei verschiedenen Wegen zu den Formeln für Linsensysteme zu gelangen, wird man stets auf Kettenbrüche geführt, deren Anwendung bei einer vollständigen Ausrechnung die Übersicht sehr erschwert. Im folgenden soll noch eine vierte, von allem vorhergehenden gänzlich unabhängige Darstellungsweise ver-

IX. Abbildungsgesetze durch Centralstrahlen für Linsen etc.

folgt werden, die den Vorzug hat, der Kettenbrüche nicht zu bedürfen und sich an die Bezeichnungsweise von Lagrange, Bosscha, Seidel und Sissingh und damit an die gegenwärtig in der praktischen Optik am meisten gebrauchten Formeln anzuschließen.

Die Lage eines Lichtstrahls ist vollständig bestimmt, wenn bekannt ist seine Divergenz, d. h. die Tangente seines Richtungsunterschiedes mit der Achse $tg\,\alpha$, und die Einfallshöhe h, d. h. der Abstand der Eintrittsstelle des Strahles in eine Linsenfläche von der Achse. Bei der hier allein betrachteten Annäherung kann stets $tg\,\alpha = \alpha$ gesetzt werden und wir haben daher für jeden Lichtstrahl zwei Bestimmungsstücke h und α, durch welche er dargestellt ist.

Ist nun ϱ ein Radius einer Kugelfläche (Fig. 38), welcher nach der Eintrittsstelle des Lichtstrahles $\alpha_1\,h_1$ gezogen ist, so ist die Divergenz α dieses Radius ϱ für diese Annäherung gleich $\alpha = +\dfrac{h_1}{\varrho_1}$, wobei der Krümmungsradius stets vom

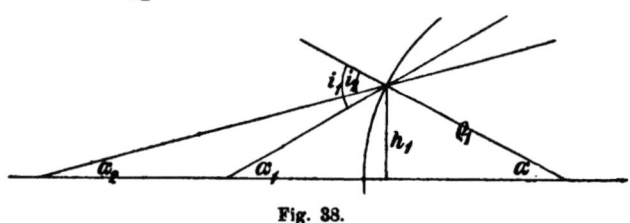

Fig. 38.

Scheitel der Fläche aus im Sinne der Lichtbewegung positiv gerechnet wird. Bezeichnen noch i_1 den Einfalls- und i_2 den Austrittswinkel und n_1 und n_2 die Berechnungsindices der Medien, so ist $\dfrac{i_1}{i_2} = \dfrac{n_2}{n_1}$, wofür wir auch $n_{1\,2}$ schreiben wollen. Es ist dann $i_1 = \alpha + \alpha_1$ und $i_2 = \alpha + \alpha_2$, also
$$\alpha + \alpha_1 = n_{1\,2}\,(\alpha + \alpha_2),$$
woraus durch Substitution des Wertes von α erhalten wird

1) $$\alpha_2 = \frac{\alpha_1}{n_{1\,2}} - \frac{n_{1\,2}-1}{n_{1\,2}} \cdot \frac{h_1}{\varrho_1},$$

fügt man noch hinzu $h_2 = h_1$, so sind durch diese beiden Gleichungen die Bestimmungsstücke des gebrochenen Strahles zu berechnen aus denjenigen des einfallenden.

Fällt jetzt der gebrochene Strahl auf eine zweite centrierte Kugelfläche, deren Scheitel vom Scheitel der ersten den Abstand d hat, so ergiebt die Anwendung dieser Formeln zunächst

$$\alpha_3 = \frac{\alpha_2}{n_{2\,3}} - \frac{n_{2\,3}-1}{n_{2\,3}} \frac{h_2}{\varrho_2} \text{ und } h_3 = h_2 + d\,\alpha_2.$$

Die Substitution der Werte für α_2 und h_2 ergiebt dann die α_3 und h_3 direkt in den α_1 und h_1 ausgedrückt.

Dieselben Substitutionsformeln lassen sich nun beliebig oft wieder anwenden für jede neu hinzukommende brechende Fläche, und da alle Substitutionen stets linear und homogen sind, so übersieht man, dafs auch die letzte Formel für den gebrochenen Strahl nach der r ten Kugelfläche die Gestalt haben mufs

2) $\quad \alpha_r = c\,\alpha_1 + p\,h_1;\quad h_r = r\,\alpha_1 + s\,h_1,$

wo die c, p, r, s Konstanten sind, die lediglich aus den Krümmungsradien und den Scheitel-Abständen der Kugelflächen zusammengesetzt sind. Sind diese 4 Konstanten für ein optisches System bekannt, so ist zu jedem eintretenden Strahl der austretende nach den Gleichungen 2) zu berechnen.

---

§ 57. Zusammensetzung zweier Systeme, metrische Beziehung zwischen den Konstanten.

Sind jetzt zwei Systeme mit den Konstanten c_1, p_1, r_1, s_1 und c_2, p_2, r_2, s_2 gegeben und ist d der Abstand von der letzten Fläche des ersten bis zur vordersten Fläche des zweiten Systems, so lassen sich die Konstanten des aus beiden zusammengesetzten Systems folgendermafsen bestimmen. Der aus dem ersten System austretende Strahl ist bestimmt durch

$$\alpha_r = c_1\,\alpha_1 + p_1\,h_1;\quad h_r = r_1\,\alpha_1 + s_1\,h_1,$$

mithin der aus dem zweiten System austretende durch

$$\alpha_r{'} = c_2\,\alpha_r + p_2\,(h_r + d\,\alpha_r);\quad h_r{'} = r_2\,\alpha_r + s_2\,(h_r + d\,\alpha_r).$$

Durch Substitution der Werte für α_r und h_r ergeben sich die Konstanten des Gesamtsystems zu:

3) $$c = c_1(c_2 + p_2 d) + r_1 p_2; \quad r = c_1(r_2 + s_2 d) + r_1 s_2$$
$$p = p_1(c_2 + p_2 d) + s_1 p_2; \quad s = p_1(r_2 + s_2 d) + s_1 s_2.$$

Multiplizieren wir von diesen Gleichungen die erste mit der letzten und subtrahieren hiervon das Produkt der zweiten mit der dritten, so erhalten wir nach entsprechender Zusammenfassung die Beziehung

$$cs - rp = (c_1 s_1 - r_1 p_1)(c_2 s_2 - r_2 p_2).$$

Fügen wir jetzt dem zusammengesetzten System noch ein drittes, viertes ... System hinzu, so übersieht man sofort, daß ganz allgemein die Beziehung gilt

4) $$cs - rp = (c_1 s_1 - r_1 p_1)(c_2 s_2 - r_2 p_2)(c_3 s_3 - r_3 p_3) \ldots$$
$$(c_r s_r - r_r p_r).$$

Da nun für eine einzige sphärische Fläche nach den Gleichungen 1) die Konstanten sind:

$$c_1 = \frac{1}{n_{12}}; \quad p_1 = -\frac{n_{12}-1}{n_{12}} \cdot \frac{1}{\varrho_1}; \quad r_1 = 0; \quad s_1 = 1,$$

so ist für diese $c_1 s_1 - p_1 r_1 = \dfrac{1}{n_{12}}$, also wird allgemein

5) $$cs - rp = \frac{1}{n_{12}} \cdot \frac{1}{n_{23}} \cdot \frac{1}{n_{34}} \ldots \frac{1}{n_{(r-1)r}} = \frac{n_1}{n_r} = n_{r1}.$$

Die vier Konstanten eines optischen Systems sind also nicht von einander unabhängig, sondern es besteht stets zwischen ihnen die Relation 5. Ist das Medium vor und hinter dem System das gleiche, so ist stets $cs - rp = 1$.

---

§ 58. Das inverse System.

Verfolgen wir den Strahlenverlauf durch ein System in entgegengesetzter Richtung, so können wir die Formeln 2) auch noch benutzen, wenn wir beachten, daß jetzt der eintretende Strahl die Bestimmungsstücke $-\alpha_r$ und h_r hat und der austretende $-\alpha_1$ und h_1, wir müssen also, wenn wieder der Index 1 dem eintretenden und r dem austretenden Strahl beigefügt werden soll, in den Formeln 2) ersetzen:

α_1 durch $-\alpha_r$; α_r durch $-\alpha_1$; h_1 durch h_r und h_r durch h_1

und erhalten dann
$$-a_1 = -c\,a_r + p\,h_r;\quad h_1 = -r\,a_r + s\,h_r$$
oder wenn wir die Bestimmungsstücke des austretenden Strahls durch die des eintretenden ausdrücken:
$$(cs-pr)\,a_r = s\,a_1 + p\,h_1;\quad (cs-pr)\,h_r = r\,a_1 + c\,h_1.$$
Die Konstanten des inversen Systems sind daher:

6) $\quad c' = \dfrac{s}{n_{r1}};\quad p' = \dfrac{p}{n_{r1}};\quad r' = \dfrac{r}{n_{r1}};\quad s' = \dfrac{c}{n_{r1}}.$

§ 59. Diskussion des Abbildungsvorganges.

Nachdem wir so in der Lage sind, zu jedem eintretenden Strahl den austretenden zu berechnen, können wir leicht zu jedem leuchtenden Objektpunkt den Bildpunkt bestimmen. Wir nehmen dazu die Achse des optischen Systems als x-Achse eines Koordinatensystems. Wegen der Symmetrie um diese Achse herum beschränken wir die ganze Betrachtung auf eine durch diese Achse gelegte Ebene und bestimmen die Lage eines Objektpunktes durch seine Koordinaten x_1, y_1, die des Bildpunktes durch x_r, y_r. Als Koordinatenanfangspunkt im Objektraum nehmen wir den Scheitel der vorderen Linsenfläche; im Bildraum ist der Scheitel der letzten Linsenfläche der Anfangspunkt; in beiden Fällen rechnen wir die x im Sinne der Lichtbewegung positiv.

Ein vor der vorderen Linsenfläche liegender Punkt hat dann die Koordinaten $-x_1$, y_1; für einen durch diesen Punkt gehenden Strahl $a_1\,h_1$ gilt dann stets die Beziehung $h_1 = y_1 - a_1\,x_1$; die Bestimmungsstücke des austretenden Strahls sind aber
$$a_r = c\,a_1 + p\,h_1;\quad h_r = r\,a_1 + s\,h_1,$$
hieraus ergiebt sich aber
$$n_{r1}\,a_1 = s\,a_r - p\,h_r;\quad n_{r1}\,h_1 = c\,h_r - r\,a_r.$$

Setzen wir diese Werte für a_1 und h_1 ein, so erhalten wir für den austretenden Strahl die Beziehung:
$$c\,h_r - r\,a_r = n_{r1}\,y_1 - (s\,a_r - p\,h_r)\,x_1$$

oder
$$h_r = \frac{n_{r1}}{c - p x_1} y_1 + \alpha_r \frac{r - s x_1}{c - p x_1}.$$

Es besteht also für die Bestimmungsstücke des austretenden Strahles eine analoge lineare Beziehung wie für diejenigen des eintretenden. Folglich müssen allen eintretenden Strahlen, die durch den Punkt $-x_1, y_1$ gehen, solche gebrochenen Strahlen entsprechen, welche durch einen Punkt x_r, y_r gehen, dessen Lage bestimmt ist durch:

7) $$x_r = -\frac{r - s x_1}{c - p x_1}; \quad y_r = \frac{n_{r1}}{c - p x_1} y_1.$$

Dieser Punkt ist der Bildpunkt zu $-x_1, y_1$.

Es folgt aus diesen Gleichungen unmittelbar, daſs die Abscisse des Bildpunktes unabhängig ist von der Ordinate des Objektes; es werden also alle Punkte einer zur Achse senkrechten Ebene abgebildet in einer zur Achse ebenfalls senkrechten Bildebene. Alle Punkte der Achse selbst werden auch wieder auf der Achse abgebildet. Die Vergröſserung einer zur Achse senkrechten Strecke y_1 ist unabhängig von der Gröſse von y_1, denn es ist

8) $$\frac{y_r}{y_1} = v = \frac{n_{r1}}{c - p x_1};$$

alle zur Achse senkrechten Ebenen werden also ähnlich abgebildet.

Ferner erhalten wir für das Verhältnis der Divergenzen des ein- und austretenden Strahles, also für die Winkelvergröſserung aus dem Ausdruck für α_r

$$w = \frac{\alpha_r}{\alpha_1} = c + p \frac{h_1}{\alpha_1};$$

es ist aber $\frac{h_1}{\alpha_1} = -x_1$ gleich der Abscisse des Punktes, für den die Winkelvergröſserung bestimmt wird, also ist:

9) $$w = c - p x_1.$$

Es wird also auch

$$w \cdot v = n_{r1} = \frac{\alpha_r y_r}{\alpha_1 y_1}$$

oder wenn wir $n_{r1} = \dfrac{n_1}{n_r}$ setzen

10) $\qquad n_r \alpha_r y_r = n_1 \alpha_1 y_1.$

Dies ist aber wieder die Lagrange-Helmholtzsche Gleichung.

§ 60. Formeln für die Lage der Haupt- und Brennpunkte. Die Abbildungsgleichungen.

Die erste der Gleichungen 7) gestattet zu jedem Punkt auf der Achse den Bildpunkt zu finden; Gleichung 8) ergiebt für jede beliebige, gewünschte Seitenvergrößerung den Objekt- bezw. Bildpunkt, in welchem diese Vergrößerung erfüllt ist; Gleichung 9) leistet das gleiche für die Winkelvergrößerung.

Wir finden als Abscisse des Bildes des unendlich fernen Objektpunktes, also als Abscisse des hinteren Brennpunktes:

11) $\qquad b_r = -\dfrac{s}{p};$

die Abscisse des vorderen Brennpunktes ist

$$b_1 = +\dfrac{c}{p}.$$

Die Abscissen der Punkte, in welchen die Vergrößerung 1 ist, sind:

12)
vorderer Hauptpunkt $g_1 = \dfrac{c - n_{r1}}{p}$

hinterer Hauptpunkt $g_r = -\dfrac{r + s\dfrac{n_{r1}-c}{p}}{c + p\dfrac{n_{r1}-c}{p}} = \dfrac{1-s}{p}.$

Die Abscissen der Punkte, in welchen die Winkelvergrößerung gleich 1 ist:

13)
vorderer Knotenpunkt $k_1 = \dfrac{c-1}{p}$

hinterer Knotenpunkt $k_r = \dfrac{s - n_{r1}}{p}.$

Es ist hiernach der Abstand vom hinteren Brennpunkt bis zum hinteren Hauptpunkt:

14a) $\quad f_r = g_r - b_r = \dfrac{1-s}{p} + \dfrac{s}{p} = \dfrac{1}{p}.$

Setzen wir jedoch in der ursprünglichen Gleichung $\alpha_r = c\alpha_1 + ph_1$ die Größe $\alpha_1 = 0$, so finden wir zwischen der Divergenz des austretenden Strahles und der Einfallshöhe des achsenparallel einfallenden Strahles die Beziehung $\dfrac{1}{p} = \dfrac{h_1}{\alpha_r}$; dies ist aber die Größe, die Gauß die hintere Brennweite genannt hat und wir sehen, daß der Abstand vom hinteren Brennpunkt bis zum hinteren Hauptpunkt gleich der Gaußsschen hinteren Brennweite ist. Analog ergiebt sich für die vordere Brennweite

14b) $\quad f_1 = g_1 - b_1 = \dfrac{c - n_{r1}}{p} - \dfrac{c}{p} = -\dfrac{n_{r1}}{p} = -\dfrac{1}{p'},$

wenn p' wieder die entsprechende Größe für das inverse System bedeutet. Es folgt unmittelbar:

15) $\quad \dfrac{f_r}{f_1} = -\dfrac{1}{n_{r1}} = -\dfrac{n_r}{n_1}.$

Verlegen wir noch die Koordinatenanfänge von den Linsenscheiteln in die Brennpunkte, und bezeichnen die neuen Koordinaten mit X_1, X_r, so ist zu setzen $x_1 = b_1 + X_1$; $x_r = b_r + X_r$. Aus der Gleichung 7) wird dann $b_r + X_r = -\dfrac{r - s(b_1 + X_1)}{c - p(b_1 + X_1)}$, woraus durch einfache Zusammenziehung sich ergiebt:

16) $\quad X_1 X_r = -\dfrac{n_{r1}}{p^2} = f_1 f_r;$

und ferner

$$v = \dfrac{f_1}{X_1} = \dfrac{X_r}{f_r}; \quad w = -\dfrac{X_1}{f_r} = -\dfrac{f_1}{X_r}.$$

Das sind aber wieder die Abbildungsgleichungen des siebenten Kapitels, aus der sich die anderen Formen der Abbildungsgleichung sowie die ganze Diskussion der Arten der Abbildung nach der im siebenten Kapitel gegebenen Art ergiebt.

§ 61. Reduktion der Konstanten auf drei unabhängige Konstanten.

In den bisherigen Formeln sind zur Bestimmung von Lage und Größe von Objekt und Bild in Bezug auf das Linsensystem 4 Konstanten c, s, r, p benutzt, zwischen denen jedoch die Beziehung $cs - rp = n_{r1}$ besteht, so daß sich die Konstanten auf 3 reduzieren lassen. Auch in den Gleichungen, wo die Hauptpunkte oder Brennpunkte als Ausgangspunkte dienen, sind 4 Konstanten enthalten, nämlich die beiden Brennweiten und die Größen, welche Lage der Haupt- bezw. Brennpunkte in Bezug auf das Linsensystem festlegen. Da zwischen den 4 Konstanten stets eine Beziehung besteht, durch welche sie sich auf 3 reduzieren lassen, so liegt es nahe, der Abbildungsgleichung noch eine andere Form zu geben, in welcher nur noch 3 gleichwertige Konstante auftreten. Es gelingt dies leicht, wenn man von der Gleichung 7) ausgeht; aus dieser wird erhalten

$$x_r c - p x_1 x_r = -r + s x_1$$

oder durch Division mit $x_1 x_r$

$$\frac{c}{x_1} - \frac{s}{x_r} + \frac{r}{x_1 x_r} = p.$$

Ersetzen wir jetzt p nach der Gleichung $cs - rp = n_{r1} = \dfrac{n_1}{n_r}$ durch $p = \dfrac{n_r cs - n_1}{n_r r}$, so wird:

$$-\frac{c}{x_1} + \frac{s}{x_r} - \frac{r}{x_1 x_r} + \frac{cs}{r} = \frac{n_1}{n_r r},$$

multiplizieren wir noch mit $\dfrac{n_1 n_r}{4 r}$, so wird:

$$-\frac{n_1}{2 x_1} \cdot \frac{n_r c}{2 r} + \frac{n_r}{2 x_r} \cdot \frac{n_1 s}{2 r} - \frac{n_1 n_r}{4 x_1 x_r} + \frac{n_1 n_r cs}{4 r^2} = \frac{n_1^2}{4 r^2},$$

oder

17) $\qquad \left(A - \dfrac{n_1}{2 x_1}\right)\left(B + \dfrac{n_r}{2 x_r}\right) = C^2,$

wenn

18) $$A = \frac{n_1 s}{2r}; \quad B = \frac{n_r c}{2r}; \quad C = \frac{n_1}{2r}$$

gesetzt wird.

Die Größen A, B, C charakterisieren das Linsensystem vollständig und sind alle 3 von einander unabhängig; n_1 und n_r sind die Brechungsindices der Medien vor und hinter dem Linsensystem. A, B, C sind selbst noch von den n_1 und n_s abhängig, doch sind diese Größen in jenen in sehr einfacher Weise enthalten, wie aus den Entwickelungen des XI. Kapitels hervorgehen wird. Die Werte für die Abstände der Brenn- und Hauptpunkte und der Brennweiten nehmen für die Konstanten A, B, C, wie durch Einsetzen der aus der Umkehrung der Gleichungen 18) sich ergebenden Werte

19) $$r = \frac{n_1}{2C}; \quad s = \frac{A}{C}; \quad c = \frac{n_1}{n_r}\frac{B}{C}; \quad p = \frac{2(AB - C^2)}{n_r C}$$

sich ergiebt, die folgende übersichtliche Form an, wenn noch gesetzt wird:

$$\mu = C^2 - AB$$

20) $$b_1 = -\frac{n_1 B}{2\mu}; \quad b_r = \frac{n_r A}{2\mu}$$
$$g_1 = \frac{n_1 (C - B)}{2\mu}; \quad g_r = -\frac{n_r (C - A)}{2\mu}$$
$$f_1 = \frac{n_1 C}{2\mu}; \quad f_r = -\frac{n_r C}{2\mu}.$$

---

§ 62. Formeln für die einfache Linse.

Auf Grund der bisherigen Formeln lassen sich nun leicht die Konstanten für jedes optische System berechnen. In § 57 hatten wir bereits für eine einfache sphärische Fläche die Werte gefunden:

$$c_1 = \frac{n_1}{n_r}; \quad p_1 = -\frac{n_2 - n_1}{n_2} \cdot \frac{1}{\varrho_1}; \quad r_1 = 0; \quad s_1 = 1.$$

Unter Zugrundelegung dieser Werte ergiebt sich für eine einfache Linse, deren Krümmungsradien ϱ_1 und ϱ_2 sind, n_1 ist der Brechungsindex vor der Linse, n_2 derjenige der

§ 62. Formeln für die einfache Linse.

Linse, n_3 derjenige hinter der Linse, und d ist die Linsendicke, nach den Formeln 3):

21) $\quad s = -\dfrac{n_2 - n_1}{n_2} \dfrac{d}{\varrho_1} + 1; \quad r = \dfrac{n_1}{n_r} d;$

$$c = \dfrac{n_1}{n_2}\left(\dfrac{n_2}{n_3} - \dfrac{n_3 - n_2}{n_3}\dfrac{d}{\varrho_2}\right);$$

$$p = -\dfrac{n_2 - n_1}{n_2}\dfrac{1}{\varrho_1}\left(\dfrac{n_2}{n_3} - \dfrac{n_3 - n_2}{n_3}\dfrac{d}{\varrho_2}\right) - \dfrac{n_3 - n_2}{n_3}\dfrac{1}{\varrho_2},$$

ferner wird:

22) $\quad A = n_2\left(\dfrac{1}{2d} - \dfrac{1}{2\varrho_1}\right) + \dfrac{n_1}{2\varrho_1};$

$$B = n_2\left(\dfrac{1}{2d} + \dfrac{1}{2\varrho_2}\right) - \dfrac{n_3}{2\varrho_2}; \quad C = \dfrac{n_2}{2d},$$

$$\mu = C^2 - AB = \dfrac{n_2^2}{4d^2} - \left(\dfrac{n_2}{2d} - \dfrac{n_2 - n_1}{2\varrho_1}\right)\left(\dfrac{n_2}{2d} - \dfrac{n_3 - n_2}{2\varrho_2}\right) = \dfrac{N}{4d\varrho_1\varrho_2}$$

wenn

$$N = n_2(n_3 - n_2)\varrho_1 + n_2(n_2 - n_1)\varrho_2 - (n_2 - n_1)(n_3 - n_2)d$$

gesetzt wird. Schliefslich werden:
die Abstände der Brennpunkte von den Linsenscheiteln:

23) $\quad b_1 = -\dfrac{n_1\varrho_1(n_2\varrho_2 - (n_3 - n_2)d)}{N}$

$\quad b_r = \dfrac{n_3\varrho_2(n_2\varrho_1 - (n_2 - n_1)d)}{N}$

die Abstände der Hauptpunkte von den Linsenscheiteln

$$g_1 = \dfrac{n_1(n_3 - n_2)\varrho_1 d}{N}; \quad g_r = -\dfrac{n_3(n_2 - n_1)\varrho_2 d}{N}.$$

Der Abstand der Hauptpunkte von einander wird

$$g = d\dfrac{(n_2 - n_1)(n_3 - n_2)(\varrho_1 - \varrho_2 - d)}{N}.$$

Die Brennweiten:

$$f_1 = \dfrac{n_1 n_2 \varrho_1 \varrho_2}{N}; \quad f_r = -\dfrac{n_2 n_3 \varrho_1 \varrho_2}{N}.$$

Ist die Linse beiderseits von Luft umgeben, so ist $n_1 = n_3 = 1$

und es wird in diesem besonderen Falle, wenn noch $n_2 = n$ gesetzt wird:
$$N = (n-1)(n(\varrho_2 - \varrho_1) + (n-1)d).$$
Die Brennweite wird

24) $$F = \frac{n\varrho_1\varrho_2}{N} = \frac{n\varrho_1\varrho_2}{(n-1)(n(\varrho_2 - \varrho_1) + (n-1)d)}.$$

Der Abstand der Hauptpunkte von den Scheiteln
$$G_1 = -\frac{\varrho_1 d}{n(\varrho_2 - \varrho_1) + (n-1)d};$$
$$G_2 = -\frac{\varrho_2 d}{n(\varrho_2 - \varrho_1) + (n-1)d}; \quad \frac{G_2}{G_1} = \frac{\varrho_2}{\varrho_1}.$$

Der Abstand der Hauptpunkte von einander:
$$G = d\frac{(n-1)(d + \varrho_2 - \varrho_1)}{n(\varrho_2 - \varrho_1) + (n-1)d}.$$

Der Abstand der Brennpunkte von den Scheiteln:
$$B_1 = -\frac{n\varrho_1\varrho_2 + (n-1)d\varrho_1}{(n-1)(n(\varrho_2 - \varrho_1) + (n-1)d)};$$
$$B_2 = \frac{n\varrho_1\varrho_2 - (n-1)d\varrho_2}{(n-1)(n(\varrho_2 - \varrho_1) + (n-1)d)}.$$

Ist jetzt auch noch die Linsendicke zu vernachlässigen, so wird schließlich

$$F = \frac{\varrho_1\varrho_2}{(n-1)(\varrho_2 - \varrho_1)} = -B_1 = B_2.$$
25) $$G_1 = G_2 = G = 0.$$

---

§ 63. Die verschiedenen Abbildungsarten durch Linsen.

Wenn wir jetzt die Anwendung dieser Formeln, insbesondere der Formeln 24 auf verschiedene Linsenformen diskutieren, so sei noch einmal daran erinnert, daß die Abstände der Brennpunkte und der Hauptpunkte von den Linsenscheiteln stets von den letzteren aus gerechnet sind; positive Werte dieser Größen bedeuten also der Brenn- bezw. Hauptpunkt liegt im Sinne der Lichtbewegung hinter

§ 63. Die verschiedenen Abbildungsarten durch Linsen.

dem Scheitel, also rechts von demselben, wenn die Lichtbewegung von links nach rechts angenommen ist. Die Brennweiten sind stets vom Brennpunkt nach dem Hauptpunkt gemessen; positive Brennweite heifst daher der Brennpunkt liegt vor dem Hauptpunkt. Ist insbesondere die vordere Brennweite positiv, mithin die hintere negativ, so folgt aus dem im siebenten Kapitel bei der Diskussion der verschiedenen Abbildungsarten Gesagten, dafs dann das System kollektiv ist; eine negative vordere Brennweite bedeutet ein dispansives System.

Für die weitere Diskussion sind jetzt je nach dem Vorzeichen der Krümmungsradien drei Fälle zu unterscheiden:

1. Fall: ϱ_1 ist positiv, ϱ_2 negativ. Die Linse ist bikonvex. Bezeichnen wir die absoluten Werte der Radien mit $\bar{\varrho}_1, \bar{\varrho}_2$, so ist die vordere Brennweite

$$F = -\frac{n\,\bar{\varrho}_1\,\bar{\varrho}_2}{(n-1)\,((n-1)\,d - n\,(\bar{\varrho}_1 + \bar{\varrho}_2))}.$$

Solange die Linsendicke gering ist, ist die vordere Brennweite positiv, die Linse ist also kollektiv. Die Hauptpunkte liegen im Innern der Linse, der vordere Hauptpunkt vor dem hinteren. Je dicker die Linse wird, desto näher rücken die Hauptpunkte einander, bis sie, wenn $d = \bar{\varrho}_1 + \bar{\varrho}_2$ wird, wenn also die Krümmungsmittelpunkte beider Flächen zusammenfallen, beide in diesen gemeinsamen Krümmungsmittelpunkt fallen. Wird d noch gröfser, so liegt von da an der vordere Hauptpunkt hinter dem hinteren, aber die Linse ist zunächst noch kollektiv. Wird d immer gröfser, so rücken die Hauptpunkte immer weiter auseinander, treten aus den Linsenscheiteln heraus, so dafs der hintere Hauptpunkt vor der Linse liegt und umgekehrt. Wird schliefslich $d = \frac{n}{n-1}(\bar{\varrho}_1 + \bar{\varrho}_2)$, so wird $F = \infty$, das System ist teleskopisch und die Hauptpunkte sind ebenfalls in das Unendliche gerückt. Wird d noch gröfser, so wird F negativ, das System ist also als ein dispansives zu bezeichnen. Es liegt aber jetzt stets, wie grofs d auch noch wachsen mag, der vordere Brennpunkt doch noch vor der Linse, wie bei einer Kollektivlinse; der dispansive Charakter kommt dadurch, daſs der vordere Hauptpunkt noch weiter entfernt vor der Vorderfläche liegt.

Sind beide Krümmungsradien einander gleich und die Linsendicke so gering, daſs $(n-1)d$ gegenüber $n(\bar{\varrho}_1+\bar{\varrho}_2)$ vernachlässigt werden kann, so liegen für $n=1.5$ die Hauptpunkte so im Innern der Linse, daſs sie die Linsendicke in drei gleiche Abschnitte teilen (Fig. 39). Die Brennweite ist $F=\dfrac{\varrho_1\varrho_2}{(n-1)(\varrho_2-\varrho_1)}$. Fig. 40 zeigt die Lage der Haupt- und Brennpunkte einer Kugellinse.

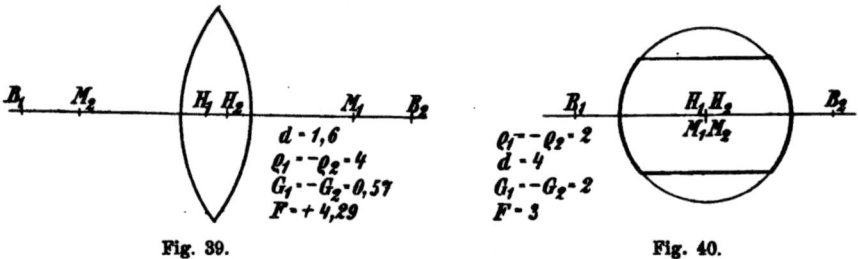

Fig. 39.   Fig. 40.

Ist eine Fläche plan, also $\varrho_2=\infty$, so rückt der vordere Hauptpunkt in den Scheitel der Vorderfläche, der hintere liegt um $\frac{1}{3}$ der Linsendicke hinter dem vorderen (Fig. 41).

2. Fall: ϱ_1 ist negativ; ϱ_2 positiv. **Die Linse ist bikonkav.** Der Nenner im Ausdruck für die Brennweite ist jetzt stets positiv, die vordere Brennweite ist also stets

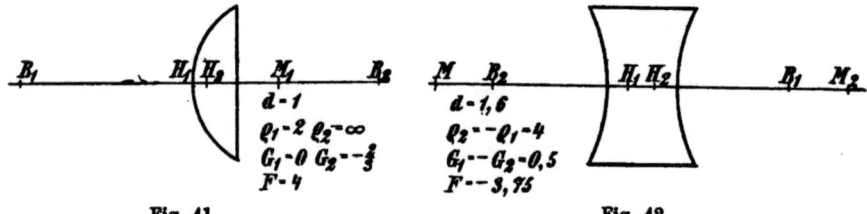

Fig. 41.   Fig. 42.

negativ, die Linse also dispansiv. Die Hauptpunkte liegen stets im Innern der Linse, der vordere Hauptpunkt stets vor dem hinteren.

Sind beide Linsenflächen gleich stark gekrümmt, so liegen die Hauptpunkte wieder so, daſs sie die Linsendicke in drei gleiche Teile teilen (Fig. 42). Ist $\varrho_2=\infty$, so liegt der vordere Hauptpunkt im Scheitel der Vorderfläche, der hintere um $\frac{1}{3}$ der Linsendicke dahinter (Fig. 43).

§ 63. Die verschiedenen Abbildungsarten durch Linsen.

3. Fall: Beide Krümmungsradien haben gleiches Vorzeichen; wir brauchen nur den Fall zu betrachten, dafs beide Krümmungsradien positiv sind, da der andere, dafs sie negativ sind, sich unmitttelbar aus diesem ergiebt, wenn man sich die Strahlenrichtung umgekehrt denkt.

Ist dann zunächst ϱ_2 gröfser oder gleich ϱ_1, so bleibt der Nenner in den Ausdrücken für die Gröfsen F und G stets positiv, die Linse ist also jedenfalls kollektiv und beide Hauptpunkte liegen vor dem zugehörigen Linsenscheitel, der erste vor dem zweiten. Die Linse ist dabei in der Mitte dicker als am Rande. (Fig. 44.)

Ist dagegen ϱ_2 kleiner als ϱ_1, so wird bei geringer Linsendicke d kleiner als $\dfrac{n}{n-1}(\varrho_1 - \varrho_2)$ sein, dann ist die Linse dispansiv, beide Hauptpunkte liegen hinter dem zugehörigen Scheitel, der erste vor dem zweiten, die Linse

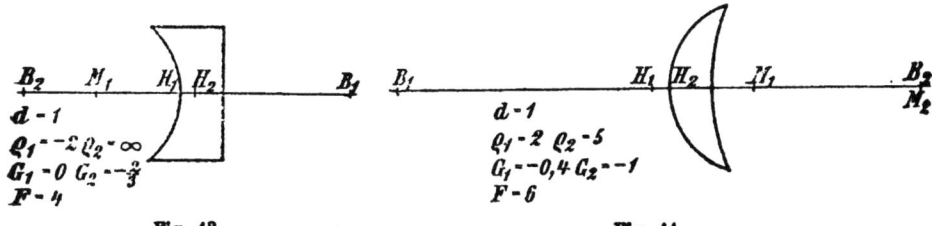

Fig. 43. Fig. 44.

ist in der Mitte dünner als am Rande (Fig. 45). In dem besonderen Falle, wo $d = \varrho_1 - \varrho_2$ ist, wo also die beiden Krümmungsmittelpunkte zusammenfallen, fallen beide Hauptpunkte in diesen Krümmungsmittelpunkt, die Linse ist aber noch dispansiv (Fig. 46). Ist dann aufserdem noch ϱ_2 sehr nahe gleich ϱ_1, so wird die Linse zu einer sehr dünnen konzentrischen Kugelschale und ist dann teleskopisch.

Ist $d = \dfrac{n}{n-1}(\varrho_1 - \varrho_2)$, so ist die Linse teleskopisch, beide Hauptpunkte sind beim Wachsen der Linsendicke bis zu dieser Gröfse im Sinne der Lichtbewegung ins Unendliche fortgerückt und zwar liegt von der Stelle an, wo $d = \varrho_1 - \varrho_2$ war, bei dieser Bewegung stets der zweite Hauptpunkt vor dem ersten.

Ist schliefslich d gröfser als $\dfrac{n}{n-1}(\varrho_1 - \varrho_2)$ so ist die

130 IX. Abbildungsgesetze durch Centralstrahlen für Linsen etc.

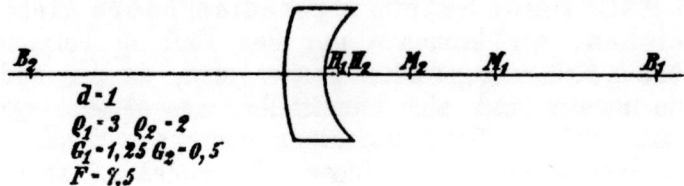

Fig. 45.

Linse wieder kollektiv, beide Hauptpunkte liegen vor dem zugehörigen Scheitel, der erste vor dem zweiten (Fig. 47).

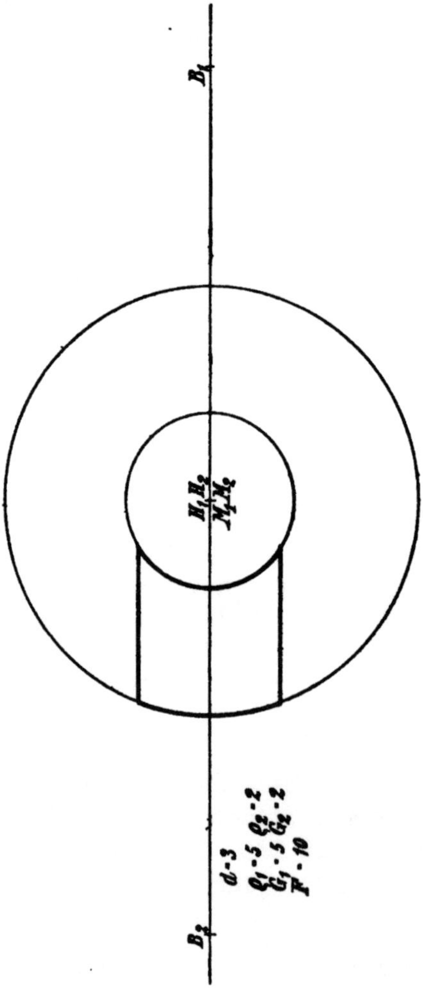

Fig. 46.

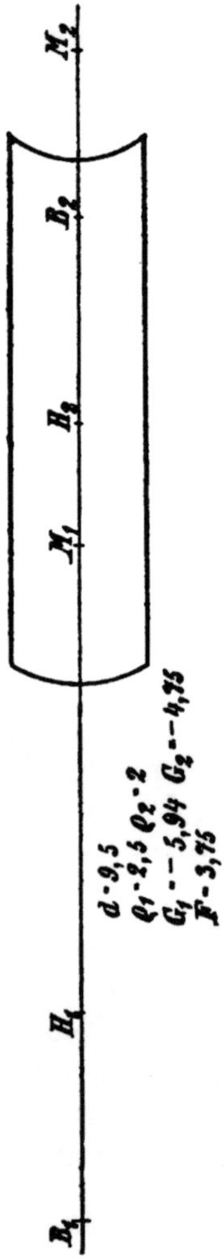

Fig. 47.

§ 64. Zusammensetzung von zwei und mehreren dünnen Linsen.

In der gleichen Weise wie im § 62 für eine einfache Linse lassen sich auch die Ausdrücke für die Konstanten eines zusammengesetzten Linsensystems entwickeln, es gelangen stets dieselben einfachen Substitutionsformeln 3) für die Zusammensetzung zweier Systeme zur Anwendung. Für die Anwendung wird es jedoch kaum Zweck haben, für Linsensysteme diese Formeln explizite zu entwickeln, da dieselben sehr ausgedehnt und unübersichtlich werden; man wird daher stets so verfahren, dafs man von Anfang an die Zahlenwerte für die Brechungsquotienten und Krümmungsradien einsetzt und nur numerisch die Konstanten des Systemes ermittelt. Nur für den Fall, dafs die Dicke der Linsen gegenüber den Krümmungsradien vernachlässigt werden kann, ergeben sich leicht zu übersehende Beziehungen, die zugleich eine erste Annäherung darstellen für das Verhalten eines aus dickeren Linsen zusammengesetzten Systems. In diesem Falle können wir beide Hauptpunkte als in der Linsenmitte liegend annehmen und haben nur die Brennweite der Einzellinsen zu berücksichtigen, die dann nach 25) zu setzen ist gleich $F = \dfrac{\varrho_1 \varrho_2}{(n-1)(\varrho_2 - \varrho_1)}$ oder

$$\frac{1}{F} = (n-1)\left(\frac{1}{\varrho_2} - \frac{1}{\varrho_1}\right) = -p.$$

Die anderen Konstanten für eine dünne Linse haben aber die Werte: $c = 1$; $s = 1$; $r = 0$.

Haben wir dann zwei dünne Linsen im Abstande δ, und unterscheiden die Konstanten der beiden Linsen durch beigefügte Indices 1 und 2, so werden die Konstanten des aus beiden Linsen zusammengesetzten Systems:

$$c = 1 - \frac{\delta}{F_2}; \quad r = \delta; \quad s = 1 - \frac{\delta}{F_1};$$
$$-p = \frac{1}{F_1} + \frac{1}{F_2} - \frac{\delta}{F_1 F_2} = \frac{1}{F}.$$

Die letzte Gröfse giebt unmittelbar den reziproken Wert der

resultierenden Brennweite. Die Lage der Brennpunkte ist bestimmt durch die Werte

$$B_1 = \frac{c}{p} = -\frac{F_1 F_2 - \delta F_1}{F_1 + F_2 - \delta} \quad \text{und} \quad B_2 = \frac{F_1 F_2 - \delta F_2}{F_1 + F_2 - \delta}$$

und die Lage der Hauptpunkte ist

$$G_1 = \frac{c-1}{p} = \frac{\delta F_1}{F_1 + F_2 - \delta}; \quad G_2 = -\frac{\delta F_2}{F_1 + F_2 - \delta}.$$

Berühren sich beide Linsen, so ist $\delta = 0$; die Brennweite ist dann einfach gegeben durch $\frac{1}{F} = \frac{1}{F_1} + \frac{1}{F_2}$, eine Formel, die sich ohne weiteres auf drei und mehr Linsen anwenden läfst, so dafs für ein System sich berührender dünner Linsen allgemein gesetzt werden kann:

$$\frac{1}{F} = \frac{1}{F_1} + \frac{1}{F_2} + \frac{1}{F_3} + \cdots$$

Zehntes Kapitel.

Achromasie der Linsen.

§ 65. Vollkommene und teilweise Achromasie.

Bei den bisherigen Entwickelungen wurden die Größen der Brechungsquotienten immer als eindeutige Konstanten angesehen, d. h. alle Ableitungen bezogen sich nur auf Licht von einer bestimmten Schwingungsdauer oder Farbe. In Wirklichkeit besteht aber im allgemeinen das von einem leuchtenden Objekte ausgehende Licht aus einer Menge verschiedener Farben und da die Brechungsquotienten der Medien in den Konstanten der Abbildung enthalten sind, so wird durch jede Farbe eine besondere Abbildung erzeugt, und diese verschiedenen Bilder fallen nicht zusammen. Es ist nun von Wichtigkeit, zu untersuchen, ob sich optische Systeme so konstruieren lassen, daß die verschiedenfarbigen Bilder ganz oder wenigstens zum Teil zusammenfallen. Es ist zunächst leicht zu übersehen, daß, wenn durch ein optisches System von zwei außerhalb der Achse in verschiedenen achsensenkrechten Ebenen gelegenen Punkten durch zwei verschiedene Farben dieselben Bilder erzeugt werden, daß dann die ganzen durch diese beiden Farben erzeugten Bilder des Objektraumes zusammenfallen. Bezeichnet man nämlich die Abbildungskonstanten für die eine Farbe mit c, p, r, s und für die andere mit c', p', r', s' und nimmt das vordere und hintere Medium gleich an, so wird nach Gleichung 7) des vorigen Kapitels die Vergrößerung $\frac{y_r}{y_1} = \frac{1}{c - p x_1} = \frac{1}{c' - p' x_1}$ sein, also $c - p x_1 = c' - p' x_1$; unter Benutzung dieser Beziehung folgt dann aber aus dem

Werte für x_1, dafs auch $r - s x_1 = r' - s' x_1$ sein mufs. Da nun diese Gleichungen auch für den Wert x_2 des anderen Punktes gelten müssen, so kann ihnen nur genügt werden, wenn $c = c'$, $p = p'$, $r = r'$, $s = s'$ ist, das heifst, wenn beide Abbildungen identisch sind. Ferner läfst sich hieraus auch sofort schliefsen, dafs, wenn drei dieser Konstanten übereinstimmen und das vordere und hintere Medium sind nicht die gleichen, dann $cs - pr = n_{r1}$ von der Farbe abhängt und daher die vierte Konstante nicht mehr für beide Farben dieselbe sein kann. Wenn also vorderes und hinteres Medium verschieden sind, so ist ein vollständiges Zusammenfallen der Abbildungen für zwei verschiedene Farben unmöglich.

Ein System, bei welchem für zwei verschiedene Farben die Bilder vollkommen zusammenfallen, heifst **vollkommen achromatisch** für diese beiden Farben; für die übrigen Farben werden dann die Bilder mehr oder weniger verschieden sein und in der Gesamtabbildung farbige Säume bewirken. Diese farbigen Säume heifsen das **sekundäre Spektrum**.

Bei vollkommener Achromasie stimmen alle 4 Abbildungskonstanten für beide Farben überein, es fallen daher auch sowohl die Brennpunkte als auch die Hauptpunkte für beide Farben zusammen. Eine **teilweise Achromasie** besteht, wenn nur die Orte der Bilder einer zur Achse senkrechten Ebene für beide Farben zusammenfallen, aber die Gröfse der Bilder verschieden ist, oder wenn die Bildgröfse die gleiche ist, aber die Orte nicht zusammenfallen. In vielen Fällen genügt es, eine derartige teilweise Achromasie zu verwirklichen; bei den durch die Objektive der Fernrohre und Mikroskope erzeugten Bildern ist es wesentlich, dafs die Bilder der verschiedenen Farben am selben Orte liegen, bei der geringen Ausdehnung dieser Bilder um die Achse herum kann jedoch meistens die ungleiche Farbenvergröfserung vernachlässigt werden. Umgekehrt haben die Okulare die Aufgabe, diese kleinen Bilder auf eine ausgedehnte Fläche auszubreiten; daher mufs die Achromasie der Okulare hauptsächlich auf gleiche Bildgröfse erstreckt werden, während der geringe Unterschied der Entfernung der Bilder vom Auge weniger empfunden wird.

§ 66. Achromasie einfacher Linsen.

Eine teilweise Achromasie ist stets erreicht, wenn ein System für zwei verschiedene Farben die gleiche Brennweite hat. Der Wert der Brennweite für eine dicke Linse ist aber

$$F = \frac{n\varrho_1\varrho_2}{(n-1)(n(\varrho_2-\varrho_1)+(n-1)d)}.$$

Sehen wir in dieser Gleichung die Brennweite, die Krümmungsradien und die Linsendicke als Konstante an, so können wir die Gleichung nach n auflösen, und sehen, für welches n die Gleichung dann erfüllt ist. Da die Gleichung in Bezug auf n quadratisch ist, so erhalten wir zwei Werte von n, das heifst aber, dieselbe Linse kann für zwei verschiedene Farben die gleiche Brennweite haben, also teilweise achromatisch sein. Bezeichnen wir zur Abkürzung den Ausdruck

$$\frac{1}{2} \cdot \frac{(\varrho_2-\varrho_1)F+2Fd+\varrho_1\varrho_2}{F(\varrho_2-\varrho_1)+Fd}$$

mit N, so ergiebt die Auflösung obiger Gleichung

$$n = N \pm \sqrt{\frac{d}{\varrho_2-\varrho_1+d}+N^2}.$$

Da nun n für zwei verschiedene Farben nur unerheblich verschiedene Werte haben kann, mufs der Wurzelausdruck klein sein und N mufs dem Brechungsquotienten einer mittleren Farbe entsprechen. Damit die Wurzelgröfse klein ist, mufs $\frac{d}{\varrho_2-\varrho_1+d}$ negativ sein, und folglich $\frac{d}{\varrho_1-\varrho_2-d}$ wenig kleiner als N sein. Setzt man $N=1{,}55$, so ist hieraus zu übersehen, in welcher Gröfse man d und ϱ_1 und ϱ_2 wählen kann, um ausführbare Linsen zu erhalten. Sowohl dispansive als auch kollektive Linsen sind auf diese Weise möglich; doch sind dieselben praktisch von geringem Wert, da die erforderlichen starken Krümmungen nur einen sehr geringen Linsendurchmesser zulassen, um nicht zu starke sphärische Aberrationen auftreten zu lassen, zumal man die gleiche Achromasie der Brennweite weit vorteilhafter durch zwei getrennte, dünne Linsen erreichen kann.

§ 67. Achromasie der Brennweite bei zwei Linsen in endlichem Abstand.

Haben wir zwei dünne Linsen im Abstande δ von einander, so ist nach § 64 des vorigen Kapitels die Lage der Hauptpunkte bestimmt durch

$$G_1 = \frac{\delta F_1}{F_1 + F_2 - \delta}; \quad G_2 = -\frac{\delta F_2}{F_1 + F_2 - \delta}$$

und die Brennweite ist

$$F = \frac{F_1 F_2}{F_1 + F_2 - \delta}.$$

Aus diesen Formeln sieht man zunächst: wenn δ so gewählt ist, dafs ein Hauptpunkt, etwa der vordere, für zwei Farben den gleichen Ort hat, dann mufs $\frac{F_1}{F_1 + F_2 - \delta}$ von der Farbe unabhängig sein. Ist dies aber der Fall, so kann unmöglich der Wert von $F = \frac{F_1}{F_1 + F_2 - \delta} \cdot F_2$ auch von der Farbe unabhängig sein, wenn nicht F_2 selbst von der Farbe unabhängig ist. Das gleiche läfst sich für F_1 folgern, wenn man vom zweiten Hauptpunkt ausgeht; das heifst aber: ein System von zwei dünnen Linsen in endlichem Abstand von einander, auch wenn sie aus verschiedenem Material sind, kann nicht vollkommen achromatisch sein, wenn nicht schon jede Linse für sich achromatisiert ist. Eine teilweise Achromasie läfst sich dagegen auch hier lediglich durch Wahl von δ leicht erreichen. Soll die Brennweite für zwei Farben die gleiche sein, so mufs

$$\frac{F_1 F_2}{F_1 + F_2 - \delta} = \frac{(F_1 + dF_1)(F_2 + dF_2)}{F_1 + dF_1 + F_2 + dF_2 - \delta}$$

sein. Hieraus berechnet sich unter Vernachlässigung der kleinen Gröfsen zweiter Ordnung

$$\delta = \frac{F_2 \dfrac{dF_1}{F_1} + F_1 \dfrac{dF_2}{F_2}}{\dfrac{dF_1}{F_1} + \dfrac{dF_2}{F_2}}.$$

§ 67. Achromasie der Brennweite bei zwei Linsen.

Es ist aber $F_1 = \dfrac{\varrho_1 \varrho_2}{(n_1-1)(\varrho_2-\varrho_1)}$,

folglich $\dfrac{dF_1}{dn_1} = -\dfrac{1}{(n_1-1)} \cdot \dfrac{\varrho_1 \varrho_2}{(n_1-1)\varrho_2-\varrho_1)}$

oder $\dfrac{dF_1}{F_1} = -\dfrac{dn_1}{n_1-1}$, setzen wir das „Zerstreuungsvermögen" $\dfrac{dn}{n-1} = \dfrac{1}{\nu}$, so erhalten wir

$$\delta = \frac{\dfrac{1}{\nu_1}F_2 + \dfrac{1}{\nu_2}F_1}{\dfrac{1}{\nu_1}+\dfrac{1}{\nu_2}} = \frac{\nu_2 F_2 + \nu_1 F_1}{\nu_1+\nu_2},$$

woraus δ für jedes Paar von dünnen Linsen leicht zu berechnen ist, um Achromasie der Brennweite zu erhalten. Sind beide Linsen aus derselben Glassorte, so ist $\nu_1 = \nu_2$ und es wird dann $\delta = \dfrac{F_1 + F_2}{2}$ die Bedingung für Achromasie der Brennweite. Dies ist die Ausführungsweise eines optischen Systems, wie es in optischen Instrumenten als Okular verwendet zu werden pflegt. Beim Huygensschen Okular ist $F_1 = 2F_2$; ein reelles vom Objektiv des Instrumentes entworfenes Bild entsteht dann zwischen den Okularlinsen. Beim Ramsdenschen Okular ist $F_1 = F_2$; das reelle Bild entsteht in der Vorderfläche, praktisch etwas vor derselben, der vorderen Okularlinse.

Die Bedeutung der Achromasie der Brennweite für die Okulare liegt in folgendem. Die Divergenz der das Okular verlassenden Strahlen ist nach der Bezeichnung des vorigen Kapitels $\alpha_r = c\alpha_1 + ph_1$. Nun sind aber die Divergenzen der in das Okular eintretenden Strahlen im allgemeinen sehr klein, da sie von dem entfernten Objektiv herkommen, also kann $\alpha_1 = 0$ gesetzt werden; es ist also $\alpha_r = ph_1 = \dfrac{h_1}{F}$. Die Eintrittsamplituden h_1 sind aber für die verschiedenen Farben die gleichen, also folgt, daſs bei gleicher Brennweite für die verschiedenen Farben die verschiedenfarbenen Bilder unter dem gleichen Gesichtswinkel erscheinen. Wenn diese Bilder also auch nicht am gleichen Ort liegen, so liegen sie doch so hintereinander, dafs sie sich gegenseitig decken und die Verschiedenheit also am wenigsten wahrgenommen wird.

§ 68. Vollständige Achromasie sich berührender, dünner Linsen.

Für den Fall zweier sich berührender dünner Linsen wird $\delta = 0$. Es liegen dann die Hauptpunkte in der dünnen Doppellinse selbst, ihre Lage ist also unabhängig von der Farbe. Ist dann noch Achromasie für die Brennweite bewirkt, so ist die Achromasie zugleich eine vollständige. Die Brennweite des Systems ist aber in diesem Falle:

$$F = \frac{F_1 F_2}{F_1 + F_2};$$

damit diese für zwei Farben die gleiche ist, muſs also sein:

$$\frac{F_1 F_2}{F_1 + F_2} = \frac{(F_1 + dF_1)(F_2 + dF_2)}{F_1 + dF_1 + F_2 + dF_2}.$$

Hieraus berechnet sich durch Ausmultiplizieren die Bedingung:

$$F_2 \frac{dF_1}{F_1} + F_1 \frac{dF_2}{F_2} = 0,$$

oder wenn wir wieder die Gröſse ν wie im vorigen Paragraphen einführen

$$\frac{F_1}{F_2} = -\frac{\nu_2}{\nu_1}.$$

Die Achromasie ist also nur zu erreichen, wenn: 1) das relative Dispersionsvermögen beider Linsensubstanzen verschieden ist; denn wenn $\nu_2 = \nu_1$ ist, würde die Gesamtbrennweite gleich ∞ sein, die Linse würde also wie eine planparallele Platte wirken; 2) eine Sammellinse mit einer Zerstreuungslinse vereinigt wird.

Eine vollständige Theorie der Achromasie für dicke Linsen würde nicht nur zu berücksichtigen haben, daſs die Brennpunkte und die Hauptpunkte für verschiedene Farben zusammenfallen müssen, sondern daſs auch die am Schlusse des vorigen und im folgenden Kapitel genannten Abbildungsfehler von der gleichen Gröſse sind, und geht deswegen über den Umfang dieses Buches hinaus.

Elftes Kapitel.
Thiesens Theorie der Abbildungsfehler.

§ 69. Definition der Charakteristik, die Grundgleichung.

Eine Übersicht über die Beziehungen der verschiedenen Abbildungsfehler zu einander bekommt man nach Thiesen am leichtesten, wenn man wiederum von dem Fermatschen Prinzip ausgeht, aus dem wir auch das Reflexions- und Brechungsgesetz abgeleitet haben. Dieses Prinzip lautet (siehe § 27): Das Licht gelangt stets auf demjenigen Wege von einem Punkte zu einem anderen, auf welchem es am wenigsten Zeit braucht, oder was auf dasselbe herauskommt, auf welchem die optische Weglänge ein Minimum ist. Nehmen wir einmal an, wir sind in der Lage, diese optische Weglänge für einen irgend ein zentriertes optisches System durchsetzenden Lichtstrahl als mathematische Funktion der Koordinaten des Eintritts- und des Austrittspunktes darzustellen, so wird diese Funktion die Eigenschaft haben, daſs **für den wirklichen Weg des Lichtstrahls ihre Variation gleich Null ist.** Für ein homogenes, isotropes Medium läſst sich nun eine solche Funktion ohne weiteres angeben, denn in einem solchen ist die optische Weglänge zwischen zwei Punkten $x_1 y_1 z_1$ und $x_2 y_2 z_2$ stets gleich $n \sqrt{(x_2 - x_1)^2 + (y_2 - y_1)^2 + (z_2 - z_1)^2}$, wo n der Brechungsquotient des Mediums ist. Nennen wir die entsprechende Funktion für irgend ein Diopter die **Charakteristik des Diopters** und bezeichnen sie mit T_{12}, wenn (1) und (2) die Endflächen des Diopters sind. Wir sind dann in der Lage, wenn das Diopter aus einem System zentrierter Rotationsflächen besteht, die gemeinsame Rotationsachse zur z-Achse zu wählen, und vermittelst der Gleichungen der gegebenen Endflächen des Diopters die z-Koordinaten in der Funktion T_{12} zu eliminieren, so daſs diese nur noch von den $x_1 y_1$ und $x_2 y_2$ abhängt. Vereinigen wir dann dies Diopter mit der davorliegenden Luftmenge, die wir uns durch eine zur Achse senkrechte Ebene (0) begrenzt denken, zu einem System, so muſs diesem ebenfalls eine Charakteristik zukommen und zwar muſs diese gleich $T_{02} = T_{01} + T_{12}$ sein, da ja die Charakteristik nichts anderes als die optische Weglänge darstellt. T_{01} ist aber bekannt, da die Luft homogen und isotrop ist. Die Gröſse T_{02} muſs dann aber auch der wesentlichen Eigenschaft der Charakteristik genügen, für den wahren Lichtweg ein Minimum zu sein. Das heiſst, es muſs $\delta T_{02} = \delta(T_{01} + T_{12}) = 0$ sein, wenn irgend einer der 3 Punkte $x_0 y_0$ $x_1 y_1$ $x_2 y_2$ variiert wird. Variieren wir den Punkt $x_2 y_2$ und sehen $x_0 y_0$ und $x_1 y_1$ als gegeben an, so läſst sich die Variationsgleichung schreiben

1) $\qquad \dfrac{\delta}{x_2}(T_{01} + T_{12}) = 0; \quad \dfrac{\delta}{\delta y_2}(T_{01} + T_{12}) = 0.$

Dadurch erhalten wir aber zwei Gleichungen, durch welche wir die Koordinaten des Austrittspunktes des Lichtstrahles berechnen können für jeden gegebenen auf das Diopter auffallenden Lichtstrahl. Kombinieren wir dann ferner das Diopter (02) mit einer hinter demselben liegenden Luftschicht (23), so läſst sich die gleiche Betrachtung wiederholen und man sieht, daſs man, wenn die Charakteristik eines Diopters bekannt ist, zu jedem einfallenden Strahl den austretenden berechnen kann.

Es wurde bisher vorausgesetzt, daſs die Charakteristik sich als eine derartige mathematische Funktion thatsächlich darstellen läſst; aus dem soeben Betrachteten geht aber schon hervor, daſs dieselbe für ein zentriertes Linsensystem thatsächlich abzuleiten sein wird. Denn für eine einfache Linse ist sie bereits bekannt, da die Linse ein homogenes, isotropes Medium ist, und für eine Reihe zentrierter Linsen ist die Charakteristik nichts anderes als die Summe der einzelnen Charakteristiken, wobei die eventuell zwischenliegenden Luftlinsen mitzuzählen sind, und wobei stets die Koordinaten der

Durchdringungspunkte des Lichtstrahls mit den zwischenliegenden brechenden Flächen beim Zusammenfassen zweier aneinanderliegenden Flächen mit Hülfe der Gleichungen 1) zu eliminieren sind. Man erhält dann in der That die **Charakteristik als Funktion der Koordinaten der Eintrittsstelle und der Austrittsstelle.**

---

§ 70. Allgemeine Form der Charakteristik.

Die Charakteristik eines homogenen Mediums stellte sich dar als die Quadratwurzel aus einer Funktion der Variabeln. Dieselbe wird in eine bequemere Gestalt gebracht werden können, wenn man sie nach den Potenzen der Variabeln in eine Reihe entwickelt; je nachdem man sich auf Punkte in einem mäfsigen Abstand von der Achse beschränkt, und nach dem erstrebten Genauigkeitsgrad wird man dann die höheren Potenzen der Variabeln vernachlässigen können. Wegen der Symmetrie um die z-Achse herum darf nun aber der Ausdruck für T_{12} seinen Wert nicht ändern, wenn sämtlichen Variabeln das entgegengesetzte Zeichen gegeben wird, also **können in der Entwickelung in eine Potenzreihe nur die geraden Potenzen der Variabeln auftreten.** Aber auch, wenn gleichzeitig den x_1 und x_2 das entgegengesetzte Zeichen gegeben wird, während die y_1 und y_2 nicht geändert werden, darf aus den gleichen Symmetriegründen T_{12} sich nicht ändern, also dürfen auch Glieder von der Form xy und deren Potenzen nicht vorkommen. Allgemein darf eine Drehung des Koordinatensystems um die z-Achse die Gröfse T_{12} nicht ändern, also können die Variabeln nur in den Kombinationen auftreten:

2) $$\begin{aligned} x_1^2 + y_1^2 &= \sigma_1^2 \\ x_2^2 + y_2^2 &= \sigma_2^2 \\ x_1 x_2 + y_1 y_2 &= -\varkappa_{12} \end{aligned}$$

und die Charakteristik mufs sich schreiben lassen in der Form:

3) $$T_{12} = R + A_{12}\sigma_1^2 + B_{12}\sigma_2^2 + 2C_{12}\varkappa_{12} \\ + D_{12}\sigma_1^4 + E_{12}\sigma_2^4 + 4F_{12}\varkappa_{12}^2 + 2G_{12}\sigma_1^2\sigma_2^2 + 4H_{12}\sigma_1^2\varkappa_{12} \\ + 4J_{12}\sigma_2^2\varkappa_{12},$$

wobei das konstante Glied zu Anfang als für das folgende

unwesentlich wird vernachlässigt werden können, und die Reihenentwickelung bei den 4. Potenzen abgebrochen ist.

§ 71. Charakteristik einer Linse.

Um nun die Charakteristik einer Linse wirklich in diese Form zu bringen, haben wir in dem Ausdruck

$$T_{12} = n_{12} \sqrt{(x_2 - x_1)^2 + (y_2 - y_1)^2 + (z_2 - z_1)^2}$$

zunächst die z zu eliminieren. Es ist aber die Gleichung einer Rotationsfläche bezogen auf die Achse allgemein gegeben durch $z = a + b\sigma^2 + c\sigma^4$, wobei die höheren Potenzen wieder vernachlässigt sind. Wir würden also haben:

$$z_2 - z_1 = a_2 - a_1 + b_2 \sigma_2^2 - b_1 \sigma_1^2 + c_2 \sigma_2^4 - c_1 \sigma_1^4.$$

Schreiben wir dann noch für $a_2 - a_1$, also für die Dicke der Linse d_{12}, so wird:

$$(z_2 - z_1)^2 = d_{12}^2 + 2 d_{12}(b_2 \sigma_2^2 - b_1 \sigma_1^2 + c_2 \sigma_2^4 - c_1 \sigma_1^4)$$
$$+ b_2^2 \sigma_2^4 + b_1^2 \sigma_1^4 - 2 b_1 b_2 \sigma_1^2 \sigma_2^2.$$

Setzen wir dieses in den Ausdruck für T_{12} ein und ordnen nach Potenzen von den σ und $\varkappa$, so wird:

$$T_{12}^2 = n_{12}^2 \big(d_{12}^2 + (1 - 2 d_{12} b_1)\sigma_1^2 + (1 + 2 d_{12} b_2)\sigma_2^2 + 2 \varkappa_{12}$$
$$+ (b_1^2 - 2 d_{12} c_1)\sigma_1^4 + (b_2^2 + 2 d_{12} c_2)\sigma_2^4 - 2 b_1 b_2 \sigma_1^2 \sigma_2^2\big).$$

Stellen wir diesem Ausdruck nun das Quadrat des allgemeinen Ausdrucks für T_{12} gegenüber, so ist:

$$T_{12}^2 = R^2 + A_{12}^2 \sigma_1^4 + B_{12}^2 \sigma_2^4 + 4 C_{12}^2 \varkappa_{12}^2 + 2 R(A_{12} \sigma_1^2$$
$$+ B_{12} \sigma_2^2 + 2 C_{12} \varkappa_{12} + D_{12} \sigma_1^4 + E_{12} \sigma_2^4 + 4 F_{12} \varkappa_{12}^2$$
$$+ 2 G_{12} \sigma_1^2 \sigma_2^2 + 4 H_{12} \sigma_1^2 \varkappa_{12} + 4 J_{12} \sigma_2^2 \varkappa_{12}) + 2 A_{12} B_{12} \sigma_1^2 \sigma_2^2$$
$$+ 4 A_{12} C_{12} \sigma_1^2 \varkappa_{12} + 4 B_{12} C_{12} \sigma_2^2 \varkappa_{12}.$$

Durch Vergleichen der Koeffizienten beider Ausdrücke ergiebt sich zunächst:

$$R = n_{12} d_{12}; \quad 2 R A_{12} = n_{12}^2 (1 - 2 d b_1);$$
$$2 R B_{12} = n_{12}^2 (1 + 2 d_{12} b_2); \quad 4 R C = 2 n_{12}^2;$$
$$A_{12}^2 + 2 R D_{12} = n_{12}^2 (b_1^2 - 2 d_{12} c_1);$$
$$B_{12}^2 + 2 R E_{12} = n_{12}^2 (b_2^2 + 2 d_{12} c_2);$$
$$8 R F_{12} + 4 C_{12}^2 = 0; \quad 4 R G_{12} + 2 A_{12} B_{12} = -2 b_1 b_2;$$
$$8 R H_{12} + 4 A_{12} C_{12} = 0; \quad 8 R J_{12} + 4 B_{12} C_{12} = 0.$$

§ 71. Charakteristik einer Linse.

Und hieraus ergeben sich die Koeffizienten im Ausdruck für T_{12} zu

$$
\begin{aligned}
A_{12} &= n_{12}\left(\frac{1}{2d_{12}} - b_1\right); \\
B_{12} &= n_{12}\left(\frac{1}{2d_{12}} + b_2\right); \\
C_{12} &= n_{12} \cdot \frac{1}{2d_{12}}; \\
D_{12} &= -n_{12}\left(\frac{1}{8d_{12}^3} - \frac{b_1}{2d_{12}^2} + c_1\right); \\
4)\quad E_{12} &= -n_{12}\left(\frac{1}{8d_{12}^3} + \frac{b_2}{2d_{12}^2} - c_2\right); \\
F_{12} &= -n_{12}\frac{1}{8d_{12}^3} = -\frac{C_{12}}{4d_{12}^2}; \\
G_{12} &= -n_{12}\left(\frac{1}{8d_{12}^3} + \frac{b_2 - b_1}{4d_{12}^2}\right); \\
H_{12} &= -n_{12}\left(\frac{1}{8d_{12}^3} - \frac{b_1}{4d_{12}^2}\right) = -\frac{A_{12}}{4d_{12}^2}; \\
J_{12} &= -n_{12}\left(\frac{1}{8d_{12}^3} + \frac{b_2}{4d_{12}^2}\right) = -\frac{B_{12}}{4d_{12}^2}.
\end{aligned}
$$

Diese Ableitungen galten für den allgemeinen Fall, daſs die Grenzflächen der Linse beliebige Rotationsflächen sind; sind dieselben im Besonderen Kugelflächen, so tritt an Stelle der Gleichung für z die Gleichung der Kugelfläche, welche, wenn ϱ der Kugelradius ist, wie leicht abzuleiten ist, die Gestalt hat $z = a + \frac{\sigma^2}{2\varrho} + \frac{\sigma^4}{8\varrho^3}$.

Es ist also in den Gleichungen 4) zu setzen

$$b_1 = \frac{1}{2\varrho_1}; \qquad b_2 = \frac{1}{2\varrho_2};$$
$$c_1 = \frac{1}{8\varrho_1^3} = b_1^3; \quad c_2 = \frac{1}{8\varrho_2^3} = b_2^3.$$

In dem besonderen Falle, daſs beide Krümmungsradien unendlich groſs sind, daſs also das Diopter eine planparallele Schicht von der Dicke d ist, werden die Konstanten:

5) $$A_{12} = B_{12} = C_{12} = \frac{n_{12}}{2 d_{12}};$$

$$D_{12} = E_{12} = F_{12} = G_{12} = H_{12} = J_{12} = -\frac{n_{12}}{8 d_{12}{}^3} = -\frac{A_{12}}{4 d_{12}{}^2}.$$

Für den Grenzfall, dafs das Diopter in der Achse unendlich dünn ist, erhalten die Konstanten unendlich grofse Werte; trotzdem wird sich dieser Fall ebenfalls behandeln lassen, indem zunächst die Dicke als endlich angesehen wird und erst nach der Zusammenziehung der erhaltenen Formeln zur Grenze $d = 0$ übergegangen wird.

---

§ 72. Erste Annäherung. Zusammensetzung zweier Diopter.

Um nun zunächst die Anwendbarkeit der Charakteristik zur Berechnung des Strahlenganges durch ein Linsensystem in einem einfachen Falle zu zeigen, wollen wir uns erst einmal auf die Centralstrahlen beschränken, das heifst auf den Bereich, in welchem der Sinus der Divergenz der Strahlen der Divergenz selbst gleich gesetzt werden kann. Es ist aber $\sin \varphi = \varphi + \frac{\varphi^3}{6} + \ldots$; innerhalb des Bereiches der Centralstrahlen würden also schon die dritten Potenzen der Winkel, also auch die dritten Potenzen der σ zu vernachlässigen sein. Die Charakteristik hat dann also die einfache Form

$$T_{12} = A_{12} \sigma_1{}^2 + B_{12} \sigma_2{}^2 + 2 C_{12} \varkappa_{12}.$$

Fügen wir jetzt an dieses Diopter ein zweites an, das die Fläche (2) gemeinsam mit jenem hat und die Charakteristik

$$T_{23} = A_{23} \sigma_2{}^2 + B_{23} \sigma_3{}^2 + 2 C_{23} \varkappa_{23},$$

so wird die Charakteristik des aus beiden zusammengesetzten Systems sein:

$$T_{13} = T_{12} + T_{23} = A_{12} \sigma_1{}^2 + (B_{12} + A_{23}) \sigma_2{}^2 + B_{23} \sigma_3{}^2 \\ + 2 C_{12} \varkappa_{12} + 2 C_{23} \varkappa_{23}.$$

Für diesen Wert gelten dann aber die Gleichungen 1) unter Berücksichtigung der durch 2) gegebenen Werte der σ und $\varkappa$ erhalten wir daher

§ 72. Erste Annäherung. Zusammensetzung zweier Diopter.

$$\frac{d}{dx_2}(T_{12} + T_{23}) = (B_{12} + A_{23})x_2 - C_{12}x_1 - C_{23}x_3 = 0$$

und die analoge Gleichung für die Differentiation nach y_2. Schreiben wir noch $B_{12} + A_{23} = \nu_{13}$, so wird:

$$\nu_{13} x_2 = C_{12} x_1 + C_{23} x_3$$

und

$$\nu_{13} y_2 = C_{12} y_1 + C_{23} y_3.$$

Multipliziert man die erste dieser Gleichungen mit x_1 die zweite mit y_1 und addiert, so wird:

$$\nu_{13} \varkappa_{12} = -C_{12} \sigma_1^2 + C_{23} \varkappa_{13} \text{ und ebenso}$$
6) $\nu_{13} \varkappa_{23} = -C_{23} \sigma_3^2 + C_{12} \varkappa_{13}$, ferner wird
$$\nu_{13}^2 \sigma_2^2 = C_{12}^2 \sigma_1^2 + C_{23}^2 \sigma_3^2 - 2 C_{12} C_{23} \varkappa_{13};$$

setzen wir die so gefundenen Werte für σ_2^2, $\varkappa_{12}$, $\varkappa_{23}$ in den Ausdruck für $T_{12} + T_{23}$ ein, so erhalten wir T_{13} in der Form

$$T_{13} = A_{12} \sigma_1^2 + \frac{1}{\nu_{13}}(C_{12}^2 \sigma_1^2 + C_{23}^2 \sigma_3^2 - 2 C_{12} C_{23} \varkappa_{13})$$
$$+ B_{23} \sigma_3^2 + 2 \frac{C_{12}}{\nu_{13}}(C_{23} \varkappa_{13} - C_{12} \sigma_1^2) + 2 \frac{C_{23}}{\nu_{13}}(C_{12} \varkappa_{13} - C_{23} \sigma_3^2).$$

Wollen wir T_{13} wieder in der Normalform schreiben:

$$T_{13} = A_{13} \sigma_1^2 + B_{13} \sigma_3^2 + 2 C_{13} \varkappa_{13}$$

so ist zu setzen:

7)
$$A_{13} = A_{12} - \frac{C_{12}^2}{\nu_{13}};$$
$$B_{13} = B_{23} - \frac{C_{23}^2}{\nu_{13}};$$
$$C_{13} = \frac{C_{12} C_{23}}{\nu_{13}}.$$

Diese Gleichungen gestatten die Charakteristik des aus zwei Linsen zusammengesetzten Systems zu berechnen, durch wiederholte Anwendung wird die Charakteristik eines aus beliebig vielen Linsen bestehenden Systems erhalten; diese Gleichungen leisten also dasselbe wie die Gleichungen 3) des IX. Kapitels.

§ 73. Unendlich dünne Diopter.

Für den Fall, daſs das angefügte Diopter (23) unendlich dünn ist, nehmen die Gleichungen 7) eine einfachere Form an; es ist dann:

$$A_{13} = A_{12} - \frac{C_{12}^2}{\nu_{13}} = A_{12} - \frac{C_{12}}{B_{12} + A_{23}}$$

oder da $A_{23} = \infty$ ist: $A_{13} = A_{12}$;

$$B_{13} = \frac{B_{23}(B_{12} + A_{23}) - C_{23}^2}{B_{12} + A_{23}}$$

$$= \frac{n_{23}\left(\frac{1}{2d_{23}} + b_3\right)\left(B_{12} + n_{23}\left(\frac{1}{2d_{23}} - b_2\right)\right) - \frac{n_{23}^2}{4d_{23}^2}}{B_{12} + n_{23}\left(\frac{1}{2d_{23}} - b_2\right)}.$$

Multiplizieren wir hier Zähler und Nenner mit $2d_{23}$ und setzen dann $d_{23} = 0$, so wird

$$B_{13} = B_{12} + n_{23}(b_3 - b_2);$$

$$C_{13} = \frac{C_{12} C_{23}}{B_{12} + A_{23}} = \frac{C_{12} \dfrac{n_{23}}{2d_{23}}}{B_{12} + n_{23}\left(\dfrac{1}{2d_{23}} - b_2\right)} = C_{12}.$$

In analoger Weise können wir vor das Diopter (13) noch ein unendlich dünnes Diopter (01) anfügen und erhalten als Konstanten des Diopters (03) dann:

$$A_{03} = A_{12} + n_{01}(b_1 - b_0)$$
$$B_{03} = B_{12} + n_{23}(b_3 - b_2)$$
$$C_{03} = C_{12}.$$

Für den Fall, daſs die beiderseits angefügten Diopter ebene Endflächen haben, ist $b_0 = b_3 = 0$, sind dann ϱ_1 und ϱ_2 die Krümmungsradien der Endflächen des Diopters (12), so gestatten die Gleichungen

8)
$$A_{03} = A_{12} + \frac{n_{01}}{2\varrho_1}$$
$$B_{03} = B_{12} - \frac{n_{23}}{2\varrho_2}$$
$$C_{03} = C_{12}$$

die Charakteristik eines gegebenen Diopters, die zunächst bezogen ist auf die Endflächen des Diopters, umzurechnen, so daſs sie nunmehr auf die Tangentialebenen in den Scheiteln der Endflächen bezogen sind. Wir nennen diese Gröſsen A_{03}, B_{03}, C_{03} die „reduzierten Konstanten des Diopters". Haben wir so die Charakteristik eines von ebenen Endflächen begrenzten Diopters erhalten, so wird nun die Berechnung des Strahlenverlaufs vor und hinter dem Diopter auſserordentlich einfach.

Ist das Diopter (12) selbst eine einfache Linse, so haben die reduzierten Konstanten die Werte

$$A_{03} = n_{12}\left(\frac{1}{2d_{12}} - \frac{1}{2\varrho_1}\right) + \frac{n_{01}}{2\varrho_1}$$

$$B_{03} = n_{12}\left(\frac{1}{2d_{12}} + \frac{1}{2\varrho_2}\right) - \frac{n_{23}}{2\varrho_2}$$

$$C_{03} = \frac{n_{12}}{2d_{12}},$$

das heiſst, es sind genau dieselben Konstanten, die wir mit A, B, C bezeichnet in den Gleichungen 22) des neunten Kapitels erhielten.

§ 74. Herleitung der Gauſsschen Dioptrik.

Verstehen wir im folgenden unter A_{12}, B_{12}, C_{12} die reduzierten Konstanten des Diopters (12), so können wir jetzt leicht dies Diopter mit dem Raum vor ihm und hinter ihm vereinigen und so das ausführen, was im ersten Paragraphen angedeutet wurde. Legen wir im Raum vor dem Diopter die Ebene (0) senkrecht zur Achse und im Raume hinter demselben die Ebene (3), so sind nach 5) die Konstanten

$$A_{01} = B_{01} = C_{01} = \frac{n_{01}}{2d_{01}}; \quad A_{23} = B_{23} = C_{23} = \frac{n_{23}}{2d_{23}}.$$

Fügen wir das Diopter (12) zunächst mit dem davor befindlichen Luftraum zusammen, so erhalten wir durch Differentiation der Charakteristik dieses zusammengesetzten Diopters in der gleichen Weise wie im § 72

$$\frac{\delta}{\delta x_1}(T_{01}+T_{12}) = (B_{01}+A_{12})x_1 - C_{01}x_0 - C_{12}x_2 = 0$$

und

$$\frac{\delta}{\delta y_1}(T_{01}+T_{12}) = (B_{01}+A_{12})y_1 - C_{01}y_0 - C_{12}y_2 = 0.$$

Ist ein Lichtstrahl im Raume vor dem Diopter (12) gegeben, so sind $x_0 y_0$ und $x_1 y_1$ bekannt und diese Gleichungen lassen dann die Austrittsstelle $x_2 y_2$ aus dem Diopter berechnen. In dem besonderen Falle, dafs $B_{01}+A_{12}=0$ ist, fallen die Koordinaten $x_1 y_1$ aus den Gleichungen heraus, das heifst, die Lage von $x_2 y_2$ ist unabhängig von $x_1 y_1$, also gehen dann alle von $x_0 y_0$ ausgehenden Strahlen durch $x_2 y_2$, dieser Punkt ist also das Bild von $x_0 y_0$.

Nehmen wir zunächst an, dafs die Ebene (2) nicht gerade so liegt, dafs $B_{01}+A_{12}=0$ ist, so können wir jetzt noch das Diopter (02) mit dem dahinter liegenden Raum (23) vereinigen. Die Konstanten von (02) sind nach 7):

$$\nu_{02} = B_{01}+A_{12} = \frac{n_{01}}{2d_{01}}+A_{12};$$

$$A_{02} = A_{01} - \frac{C_{01}^2}{\nu_{02}} = \frac{n_{01}}{2d_{01}} - \frac{\left(\frac{n_{01}}{2d_{01}}\right)^2}{\frac{n_{01}}{2d_{01}}+A_{12}} = \frac{A_{12}}{\frac{n_{01}}{2d_{01}}+A_{12}}$$

$$B_{02} = B_{12} - \frac{C_{12}^2}{\nu_{02}} = B_{12} - \frac{C_{12}^2}{\frac{n_{01}}{2d_{01}}+A_{12}},$$

$$C_{02} = \frac{C_{01}C_{12}}{\nu_{02}} = \frac{\frac{n_{01}}{2d_{01}}C_{12}}{\frac{n_{01}}{2d_{01}}+A_{12}}.$$

Die gleiche Differentiation wie oben ergiebt die Möglichkeit, zu jedem beliebigen eintretenden Strahl den austretenden zu berechnen; wir können aber jetzt auch die Ebene (3) so wählen, dafs in den durch Differentiation erhaltenen Gleichungen die Koordinaten $x_2 y_2$ herausfallen, dann wird der Punkt $x_3 y_3$ der Bildpunkt zu $x_0 y_0$ sein, und

§ 75. Zweite Annäherung. Zusammensetzung zweier Diopter.

allgemein ist dann die Ebene (3) konjugiert zu der Ebene (0). Die durch die Differentiation zu erhaltenen Gleichungen nehmen dann die Form an:

$$\frac{x_0}{x_3} = \frac{y_0}{y_3} = -\frac{C_{23}}{C_{02}} = -\frac{\frac{n_{23}}{2d_{23}}}{\frac{n_{01}}{2d_{01}}C_{12}}\left(\frac{n_{01}}{2d_{01}} + A_{12}\right)$$

$$= -\frac{n_{23}}{2d_{23}C_{12}}\left(1 + A_{12}\frac{2d_{01}}{n_{01}}\right) = \frac{1}{v},$$

wenn v wieder die Vergröfserung für die Ebenen (0), (3) bedeutet.

Die Bedingung dafür, dafs in dieser Weise die Ebene (3) konjugiert zur Ebene (0) wird, ist offenbar

$$\nu_{03} = B_{02} + A_{23} = B_{12} - \frac{C_{12}{}^2}{\frac{n_{01}}{2d_{01}} + A_{12}} + \frac{n_{23}}{2d_{23}} = 0,$$

oder

$$\left(B_{12} + \frac{n_{23}}{2d_{23}}\right)\left(A_{12} + \frac{n_{01}}{2d_{01}}\right) = C_{12}{}^2.$$

Dieses ist aber genau die Gleichung 17) des neunten Kapitels, wenn man berücksichtigt, dafs hier die Strecke d_{01} von 0 nach 1 hin gemessen ist, während dort die entsprechende Strecke x_1 vom Linsenscheitel, also der Ebene (1) aus, gemessen ist. Mit dieser Gleichung sind aber die Gesetze der Gaufsschen Dioptrik auch auf diesem Wege erhalten.

§ 75. Zweite Annäherung. Zusammensetzung zweier Diopter.

Während in dieser Weise bei der Beschränkung auf die ersten drei Glieder der Charakteristik die Gesetze der Gaufsschen Dioptrik erhalten werden, wird die Ausdehnung derselben Betrachtung unter Benutzung der höheren Potenzen der Variablen die Abbildungsgesetze ergeben für weitgeöffnete und schiefe Büschel und zwar wird man auch hier zunächst nur die vierten Potenzen heranziehen können, kann aber auch weiter die sechsten und noch höhere Potenzen genau auf die gleiche Weise entwickeln. Hier soll nur die Ausdehnung auf die vierten Potenzen dargestellt werden.

Zunächst haben wir wieder die Zusammenfügung zweier Diopter zu einem einzigen zu untersuchen. Es sei

$$T_{12} = A_{12}\,\sigma_1{}^2 + B_{12}\,\sigma_2{}^2 + 2\,C_{12}\,\varkappa_{12} + D_{12}\,\sigma_1{}^4 + E_{12}\,\sigma_2{}^4$$
$$+ 4\,F_{12}\,\varkappa_{12}{}^2 + 2\,G_{12}\,\sigma_1{}^2\,\sigma_2{}^2 + 4\,H_{12}\,\sigma_1{}^2\,\varkappa_{12} + 4\,J_{12}\,\sigma_2{}^2\,\varkappa_{12},$$
$$T_{23} = A_{23}\,\sigma_2{}^2 + B_{23}\,\sigma_3{}^2 + 2\,C_{23}\,\varkappa_{23} + D_{23}\,\sigma_2{}^4 + E_{23}\,\sigma_3{}^4$$
$$+ 4\,F_{23}\,\varkappa_{23}{}^2 + 2\,G_{23}\,\sigma_2{}^2\,\sigma_3{}^2 + 4\,H_{23}\,\sigma_2{}^2\,\varkappa_{23} + 4\,J_{23}\,\sigma_3{}^2\,\varkappa_{23}.$$

Bilden wir dann wieder die Differentialgleichung

$$\frac{\partial}{\partial x_2}(T_{12} + T_{23}) = \frac{\partial T_{13}}{\partial x_2} = 0,$$

so erhalten wir die Gleichung

$$x_2\,(\nu_{13} + II) = x_1\,(C_{12} + I) + x_3\,(C_{23} + III)$$

9 a) und entsprechend auch

$$y_2\,(\nu_{13} + II) = y_1\,(C_{12} + I) + y_3\,(C_{23} + III),$$

wenn zur Abkürzung gesetzt ist:

$$II = 2\,\{\,G_{12}\,\sigma_1{}^2 + (E_{12} + D_{23})\,\sigma_2{}^2 + G_{23}\,\sigma_3{}^2$$
$$+ 2\,J_{12}\,\varkappa_{12} + 2\,H_{23}\,\varkappa_{23}\,\}$$

9 b) $$I = 2\,\{\,H_{12}\,\sigma_1{}^2 + J_{12}\,\sigma_2{}^2 + 2\,F_{12}\,\varkappa_{12}\,\}$$
$$III = 2\,\{\,H_{23}\,\sigma_2{}^2 + J_{23}\,\sigma_3{}^2 + 2\,F_{23}\,\varkappa_{23}\,\}$$

Vermittelst dieser Gleichungen sind nun wieder in dem Ausdruck $T_{12} + T_{23}$ die Variabeln x_2, y_2 durch die $x_1 y_1 x_3 y_3$ zu ersetzen, um die Charakteristik T_{13} in der Normalform zu erhalten. Verfahren wir genau so wie im § 72, so erhalten wir zunächst

$$\varkappa_{12}\,(\nu_{13} + II) = -\,\sigma_1{}^2\,(C_{12} + I) + \varkappa_{13}\,(C_{23} + III),$$
$$\varkappa_{23}\,(\nu_{13} + II) = -\,\sigma_3{}^2\,(C_{23} + III) + \varkappa_{13}\,(C_{12} + I),$$
$$\sigma_2{}^2\,(\nu_{13} + II)^2 = \sigma_1{}^2\,(C_{12} + I)^2 + \sigma_3{}^2\,(C_{23} + III)^2 - 2\,\varkappa_{13}$$
$$(C_{12} + I)\,(C_{23} + III).$$

Dividieren wir jetzt in der dritten Gleichung mit $(\nu_{13} + II)$ hinüber, so können wir in dieser Annäherung schreiben

$$\frac{1}{\nu_{13} + II} = \frac{1}{\nu_{13}}\left(1 - \frac{II}{\nu_{13}}\right),$$

§ 75. Zweite Annäherung. Zusammensetzung zweier Diopter. 151

und wir erhalten wiederum unter Vernachlässigung der höheren Glieder

$$\nu_{13}\,\sigma_2{}^2\,(\nu_{13} + II) = \sigma_1{}^2 \left(C_{12}{}^2 + 2\,C_{12}\,I - \frac{II}{\nu_{13}}\,C_{12}{}^2\right)$$
$$+ \sigma_3{}^2 \left(C_{23}{}^2 + 2\,C_{23}\,III - \frac{II}{\nu_{13}}\,C_{23}{}^2\right)$$
$$- 2\,\varkappa_{13} \left(C_{12}\,C_{23} + C_{12}\,III + C_{23}\,I - \frac{II}{\nu_{13}}\,C_{12}\,C_{23}\right).$$

Mit Hilfe dieser Gleichungen können wir jetzt die in dem Ausdruck für $T_{12} + T_{23}$ vorkommenden Glieder

$$\nu_{13}\,\sigma_2{}^2 + 2\,C_{12}\,\varkappa_{12} + 2\,C_{23}\,\varkappa_{23}$$

bilden und erhalten

$$(\nu_{13}\,\sigma_2{}^2 + 2\,C_{12}\,\varkappa_{12} + 2\,C_{23}\,\varkappa_{23})\,(\nu_{13} + II)$$
$$= \left(1 + \frac{II}{\nu_{13}}\right)(2\,C_{12}\,C_{23}\,\varkappa_{13} - C_{12}{}^2\,\sigma_1{}^2 - C_{23}{}^2\,\sigma_3{}^2),$$

oder

$$\nu_{13}\,\sigma_2{}^2 + 2\,C_{12}\,\varkappa_{12} + 2\,C_{23}\,\varkappa_{23}$$
$$= (2\,C_{12}\,C_{23}\,\varkappa_{13} - C_{12}{}^2\,\sigma_1{}^2 - C_{23}{}^2\,\sigma_3{}^2)\,\frac{1}{\nu_{13}}.$$

Es fallen also hierbei alle Glieder mit den Ausdrücken I, II und III, die ja noch die zu eliminierenden $\sigma_2{}^2$, $\varkappa_{12}$, $\varkappa_{23}$ enthalten würden, von selbst fort und wir erhalten für diese Glieder in dem Ausdruck für T_{13} genau dasselbe, als wenn wir nicht die vollständige Substitution, sondern nur die Substitutionsgleichungen der ersten Annäherung, die Gleichungen 6) des § 72 benutzt hätten. Für die Substitution in den andern Gliedern von T_{13} werden nun aber diese Gleichungen 6) erst recht genügen, denn hier können, wie leicht zu übersehen, durch die vollständige Substitution überhaupt nur Glieder von höherem als dem 4. Grade hinzukommen, die also von selbst zu vernachlässigen sind. Durch Anwendung der Gleichungen 6) lassen sich dann aber die Werte der Koeffizienten in T_{13} sehr leicht direkt hinschreiben. Es wird, wenn wir noch zur besseren Übersicht $\dfrac{C_{12}}{\nu_{13}} = \alpha$, $\dfrac{C_{23}}{\nu_{13}} = \beta$ schreiben

$$A_{13} = A_{12} - \alpha C_{12};\ B_{13} = B_{23} - \beta C_{23};\ C_{13} = \alpha C_{23};$$
$$D_{13} = D_{12} - 4\alpha H_{12} + 2\alpha^2(G_{12} + 2F_{12}) - 4\alpha^3 J_{12}$$
$$+ \alpha^4(E_{12} + D_{23});$$
$$E_{13} = E_{23} - 4\beta J_{23} + 2\beta^2(G_{23} + 2F_{23}) - 4\beta^3 H_{23}$$
$$+ \beta^4(E_{12} + D_{23});$$
$$10)\ F_{13} = \alpha^2 F_{23} + \beta^2 F_{12} - 2\alpha^2\beta H_{23} - 2\alpha\beta^2 J_{12}$$
$$+ \alpha^2\beta^2(E_{12} + D_{23});$$
$$G_{13} = \alpha^2 G_{23} + \beta^2 G_{12} - 2\alpha^2\beta H_{23} - 2\alpha\beta^2 J_{12}$$
$$+ \alpha^2\beta^2(E_{12} + D_{23});$$
$$H_{13} = \beta H_{12} - \alpha\beta(G_{12} + 2F_{12}) + \alpha^3 H_{23} + 3\alpha^2\beta J_{12}$$
$$- \alpha^3\beta(E_{12} + D_{23});$$
$$J_{13} = \alpha J_{23} - \alpha\beta(G_{23} + 2F_{23}) + \beta^3 J_{12} + 3\alpha\beta^2 H_{23}$$
$$- \alpha\beta^3(E_{12} + D_{23}).$$

§ 76. Das eine Diopter ist unendlich dünn.

Besonderes Interesse gewinnt dieses Gleichungssystem für das folgende in dem besonderen Falle, wo das eine Diopter etwa (23) unendlich dünn wird; in diesem Falle würden sämtliche Koeffizienten mit dem Index (23) unendliche Werte erhalten, wir können aber doch wieder endliche Werte für das Diopter (13) finden, indem wir erst wieder die Werte in 9) zusammenziehen, und dann erst zur Grenze $d_{23} = 0$ übergehen. Man übersieht sofort, daſs alle Glieder, in denen Koeffizienten mit dem Index (12) mit α in irgend einer Potenz multipliziert sind, verschwinden; sind dieselben Koeffizienten mit β irgendwelcher Potenz multipliziert, so ist $\beta = 1$ zu setzen, sind sie mit $\alpha\beta$ irgendwelcher Potenz multipliziert, so sind sie ebenfalls gleich Null. Daraus ergiebt sich sofort, daſs in diesem Falle $D_{13} = D_{12}$ und $H_{13} = H_{12}$ werden. In F_{13} tritt der Ausdruck auf

$$\alpha^2 F_{23} - 2\alpha^2\beta H_{23} + \alpha^2\beta^2 D_{23}.$$

Setzen wir in diesem für α und β ihre Werte ein und bringen ihn auf den gemeinsamen Nenner v_{13}^4, so heben sich beim Einsetzen der Werte für die F_{23}, H_{23}, D_{23} im Zähler die Glieder mit $\dfrac{1}{d_{23}^5}$ und $\dfrac{1}{d_{23}^4}$ fort, während im Nenner $\dfrac{1}{d_{23}^4}$ als höchste Potenz stehen bleibt. Multiplizieren wir daher Zähler und Nenner mit $d_{23}{}^4$ und setzen dann $d_{23} = 0$, so bleibt der Nenner endlich, während der Zähler Null wird. Es folgt also schließlich, daſs auch $F_{13} = F_{12}$ ist.

Aus der Ähnlichkeit des Ausdrucks für G_{13} mit dem für F_{13} übersieht man dann leicht, daſs

$$G_{13} = G_{12} + \frac{C_{12}{}^2}{n_{23}}(b_2 - b_3)$$

wird. Ähnliche Rechnungen, auf die hier nicht weiter eingegangen werden soll, ergeben noch die Werte:

$$E_{13} = E_{12} + \frac{2 B_{12}{}^2}{n_{23}}(b_2 - b_3) + n_{23}(c_3 - c_2);$$

$$J_{23} = J_{12} + \frac{B_{12} C_{12}}{n_{23}}(b_2 - b_3).$$

Diese Formeln zeigen, wie sich die Charakteristik eines Diopters ändert, wenn eine Endfläche desselben durch eine anders gekrümmte ersetzt wird; insbesondere zeigt sich, daſs bei einer solchen Änderung des Diopters die Konstanten D, F und H unverändert bleiben.

§ 77. Formeln für die Abbildungsfehler.

In dem besonderen Falle, wo $v_{13} = 0$ ist, ergab sich bei der ersten Annäherung, daſs dann die Flächen (3) und (1) konjugiert sind und, daſs $\frac{x_3}{x_1} = -\frac{C_{12}}{C_{23}} = v$ von x_2 unabhängig wird. Bei dieser jetzt behandelten Annäherung läſst sich nun x_2 nicht mehr eliminieren, da für $v_{13} = 0$ die Substitutionsgleichungen nicht mehr gültig sind. Es besteht also die einfache Beziehung $x_3 = v x_1$, durch welche die punktweise Abbildung ausgedrückt ist, jetzt nicht mehr. An ihrer Stelle finden wir aus den Gleichungen 9) zunächst

$$x_3 = -x_1 \frac{C_{12} + I}{C_{23} + III} + x_2 \frac{II}{C_{23} + III}.$$

Ersetzen wir wieder $\frac{1}{C_{23} + III}$ durch $\frac{1}{C_{23}}\left(1 - \frac{III}{C_{23}}\right)$, so erhalten wir unter Vernachlässigen der höheren Potenzen

XI. Thiesens Theorie der Abbildungsfehler.

$$x_3 = -\frac{x_1}{C_{23}}\left\{C_{12} + I + v\,III\right\} + II\frac{x_2}{C_{23}}$$

oder nach Einsetzen der Werte von I, II und III

$$x_3 = x_1\left\{v - \frac{1}{C_{23}}\left(2H_{12}\sigma_1{}^2 + 2J_{12}\sigma_2{}^2 + 4F_{12}\varkappa_{12}\right.\right.$$
$$\left.\left. + v(2H_{23}\sigma_2{}^2 + 2J_{23}\sigma_3{}^2 + 4F_{23}\varkappa_{23})\right)\right\}$$
$$+ \frac{x_2}{C_{23}}\left\{2G_{12}\sigma_1{}^2 + 2(E_{12}+D_{23})\sigma_2{}^2 + 2G_{23}\sigma_3{}^2 + 4J_{12}\varkappa_{12} + 4H_{23}\varkappa_{23}\right\}.$$

Eine entsprechende Gleichung wird für y_3 erhalten. In diesen Gleichungen treten auf der rechten Seite noch die Werte $\sigma_3{}^2$ und $\varkappa_{23}$ auf und müssen noch eliminiert werden. Offenbar genügt nun hierfür die erste Annäherung, welche aus diesen Gleichungen selbst gewonnen wird. Es ist in erster Annäherung

$$x_3 = x_1 v;\ y_3 = y_1 v,\ \text{also}\ (x_3{}^2 + y_3{}^2) = \sigma_3{}^2 = v^2\sigma_1{}^2$$
$$\text{und}\ (x_2 x_3 + y_2 y_3) = \varkappa_{23} = v\varkappa_{12};$$

die Berücksichtigung der genaueren Substitution würde offenbar nur neue Glieder herbeiführen, die wegen zu hoher Potenzen zu vernachlässigen sind. Ersetzen wir so $\sigma_3{}^2$ und $\varkappa_{23}$ durch $v^2\sigma_1{}^2$ und $v\varkappa_{12}$ auf der rechten Seite, so nehmen die Gleichungen die übersichtliche Form an:

11)
$$\begin{aligned}x_3 &= x_1\left\{v - \mathfrak{H}\sigma_1{}^2 - \mathfrak{J}\sigma_2{}^2 - 2\mathfrak{F}\varkappa_{12}\right\} \\ &\quad + x_2\left\{\mathfrak{G}\sigma_1{}^2 + \mathfrak{E}\sigma_2{}^2 + 2\mathfrak{J}\varkappa_{12}\right\} \\ y_3 &= y_1\left\{v - \mathfrak{H}\sigma_1{}^2 - \mathfrak{J}\sigma_2{}^2 - 2\mathfrak{F}\varkappa_{12}\right\} \\ &\quad + y_2\left\{\mathfrak{G}\sigma_1{}^2 + \mathfrak{E}\sigma_2{}^2 + 2\mathfrak{J}\varkappa_{12}\right\}\end{aligned}$$

wo jetzt die Koeffizienten die Bedeutung haben:

12)
$$\begin{aligned}\mathfrak{E} &= 2(E_{12} + D_{23}):C_{22} \\ \mathfrak{F} &= 2(F_{12} + v^2 F_{23}):C_{23} \\ \mathfrak{G} &= 2(G_{12} + v^2 G_{23}):C_{23} \\ \mathfrak{H} &= 2(H_{12} + v^3 J_{23}):C_{23} \\ \mathfrak{J} &= 2(J_{12} + v H_{23}):C_{23}\end{aligned}$$

Eine punktförmige, ähnliche Abbildung findet bei Ausdehnung der Entwickelung bis auf diese Annäherung also nur noch statt, wenn alle Koeffizienten $\mathfrak{E}$, $\mathfrak{F}$, $\mathfrak{G}$, $\mathfrak{H}$, $\mathfrak{J}$ gleich Null sind, denn nur, wenn $\mathfrak{G} = \mathfrak{E} = \mathfrak{J} = \mathfrak{F} = 0$, ist die Lage des Punktes, in welchem ein von $x_1 y_1$ ausgegangener Strahl die Fläche (3) trifft, unabhängig von der Durchtrittsstelle des Strahles durch die dazwischenliegende Fläche (2); das heifst alle von $x_1 y_1$ ausgehenden Strahlen treffen in (3) in demselben Punkte zusammen; und nur wenn aufserdem $\mathfrak{H} = 0$ ist, sind die linearen Dimensionen im Bilde (3) proportional denen im Objekte (1). Die Werte von $\mathfrak{E}, \mathfrak{F}, \mathfrak{G}, \mathfrak{H}, \mathfrak{J}$ geben daher jetzt die Gröfse der Abweichungen von der punktförmigen, ähnlichen Abbildung an, und messen in diesem Sinne die Abbildungsfehler. Wir sehen also, dafs es fünf Arten von Abbildungsfehlern geben mufs und werden dieselben mit den entsprechenden Buchstaben bezeichnen.

§ 78. Diskussion der Abbildungsfehler.

Um eine Übersicht über die charakteristischen Verschiedenheiten dieser Fehler zu gewinnen, denken wir uns, was ohne der Allgemeingültigkeit zu schaden, zulässig ist, den Punkt $x_1 y_1$ in der XZ-Ebene liegend, so dafs $y_1 = 0$ ist; ferner soll die Fläche (2) die Ebene einer zur Achse symmetrischen Blende sein, die so angebracht ist, dafs die Strahlenbüschel gerade so weit begrenzt werden, dafs sie nachher nicht mehr durch die Linsenränder oder irgend eine andere zum System gehörende Blende weiter abgeblendet werden. Man nennt eine solche Blende die Eintrittspupille des Systems; ihr Durchmesser bestimmt die wirksame Öffnung und damit die Helligkeit des Systems, derselbe ist in unserem Falle durch den Maximalwert von $2\sigma_2$ gegeben.

Nach dieser Bestimmung erkennen wir, dafs die Abbildung in der Fläche (3) nur dann punktweise scharf sein kann, wenn in den Gleichungen 11) alle Glieder, die x_2 oder y_2 enthalten, verschwinden, denn dann treffen alle von einem Objektpunkt ausgehenden Strahlen wieder genau in einem Punkt zusammen. Eine punktweise Abbildung besteht also noch, wenn alle Fehlergröfsen verschwinden, aufser dem $\mathfrak{H}$-Fehler. Durch diesen Fehler ist also nicht eine Unschärfe im Bilde gekennzeichnet, sondern nur eine Verzeichnung. Wenn der $\mathfrak{H}$-Fehler besteht, so liegt das Bild des Punktes x_1 nicht einfach um

vx_1 von der Achse entfernt, wie es die geometrische Ähnlichkeit erfordern würde, sondern um $vx_1 - \mathfrak{H}x_1^2$. **Der Fehler der Verzeichnung wächst also, wenn er existiert, mit dem Quadrate des Abstandes des Objektpunktes von der Achse.** Hieraus ergiebt sich der Charakter der Verzeichnung, der aus einem Netz quadratischer Maschen bei positivem $\mathfrak{H}$ die Fig. 36b Seite 112, bei negativem $\mathfrak{H}$ Fig. 36c entstehen läfst.

Hätte man anstatt des Diopters (23) ein anderes von gleicher Dicke, aber anders gekrümmter Endfläche genommen, d. h., würde man das Bild auf einer anders gekrümmten, aber die Achse an derselben Stelle treffenden Fläche auffangen, so würden nach § 76 doch die Konstanten D_{23}, H_{23} und F_{23} dieselben sein, und nur E_{23}, G_{23} und J_{23} wären andere. **Bei einer Biegung der Bildfläche ändern sich also nach den Gleichungen 12) nur die $\mathfrak{G}$- und $\mathfrak{H}$-Fehler.** Für den Verzeichnungsfehler ist das aber als selbstverständlich zu erwarten, **der $\mathfrak{G}$-Fehler ist also der eigentliche Fehler der Bildkrümmung**; wollen wir das Bild eines ebenen Objekts auf einem ebenen Schirm auffangen, so kann eine Unschärfe $\mathfrak{G}$ sich zeigen, die zum verschwinden gebracht werden kann, wenn die Bildfläche eine bestimmte Krümmung erhält, deren Wert aus der Bedingung $v^2 G_{23} + G_{12} = 0$ zu berechnen ist; das scharfe Bild liegt in einer krummen Fläche. Alle anderen Fehler, wenn sie bestehen, behalten aufser dem schon genannten $\mathfrak{H}$-Fehler die unveränderten Werte bei dieser Bildfeldkrümmung bei.

Wenn, wie wir annahmen, $y_1 = 0$ ist und alle Fehler aufser dem $\mathfrak{F}$- und $\mathfrak{G}$-Fehler verschwinden, so wird aus den Gleichungen 11)

$$x_3 = x_1 v - 2\mathfrak{F}x_1^2 x_2 + \mathfrak{G}x_1^2 x_2$$
$$y_3 = \mathfrak{G}x_1^2 y_2.$$

Bewirken wir dann durch Wahl der Bildkrümmung, dafs $\mathfrak{G} - 2\mathfrak{F} = 0$ ist, so ist zwar $x_3 = vx_1$, aber der Bildpunkt hat noch die andere Koordinate $y_3 = \mathfrak{G}x_1^2$, der Bildpunkt rückt also aus der XZ-Ebene heraus je nach der Durchtrittsstelle des Strahles durch die Eintrittspupille. Der Objektpunkt wird also in diesem Bildfelde durch eine zur G-Achse parallele Strecke dargestellt,

§ 78. Diskussion der Abbildungsfehler.

deren Länge mit dem Quadrate des Abstandes des Objektes von der Achse wächst und im Verhältnis der einfachen Öffnung des Linsensystems. Dieses Bildfeld enthält also die Abbildung durch die sagittalen Büschel. Wählen wir die Bildfeldkrümmung dagegen so, daſs $\mathfrak{G} = 0$ ist, so bleiben alle Bildpunkte in der XZ-Ebene, sind aber entsprechend dem Gliede $-2\mathfrak{F} x_1^2 x_2$ in eine Strecke, die in dieser Ebene liegt, ausgedehnt. Wir haben die Abbildung der Meridionalbüschel; die Gröſse auch dieser Strecke ändert sich in demselben Verhältnis, wie die der sagittalen Abbildung. Der Fehler des Astigmatismus ist gehoben, wenn die beiden letztgenannten Bildfelder zusammenfallen, wenn also $\mathfrak{G} = 2\mathfrak{F} = 0$ ist, oder

$$G_{12} + v^2 G_{23} = 2 F_{12} + 2 v^2 F_{23} = 0.$$

Die dann sich ergebende eine scharfe Bildfläche kann nun noch für ein ebenes Objekt selbst gekrümmt sein, so daſs der Fehler der Bildkrümmung bestehen bleibt.

Besteht nur der $\mathfrak{E}$-Fehler, so heiſst das, von allen von x_1 ausgehenden Strahlen treffen nur die die Blende nahe der Mitte durchsetzenden, für welche also σ_2^2 so klein ist, daſs es vernachlässigt werden kann, in dem Bildpunkte $v x_1$ zusammen, die anderen treffen die Bildfläche innerhalb einer kleinen Zerstreuungsscheibe, deren Projektion auf die YZ-Ebene ein Kreis ist. Dies ist der Fehler der sphärischen Aberration, und wir sehen, daſs der Durchmesser des Zerstreuungskreises der sphärischen Aberration mit der dritten Potenz der wirksamen Öffnung wächst und unabhängig ist von der seitlichen Lage des Objektpunktes.

Besteht nur der $\mathfrak{F}$-Fehler, so lassen sich die Gleichungen 11) schreiben

$$x_3 = v x_1 - \mathfrak{F} x_1 \sigma_2^2 + 2 \mathfrak{F} x_1 x_2^2$$
$$y_3 = 2 \mathfrak{F} x_1 x_2 y_2.$$

Betrachten wir zunächst nur die Strahlen, die in der XZ-Ebene liegen, für die also $y_2 = 0$ ist, so lehrt $x_3 = v x_1 + \mathfrak{F} x_1 x_2^2$, daſs der durch dieselben zu erhaltende Bildpunkt um so weiter von dem durch die Centralstrahlen zu erhaltenden abrückt, je gröſser die Divergenz der Strahlen

XI. Thiesens Theorie der Abbildungsfehler.

ist. Das heifst, die Strahlen ungleicher Divergenz erzeugen Bilder von ungleicher Vergröfserung. Das ist der Fehler der durch das Erfülltsein der Sinusbedingung gehoben wird. Zu diesem Fehler gesellt sich aber in dem $\Im$-Fehler noch der durch die Glieder $x_3 = -\Im x_1 y_2^2$ und $y_3 = \Im x_1 x_2 y_2$ hinzu; durch das Erfülltsein der Sinusbedingung ist also der $\Im$-Fehler durchaus noch nicht gehoben. In welcher Beziehung der $\Im$-Fehler zu der Sinusbedingung steht, übersehen wir, wenn wir die letztere noch einmal nach dieser Betrachtungsweise ableiten. Ist T_{12} die Charakteristik eines auf zwei konjugierte Ebenen (1) und (2) bezogenen Linsensystems und vereinigen wir dasselbe mit den Dioptern (01) und (23), so ist die Charakteristik von (03), das heifst, die Zeit, die das Licht braucht, um von (0) bis (3) zu kommen, gegeben durch

$$n_{01} \sqrt{(x_1 - x_0)^2 + (y_1 - y_0)^2 + (z_1 - z_0)^2} + T_{12}$$
$$+ n_{23} \sqrt{(x_3 - x_2)^2 + (y_3 - y_2)^2 + (z_3 - z_2)^2}.$$

Da aber die Ebenen (1) und (2) konjugiert sind, so ist $x_2 = v x_1$; $y_2 = v y_1$ und es mufs die bekannte Differentiation anwendbar sein $\frac{\delta T_{03}}{\delta x_1} = 0$, also ist:

$$\frac{\delta T_{12}}{\delta x_1} + \frac{n_{01}(x_1 - x_0)}{\sqrt{(x_1 - x_0)^2 + (y_1 - y_0)^2 + (z_1 - z_0)^2}} - v \cdot \frac{n_{23}(x_3 - x_2)}{\sqrt{(x_3 - x_2)^2 + (y_3 - y_2)^2 + (z_3 - z_2)^2}} = 0.$$

Für den Fall, dafs $\frac{\delta T_{12}}{\delta x_1} = 0$ ist, wird hieraus, wenn wir uns auf die XZ-Ebene beschränken, $n_{01} \sin \alpha_{01} = v n_{23} \sin \alpha_{23}$, also die bekannte Sinusbedingung. Das Erfülltsein der Sinusbedingung allein genügt also nur, wenn schon von selbst $\frac{\delta T_{12}}{\delta x_1} = 0$ ist. T_{12} ist aber die Zeit, die das Licht braucht, um vom Punkte 1 nach 2 zu gelangen; ist $\frac{\delta T_{12}}{\delta x_1} = 0$, so mufs diese Zeit einen extremen Wert, Maximum oder Minimum haben, wenn man von einem bestimmten x_1 zum benachbarten übergeht. Für die Punkte

§ 78. Diskussion der Abbildungsfehler.

in der Achse des Systems ist dies offenbar der Fall, hier genügt also die Sinusbedingung. Für die Punkte aufser der Achse mifst die Abweichung von der Sinusbedingung den hier behandelten Fehler nur angenähert. Das vollständige Mafs bleibt die Bedingung, dafs $\Im$ verschwindet, oder $J_{12} + v H_{28} = 0$. Die Gröfse des $\Im$-Fehlers giebt nun nicht nur wie die Sinusbedingung ein Mafs für die Fehler in der Achse, sondern zugleich für die seitlichen Punkte, sie bestimmt also zugleich die Gröfse des Fehlers, den Fraunhofer die Coma genannt hat. Die Beziehung des $\Im$-Fehlers zur Sinusbedingung zeigt zugleich, in welchem Sinne mit der Erfüllung der Sinusbedingung zugleich der Comafehler wenigstens teilweise gehoben ist.

Eine eingehende Diskussion über „die von optischen Systemen gröfserer Öffnung und gröfseren Gesichtsfeldes erzeugten Bilder" ist von S. Finsterwalder[*]) durchgeführt. Derselbe benutzt dabei die Seidelschen Formeln und Bezeichnungsweise, in welche die Thiesenschen Formeln leicht übergeführt werden können.

---

[*]) Abhandl. d. k. bayr. Akad. d. Wiss. II. Kl. XVII. Bd. III. Abt. München 1891.

Zwölftes Kapitel.

Die Begrenzung der Bild erzeugenden Strahlenbüschel durch Blenden.

§ 79. Die Pupillen und die Gesichtsfeldblende.

Bei der Besprechung der Abbildungsfehler im vorigen Kapitel sahen wir, daſs im allgemeinen das Bild eines Objektes mit gewissen Fehlern behaftet ist, die es nicht mehr als punktförmige, scharfe Wiedergabe erscheinen lassen, sondern an Stelle jedes Bildpunktes tritt ein Zerstreuungsscheibchen, dessen Gröſse durch die Werte der verschiedenen Fehler gemessen wird. Da nun gewisse geringe Dimensionen dieser Zerstreuungsscheibchen von einem scharfen Punkte durch unser Auge noch nicht unterschieden werden, so können wir auch gewisse geringe Werte für die Abbildungsfehler zulassen, ohne daſs das Bild einen unscharfen Eindruck macht. Wir sehen nun aber, daſs die Abbildungsfehler sowohl mit dem Durchmesser der abbildenden Strahlenbüschel, als auch mit dem Durchmesser der Bildgröſse selbst zum Teil sehr rasch zunehmen. Daraus folgt, daſs unter allen Umständen das Bild nur bis zu einer gewissen Grenze als genügend scharf für unser Auge bezeichnet werden darf und daſs eine Begrenzung der wirksamen Büscheldurchmesser einzutreten hat. Diese Begrenzung geschieht nun durch die Blenden, die sowohl durch die Linsenfassungen selbst als auch durch besonders eingeschaltete Blenden dargestellt sein können. In welcher Weise die einzelnen Linsenfassungen und Blenden wirken, übersehen wir auf folgende Weise.

§ 79. Die Pupillen und die Gesichtsfeldblende.

Wir bilden eine jede Blende oder Linsenfassung durch alle zwischen ihr und dem Objekte liegenden Teile des optischen Systems nach der Objektseite hin ab, und durch die andern Teile nach der Bildseite hin. Denken wir uns diese Bilder durch reelle Blenden ersetzt, so werden offenbar diese Blenden für die Strahlenbegrenzung genau dasselbe leisten, wie die wirklichen Abblendungen im System, denn jeder Strahl, der gerade den Rand einer der wirklichen Blenden passiert, muss auch gerade den Rand der entsprechenden neu eingeführten Blende passieren. Unter den so erhaltenen Blenden wird nun auf der Objektseite eine **vom Objekt aus unter dem kleinsten Sehwinkel erscheinen**, diese begrenzt offenbar das zur Wirkung gelangende Strahlenbüschel, sie stellt die „**Aperturblende**" dar und wird nach Abbé die „**Eintrittspupille**" genannt. Die ihr entsprechende Blende auf der Bildseite heißt die **Austrittspupille**. Die Strahlen, die durch die Mitten der Pupillen gehen, heißen die **Hauptstrahlen**. Da diese die Mittellinien der wirksamen Strahlbüschel bilden, so bilden sie zugleich im wesentlichen die Mitten der Zerstreuungsscheibchen, welche an Stelle der scharfen Punkte im Bilde entstehen; mithin bestimmen die Hauptstrahlen den Ort, in welchen unser Auge bei unscharfer Abbildung die einzelnen Bildpunkte verlegt.

Unter den auf der Objektseite neu konstruierten Blenden ist ferner eine, welche **vom Centrum der Eintrittspupille aus unter dem kleinsten Sehwinkel erscheint**; diese begrenzt offenbar die Hauptstrahlen, welche noch von seitlich gelegenen Objektpunkten zur Bilderzeugung gelangen. Diese Blende heißt die **Gesichtsfeldblende**, da durch sie der Umfang des abzubildenden Gegenstandes begrenzt ist.

Welche der verschiedenen Blenden die Eintrittspupille ist und welche die Gesichtsfeldblende, ist nicht eindeutig bestimmt, sondern hängt von dem Abstand des abzubildenden Objektes ab; denn wenn eine Reihe ungleicher Blenden centrisch auf derselben Achse an verschiedenen Stellen angebracht sind, so hängt es ganz von dem Orte auf der Achse ab, von wo aus man nach den Blenden hinsieht, welche der Blenden als die kleinste gesehen wird.

Liegt die Gesichtsfeldblende nicht in der Ebene des Objektes, so kann das Bild nicht scharf begrenzt erscheinen, wenn nicht die Aperturblende zugleich sehr klein ist, so dafs nur die Hauptstrahlen durchgelassen werden. Hieraus ergiebt sich unmittelbar, es ist bei endlichem Querschnitt der abbildenden Büschel nur dann möglich, ein scharf begrenztes Bildfeld zu erhalten, wenn innerhalb des optischen Apparates bereits einmal ein reelles Bild des Objektes entsteht, in dessen Ebene eine hinreichend kleine Blende gesetzt werden kann. Das objektseitige Bild dieser Blende liegt dann im Objekt selbst und bildet die Gesichtsfeldblende. **Ein scharf begrenztes Gesichtsfeld ist also nur möglich bei zusammengesetzten Instrumenten mit einem Okular von positiver Brennweite**; die Begrenzung ist notwendig unscharf beim Galileischen Fernrohr, bei der Brückeschen Lupe und ebenso auch bei der einfachen Lupe und dem photographischen Objektiv.

Liegt bei Instrumenten, die der subjektiven Beobachtung durch unser Auge dienen, die Austrittspupille bei Einstellung auf ein bestimmtes Objekt im Sinne der Lichtbewegung hinter der letzten Linse, so kann die Pupille des Auges mit dieser Austrittspupille in eine Ebene gebracht werden. Ist dann die Augenpupille gröfser als die Austrittspupille des Systems, so bleibt der Abbildungsvorgang unbeeinflufst; ist dagegen die Augenpupille kleiner, so begrenzt sie selbst den Durchmesser der Strahlenbüschel, sie wird also selbst zur Austrittspupille und ihr objektseitiges Bild zur Eintrittspupille; das System arbeitet dann mit gröfseren Strahlenbüscheln als unser Auge aufnehmen kann. Wird das Auge vom Instrument entfernt, so wird, da die von einem Objektpunkt kommenden Strahlen hinter der Austrittspupille divergieren, auch wenn die Augenpupille gröfser als die Austrittspupille war, ein Punkt erreicht werden, von wo aus die Augenpupille die Begrenzung übernimmt; in diesem Falle wird dann die Austrittspupille des Instrumentes die **Gesichtsfeldblende und das Bild erscheint, wie wenn es durch die Austrittspupille als einer reellen Blendenöffnung hindurch angesehen wird**. Die Austrittspupille ist bei Instrumenten mit positivem Okular, Mikroskopen, Keplerschen und terrestrischen Fernrohren, als Lichtkreis in geringem Abstand vom Okular aufserhalb des Instrumentes leicht sichtbar und wird auch der **Okularkreis** genannt. Bei Instrumenten mit negativem Okular

(Galileisches Fernrohr) liegt die Austrittspupille virtuell im Instrument; das Auge kann daher nicht an ihre Stelle gebracht werden. Hier übernimmt das Auge stets die Strahlenbegrenzung und die Austrittspupille ist die Gesichtsfeldblende; daher wird es schwer, diesen Instrumenten ein gröfseres Gesichtsfeld zu geben.

§ 80. Vergröfserungskraft und konventionelle Vergröfserung.

Wenn auch die Lage der Pupillen auf die wirkliche Gröfse und den Ort des entstehenden Bildes keinen Einflufs haben, so beeinflussen sie doch die scheinbare Gröfse; denn durch die Lage der Austrittspupille ist die Richtung der Hauptstrahlen, die bei der Bilderzeugung zur Geltung kommen, mithin der Sehwinkel unter dem das Objekt erscheint, bestimmt. Bezieht man daher den Begriff der

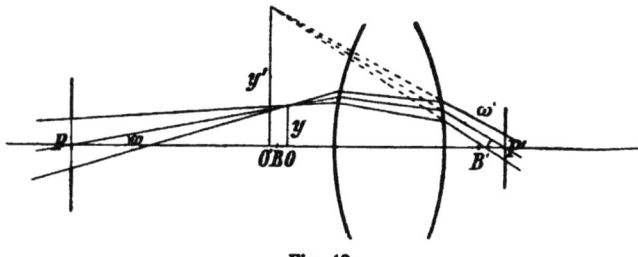

Fig. 48.

Vergröfserung eines der subjektiven Beobachtung dienenden Instrumentes auf die scheinbare Gröfse des gesehenen Bildes, wie es stets geschehen sollte, so mufs die Lage der Austrittspupille auf die Vergröfserung von Einflufs sein.

Befindet sich die Eintrittspupille eines optischen Systems (Fig. 48) in P, die Austrittspupille in P', sind O und O' die Lagen von Objekt und Bild und sind B und B' die Brennpunkte, so sei:

$$PO = \xi; \quad P'O' = \xi'; \quad BO = x; \quad B'O' = x';$$
$$BP = X; \quad B'P' = X'.$$

und die Gröfse von Objekt und Bild seien y und y', dann ist:

$$\operatorname{tg}\omega' = \frac{y'}{\xi'}; \quad \operatorname{tg}\omega = \frac{y}{\xi} \quad \text{folglich} \quad \frac{y'}{y} = \frac{\xi' \operatorname{tg}\omega'}{\xi \operatorname{tg}\omega}.$$

164 XII. Die Begrenzung der Bild erzeugenden Strahlenbüschel etc.

Es ist aber, da die Pupillen einander ebenfalls wie Objekt und Bild entsprechen $\frac{\operatorname{tg}\omega'}{\operatorname{tg}\omega}$ gleich der Winkelvergröfserung für die Pupillenorte, also $\frac{\operatorname{tg}\omega'}{\operatorname{tg}\omega} = -\frac{X}{f'}$, folglich

$$\operatorname{tg}\omega' = -\frac{X}{f'}\operatorname{tg}\omega = -\frac{X}{f'}\cdot\frac{y}{\xi}.$$

Ersetzen wir jetzt noch ξ durch seinen Wert $\xi = x - X$ und berücksichtigen, dafs $xx' = ff' = XX'$, so erhalten wir

$$\frac{\operatorname{tg}\omega'}{y} = -\frac{1}{f'}\frac{X}{x-X} = \frac{1}{f'}\frac{1}{1-\frac{x}{X}} = \frac{1}{f'}\frac{1}{1-\frac{X'}{x'}}$$

oder da $\frac{X'}{x'}$ jedenfalls eine kleine Zahl ist:

$$\frac{\operatorname{tg}\omega'}{y} = \frac{1}{f'}\left(1+\frac{X'}{x'}\right) = V.$$

Das Verhältnis des Sehwinkels, unter welchem das Bild eines Objektes erscheint zu der Gröfse des Objektes selbst, also die Gröfse $\frac{\operatorname{tg}\omega'}{y} = V$, nennt Abbé die Vergröfserungskraft, und wir sehen, in welcher Weise dieselbe von der Lage der Pupille abhängt. Liegt die Austrittspupille im hinteren Brennpunkt, so ist die reziproke hintere Brennweite allein das Mafs für die Vergröfserungskraft. Liegt die Austrittspupille nicht im hinteren Brennpunkt, so pflegt sie doch, wenigstens bei Instrumenten mit positivem Okular, demselben sehr nahe zu liegen, so dafs die Gröfse X' im Vergleich zu dem Abstand zwischen dem Bild und dem Auge des Beobachters, der ja dann sehr nahe gleich x' ist, stets sehr klein ist. Das Korrektionsglied $1+\frac{X'}{x'}$, welches in diesem Falle zu dem einfachen Mafs der Vergröfserungskraft hinzukommt, ist also sehr nahe gleich 1, diese selbst also von der deutlichen Sehweite des Beobachters nahezu unabhängig.

Nennt man dagegen die Vergröfserung W eines Instrumentes das Verhältnis des Sehwinkels, unter dem das Bild erscheint, zu dem Winkel, unter welchem das Objekt direkt gesehen erscheint, wenn beide in dem gleichen Abstande der deutlichen Sehweite a erscheinen, so ist

$$W = \frac{y'}{a} : \frac{y}{a} = \frac{\operatorname{tg} \omega'}{y/a} = \frac{\operatorname{tg} \omega'}{y} \cdot a = a\, V.$$

Es ist also die so gemessene Vergröfserung gleich dem Produkt aus der deutlichen Sehweite und der Vergröfserungskraft des Instrumentes. Bei teleskopischen Systemen hat man unter Vergröfserung stets diese letztere zu verstehen, für den Fall, dafs Objekt und Bild beide sehr weit entfernt sind, also einfach das Verhältnis der Sehwinkel.

§ 81. Bedeutung der Pupillenlage für die Ausmessung eines Bildes.

In noch anderer Weise ist die Pupillenlage von Bedeutung, wenn es sich um die Ausmessung von reellen durch eine Linse oder Mikroskopobjektiven entworfenen Bildern handelt. Wenn auch die wahre Vergröfserung $v = \dfrac{y'}{y}$, dafs Verhältnis zwischen Objekt und Bild nur von dem Linsensystem und dem Orte des Objektes abhängt, so ist in der Praxis das Bild niemals vollkommen scharf und die Sehschärfe des Auges beschränkt, so dafs es unsicher sein kann, an welcher Stelle das Bild gemessen werden soll, oder, wenn die Bildebene fixiert ist, wie meistens der Fall durch die Ebene des Fadenkreuzes, in welchen Abstand das Mikroskop von dem Objekt gebracht werden mufs, um das richtige Bild in der Pointierungsebene zu haben. Bei verschiedener Einstellung wird das Bild noch in gleicher Schärfe erscheinen können, aber doch in verschiedener Gröfse. Es ist unter allen Umständen das Verhältnis zwischen Objektgröfse und der wahren Gröfse des in der Nähe des Fadenkreuzes liegenden Bildes nach der Bezeichnung des vorigen Paragraphen:

XII. Die Begrenzung der Bild erzeugenden Strahlenbüschel etc.

$$v = \frac{y'}{y} = \frac{\xi'}{\xi}\frac{\operatorname{tg}\alpha'}{\operatorname{tg}\alpha} = \frac{x'-X}{x-X}\cdot\omega = -f\frac{\dfrac{x'}{X'}-1}{x-X}$$

$$= -\frac{x'-X'}{f'\left(\dfrac{x}{X}-1\right)}.$$

Machen wir also $X = \infty$, das heißt machen wir den Abstand der Eintrittspupille vom vorderen Brennpunkt unendlich groß, was dadurch erreicht wird, daß wir in den hinteren Brennpunkt des Mikroskopobjektivs eine so kleine Blende setzen, daß sie als Aperturblende wirkt, so wird

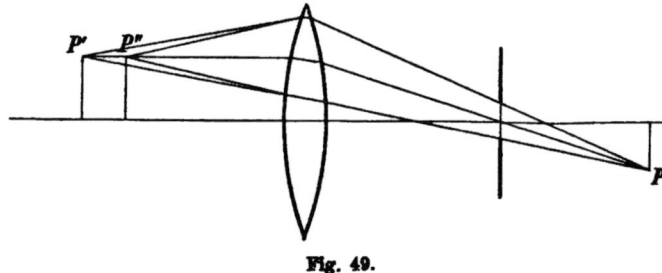

Fig. 49.

die zu messende Bildgröße von x, das heißt von geringer Ungenauigkeit in der Einstellung des Mikroskops unabhängig. Die Fig. 49 veranschaulicht den Strahlenverlauf; bei Verschiebung des Objektes bleiben die Hauptstrahlen dieselben.

---

§ 82. Die Größe der Pupillen.

Die Größe der Eintritts- und Austrittspupille berechnet sich, wenn die Radien derselben mit p bezw. p' bezeichnet werden, nach der Fig. 50 folgendermaßen:

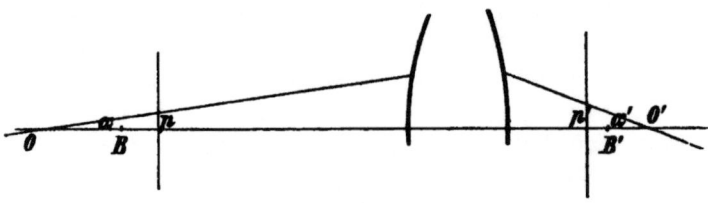

Fig. 50.

§ 82. Die Größe der Pupillen.

Es ist $p' = \xi' \operatorname{tg} \alpha'$ und $p = \xi \operatorname{tg} \alpha$.

Bei dem Mikroskop werden nun auf der Bildseite die Strahlenbüschel stets so spitz sein, daß $\operatorname{tg} \alpha' = \sin \alpha'$ gesetzt werden kann. Da dann aber, damit überhaupt ein scharfes Bild zustande kommt, die Sinusbedingung erfüllt sein muß, so ist $\sin \alpha' = \dfrac{n \sin \alpha}{n' v}$; also

$$p' = \xi' \frac{n \sin \alpha}{n' v} \text{ ferner ist } \xi' = x' - X' \text{ und } v = \frac{x'}{f'};$$

also $p' = \dfrac{x' - X'}{x'} f' \cdot \dfrac{n \sin \alpha}{n'} = n \sin \alpha \cdot \dfrac{f'}{n'}\left(1 - \dfrac{X'}{x'}\right).$

Man nennt das Produkt $n \sin \alpha$, das heißt das Produkt aus dem Brechungsquotienten und dem Sinus des halben Öffnungswinkels auf der Objektseite die „numerische Apertur".

Die Austrittspupille liegt stets dem hinterem Brennpunkt sehr nahe, so daß $\dfrac{X'}{x'}$ nicht viel von Null verschieden ist; vernachlässigen wir dies Glied und setzen $n' = 1$, so können wir sagen: Die Austrittspupille beim Mikroskop ist gleich dem Produkt aus der hinteren Brennweite und der numerischen Apertur, oder auch gleich der numerischen Apertur dividiert durch die Vergrößerungskraft.

Beim photographischen Objektiv werden die Divergenzen der Strahlen auf der Objektseite im allgemeinen sehr klein sein, so daß man hier $\sin \alpha = \operatorname{tg} \alpha$ setzen kann; es wird dann auf analoge Weise, da hier stets $n = n' = 1$ ist:

$$p = f \sin \alpha' \left(1 - \frac{X}{x}\right).$$

Bei teleskopischen Systemen sahen wir, daß der Querschnitt konjugierter Strahlencylinder gleich der linearen Vergrößerung ist. Also ist auch diese gleich $v = \dfrac{p'}{p}.$ Nun ist aber unter Vergrößerung beim Fernrohr nicht die lineare Vergrößerung, sondern das Divergenzverhältnis w zu verstehen, und es ist nach dem Lagrange-Helmholtzschen Satze $w = \dfrac{n}{n'} \cdot \dfrac{1}{v}$, also auch $w = \dfrac{n}{n'} \cdot \dfrac{p}{p'}$; da hier ebenfalls stets

$n = n' = 1$ ist, so wird beim **Fernrohr die Vergröfserung direkt durch das Verhältnis der Pupillen oder durch das Verhältnis des Objektivdurchmessers zum Okularkreis gemessen. Die Austrittspupille ist gleich dem Objektivdurchmesser durch die Vergröfserungszahl.**

---

§ 83. Die Helligkeit optischer Bilder.

Die Gröfse der Pupillen ist ferner von besonderer Bedeutung für die Helligkeit der durch optische Systeme erzeugten Bilder. Verstehen wir unter der **Helligkeit einer Licht aussendenden Fläche die Intensität des Lichtreizes, den unsere Netzhaut beim Ansehen der Fläche empfängt,** so ergiebt sich zunächst, dafs die **Helligkeit einer Fläche,** wenigstens in allen den Fällen, wo die Fläche in bequemer, jedenfalls beträchtlicher Entfernung von der Augenpupille liegt, **proportional der Fläche dieser Pupille sein mufs,** da die ins Auge eintretende Lichtmenge unter diesen Verhältnissen sehr spitzer Lichtkegel dieser Fläche gleich gesetzt werden kann. Nehmen wir nun die Augenpupille unverändert an und setzen auch voraus, dafs die einzelnen Punkte der leuchtenden Fläche nach allen Richtungen gleich stark Licht ausstrahlen, und rücken dann die Fläche in eine gröfsere Entfernung fort, so wird die von jedem Punkt ins Auge gelangende Lichtmenge geringer sein im Verhältnis des Raumwinkels, unter welchem die Augenpupille von diesem Punkte aus erscheint. Gleichzeitig wird aber die Gröfse des Bildes, welches von der Fläche auf der Netzhaut entsteht, genau in demselben Verhältnis kleiner sein, so dafs die geringere von jedem Flächenstück ins Auge gelangende Lichtmenge auf einer entsprechend kleineren Fläche ausgebreitet wird; jedes Element der Netzhaut erhält also dieselbe Reizung, das heifst eine **leuchtende Fläche erscheint in allen Entfernungen gleich hell,** wie ja auch in der Erfahrung täglich bestätigt wird, wodurch die Berechtigung der gemachten Voraussetzungen erwiesen erscheint.

Nehmen wir entsprechend an, dafs die Helligkeit einer beleuchteten Fläche proportional ist der auf dieselbe auffallenden Lichtmenge, so läfst sich dieselbe Betrachtung

§ 83. Die Helligkeit optischer Bilder.

auf die durch optische Systeme entworfenen auf einer weifsen Fläche aufgefangenen Bilder übertragen. **Die Helligkeit eines von einem photographischen Objektiv oder einem Fernrohrobjektiv entworfenen Bildes eines weit entfernten Gegenstandes mufs unabhängig sein von der Entfernung des Gegenstandes und proportional sein der Fläche der Eintrittspupille, also proportional dem Quadrate des Durchmessers dieser Pupille**, die beim Fernrohrobjektiv mit dem Linsendurchmesser zusammenzufallen pflegt.

Beim Mikroskopobjektiv gilt diese Betrachtung nicht, da hier die Strahlenbüschel auf der Objektseite nicht spitz sind, wie die Herleitung voraussetzte. Hier sind die Strahlbüschel dafür auf der Bildseite spitz, so dafs wir durch eine entsprechende Überlegung erhalten, **dafs die Helligkeit des Bildes der Austrittspupille proportional sein mufs**. Der Durchmesser der Austrittspupille hatte sich aber ergeben als $p' = n \sin \alpha \dfrac{f'}{n'} \left(1 - \dfrac{X'}{x'}\right)$. **Die Helligkeit wird also proportional mit $n^2 \sin^2 \alpha$ also dem Quadrate der numerischen Apertur.**

Sind die Helligkeiten der auf einer weifsen Fläche aufgefangenen Bilder proportional den so gefundenen Gröfsen, so fragt sich noch, in welchem Verhältnis stehen dieselben zu der Helligkeit, die das Objekt selbst auf der weifsen Fläche bewirken würde. Wir ermitteln dieses, indem wir die Lichtmenge berechnen, welche nach einem Bildpunkt durch das optische System hingeführt wird. Diese Lichtmenge gelangt nach dem Bildpunkt durch die Fläche der Austrittspupille. Zerlegen wir die Fläche der Austrittspupille in Elemente und errichten über jedem Element einen Kegel mit der Spitze im Bildpunkt, so ist die Lichtmenge, die innerhalb eines solchen Kegels dem Bildpunkte zugeführt wird, wenn wir von den Verlusten durch Reflexion und Absorption absehen, gleich derjenigen Lichtmenge, die im konjugierten Strahlenkegel auf der Objektseite ausgeht. Um diese zu berechnen, schlagen wir um den Objektpunkt, den wir auf der Achse liegend annehmen, eine Kugel vom Radius Eins, und teilen dieselbe von der Achse aus durch Meridiane und Breitenkreise. Den Winkel zwischen zwei Meridianen nennen wir $d\omega$, den zwischen Breitenkreisen $d\alpha$ (siehe Fig. 51).

Ein Flächenelement der Kugel ist dann gleich $\sin \alpha \, d\alpha \, d\omega$, und dieser Gröfse wird die in diesem Kegel fortgeführte Lichtmenge proportional sein. Denken wir uns den Strahlen-

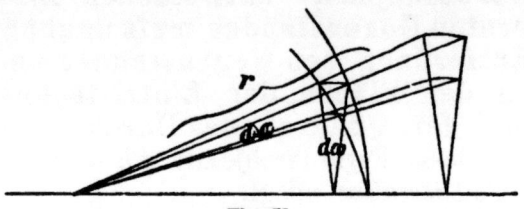

Fig. 51.

kegel unendlich dünn, so dafs er als Cylinder gelten kann, und nehmen als leuchtendes Objekt eine zur Achse senkrechte Fläche, deren Element mit dq bezeichnet wird, so sehen wir auch, dafs die in einem solchen Cylinder fortgeführte Lichtmenge proportional $dq \cos \alpha$ sein mufs. Dieselbe kann also gesetzt werden gleich $\varkappa \cos \alpha \sin \alpha \, d\alpha \, dq \, d\omega$. Bezeichnen wir die entsprechenden Gröfsen auf der Bildseite mit gestrichenen Buchstaben, so finden wir jetzt:

$$\varkappa \cos \alpha \sin \alpha \, d\alpha \, dq \, d\omega = \varkappa' \cos \alpha' \sin \alpha' \, d\alpha' \, dq' \, d\omega'.$$

Es ist in dieser Gleichung zunächst $d\omega = d\omega'$, denn Strahlen, die einmal in einer Meridianebene liegen, bleiben bei beliebig vielen Brechungen stets in derselben Meridianebene. Ferner ist $\dfrac{dq'}{dq} = v^2$, wenn v das Vergröfserungsverhältnis für das konjugierte Ebenenpaar qq' ist. Schliefslich ist $\sin \alpha \cos \alpha \, d\alpha = \tfrac{1}{2} d(\sin^2 \alpha)$, so dafs wir schreiben können $\dfrac{\varkappa'}{\varkappa} = \dfrac{d(\sin^2 \alpha)}{v^2 d(\sin^2 \alpha')}$. Damit die Abbildung in q' aber scharf ist, mufs die Sinusbedingung erfüllt sein, also

$$\frac{n \sin \alpha}{n' \sin \alpha'} = v \quad \text{oder auch} \quad \frac{d \sin^2 \alpha}{v^2 d \sin^2 \alpha'} = \left(\frac{n'}{n}\right)^2.$$

Es wird also $\dfrac{\varkappa'}{\varkappa} = \left(\dfrac{n'}{n}\right)^2$. Der Berechnungsindex n' des Mediums, in welchem das Bild aufgefangen wird, ist nun praktisch stets gleich Eins. n ist meistens auch gleich Eins nur bei Immersionssystemen eine grössere Zahl. Es ergiebt sich also: die Intensität der Lichtstrahlung, welche in einer bestimmten Richtung auf eine Stelle des

Bildes auftrifft, ist stets kleiner, höchstens fast gleich derjenigen, welche in der konjugierten Richtung vom Objekte ausgeht. Es kann demnach die Beleuchtung, die eine Stelle des Bildes erhält, auch entstanden gedacht werden, dadurch, daſs jedes Element der Austrittspupille Licht aussendet und zwar mit derjenigen Intensität, welche dem konjugierten Element von der entsprechenden Stelle des Objektes zugesendet wird. Dieselbe Helligkeit wird aber auch jede andere leuchtende Fläche hervorrufen, welche mit der Austrittspupille perspektivisch liegt, und deren einzelne Elemente dieselbe Lichtmenge senden, wie die perspektivisch liegenden Elemente der Austrittspupille. Ist das leuchtende Objekt eine gleichmäſsig leuchtende Fläche, so läſst sie sich aber mit der Austrittspupille in perspektivische Lage bringen, oder wenigstens innerhalb eines gleich groſsen Raumwinkels, was für die erzeugte Helligkeit nur einen unwesentlichen Unterschied ausmachen kann, folglich kann in dem durch ein optisches System erzeugten Bilde die erzielte Beleuchtung höchstens gleich niemals gröſser sein, als sich auch mit der leuchtenden Quelle ohne Zwischenschalten des optischen Systems erreichen läſst, wenn man die Lichtquelle nur so nahe heranbringt, daſs sie innerhalb des Öffnungswinkels liegt von der Stelle im Bilde nach der Austrittspupille des Systems hin.

Alles, was bisher von der Intensität der Beleuchtung in einem auf einem Schirm aufgefangenen Bilde gesagt ist, läſst sich unmittelbar übertragen auf die Helligkeit subjektiv gesehener Bilder. In diesem Falle ist die berechnete Intensität der Beleuchtung gerade die Lichtmenge, welche von dem jetzt virtuellen Bild durch die Austrittspupille hindurch gesandt wird. Innerhalb des Winkelraumes, der von einer Bildstelle und der Austrittspupille bestimmt ist, ist also die Lichtstrahlung höchstens ebenso groſs, niemals gröſser als diejenige, welche das Objekt selbst aussenden würde, wenn es an der Stelle des Bildes sich befände und hinreichend ausgedehnt wäre. Ist nun die Augenpupille kleiner als die Austrittspupille, so kann sie ganz in diesen Winkelraum hineingebracht werden; in diesem Fall erscheint das Bild höchstens in der gleichen Helligkeit als wie das direkt angesehene Objekt. Ist die Augenpupille gröfser als die Austrittspupille, so erscheint das Bild in diesem Verhältnisse dunkler als das direkt angesehene Objekt.

§ 84. Die Tiefenschärfe und Perspektive.

Wir haben bisher nur den Fall beachtet, dafs von einem flächenhaften Objekt auch wieder ein flächenhaftes Bild entworfen wird, und haben auch bereits gesehen, wenn an einer Stelle durch ein Linsensystem mittels endlicher Büschel ein wirklich scharfes Bild erzeugt wird, dasselbe dann nicht auch noch an einer andern Stelle möglich ist. Da wir es aber in Wirklichkeit doch niemals mit vollkommenen Bildern zu thun haben und infolge der mangelnden Sehschärfe eine gewisse Unschärfe im Bilde zulassen müssen, so wird es möglich auf ein und derselben Bildebene die Abbildung eines Raumstückes von endlicher Tiefe verwirklicht zu sehen. Alle Objektpunkte, die nicht in der der Bildebene konjugierten Ebene liegen, werden dann zwar nicht scharf in der Bildebene erscheinen, sondern als Zerstreuungskreise, deren Mitten dort liegen, wo die nach den wirklichen Bildpunkten zielenden Hauptstrahlen die Bildebene durchstofsen. So lange der Durchmesser dieser Zerstreuungskreise für unsere Sehschärfe zu vernachlässigen ist, werden wir auch diese Punkte als scharf abgebildet ansehen dürfen. Die Gröfse dieses Durchmessers hängt nun aber offenbar ab vom Durchmesser der abbildenden Strahlenkegel, also vom Durchmesser der Austrittspupille und ist diesem proportional, und von dem Verhältnis des Abstandes des wahren Bildpunktes von der Bildebene zu dem Abstand zwischen Bildpunkt und Pupille. Versteht man unter der Tiefe der Schärfe eines Bildes den Abstand der beiden äufsersten noch scharf abgebildeten Punkte im Objektraum, so folgt, dafs die Tiefe der Schärfe proportional ist dem Abstand der Bildebene von der Austrittspupille und umgekehrt proportional dem Durchmesser dieser Pupille, aber gänzlich unabhängig von der Beschaffenheit des optischen Systems.

Weiter ergiebt sich unmittelbar, dafs alle Punkte, die

§ 84. Die Tiefenschärfe und Perspektive.

im Objektraum auf demselben Hauptstrahl liegen, im Bilde in denselben Punkt fallen, die Mitten der Pupillen sind daher die Centren der Perspektive. Soll das Bild gegen das Objekt nicht verzeichnet sein, so muſs für die Hauptstrahlen die Beziehung gelten $\frac{\operatorname{tg} \alpha'}{\operatorname{tg} \alpha} = \text{const.}$ Das System muſs also so korrigiert sein, daſs in den Pupillenmitten diese Beziehung gilt; da aber diese Beziehung nur für ein Paar konjugierter Punkte bei Systemen endlicher Öffnung erfüllt sein kann, so folgt, daſs ein Verschieben der Aperturblende und damit der Pupillen eine Verzeichnung herbeiführen wird oder die vorhandene Verzeichnung korrigieren wird. Liegen insbesondere die Pupillen bei Projektions- oder photographischen Objektiven, sehr nahe den Hauptebenen, wie das auſser bei den Teleobjektiven der Fall zu sein pflegt, so ist $\operatorname{tg} \alpha' = \operatorname{tg} \alpha$ zu setzen, das heiſst aber, wenn wir beim Betrachten des entworfenen Bildes unser Auge an die Stelle dem Bilde gegenüber bringen, wo vorher die Austrittspupille des Systems sich befunden hat, dann und nur dann erscheinen uns alle Teile des Bildes unter dem gleichen Sehwinkel wie die Teile des direkt angesehenen Gegenstandes. Bild und Gegenstand erscheinen einander vollkommen ähnlich.

Dreizehntes Kapitel.

Die Beugungserscheinungen.

§ 85. Die allgemeinen Formeln für die Beugungserscheinungen.

Wir haben bisher bei der Ableitung der geradlinigen Ausbreitung des Lichtes die Fälle aufser Acht gelassen, in welchen aufser dem centralen Felde für die Lichtübertragung auch noch die Randzonen an der Grenze des Flächenstückes in Betracht kommen. Diese Fälle treten dann ein, wenn die Verbindungslinie von dem leuchtenden nach dem Sammelpunkte nahe an dem Rande des Flächenstückes s vorbeigeht. Um auch diese zu berechnen, müssen wir wieder zurückkehren zu der schon oft benutzten Gleichung 6) des vierten Kapitels, die unter Weglassung des zweiten Integrales lautet:

$$4\pi \varphi_0 = \int \frac{k}{r_0 r_1} \left(\frac{\partial r_1}{\partial N} - \frac{\partial r_0}{\partial N} \right) \cos \left(k(r_0 + r_1) - nt - \delta \right) ds.$$

Wir können uns für diesen Fall der Natur der Sache nach darauf beschränken, dafs das Flächenstück s eine Öffnung in einem ebenen Schirm ist und dafs entweder das ganze Flächenstück s sehr klein ist; dann können r_0 und r_1 und auch $\frac{\partial r_1}{\partial N}$ und $\frac{\partial r_0}{\partial N}$, soweit erstere nicht unter dem Cosinuszeichen vorkommen, als konstant angesehen werden. Oder das Flächenstück ist einseitig unbegrenzt, dann kommen nur die der Grenze naheliegenden Partieen in Betracht und wir können uns auf den Fall, dafs $\frac{\partial r_1}{\partial N} = -\frac{\partial r_0}{\partial N} = 1$,

§ 85. Die allgemeinen Formeln für die Beugungserscheinungen. 175

d. h. dafs die die Grenze bildende Schirmebene senkrecht zum Lichtstrahl (01) steht, beschränken. Für beide Fälle können wir die Faktoren neben dem Cosinus als Konstante aus dem Integralzeichen herausnehmen und schreiben

1) $\varphi_0 = C \int \cos(k(r_0 + r_1) - nt - \delta) ds.$

Um also den Lichtvektor in irgend einem Sammelpunkte zu finden, haben wir eine Summierung einer Reihe von Wellenfunktionen auszuführen, die den einzelnen Punkten der Fläche s entsprechen. Die Regel, wie derartige Wellen zu addieren sind, haben wir bereits im dritten Kapitel im § 12 hergeleitet. Es ergab sich dort für das Quadrat der Amplitude der so entstehenden Lichtbewegung, d. i. für die Gröfse, welcher die Intensität des Lichtes proportional ist, ein Ausdruck von der Form $A^2 = (\Sigma A')^2 + (\Sigma A'')^2$. Wenden wir dieses jetzt an, so folgt aus der Bedeutung der Gröfsen A' und A'', dafs die Lichtintensität jetzt proportional sein mufs:

2) $J = (\int \cos k(r_0 + r_1) ds)^2 + (\int \sin k(r_0 + r_1) ds)^2,$

oder

$$J = c^2 + s^2,$$

wenn

$$c = \int \cos k(r_0 + r_1) ds; \quad s = \int \sin k(r_0 + r_1) ds.$$

Legen wir dann die XY-Ebene eines rechtwinkeligen Koordinatensystems in die Ebene des Schirmes und den Koordinatenanfang in die Öffnung oder doch sehr nahe dem Rande derselben, so sind die Koordinaten eines Punktes in der Öffnung $x_1 y_1 0$ diejenigen des Licht aussendenden Punktes $x_1 y_1 z_1$ und die des Sammelpunktes $x_0 y_0 z_0$ und es ist:

$$r_1^2 = (x_1 - x)^2 + (y_1 - y)^2 + z_1^2,$$
$$r_0^2 = (x_0 - x)^2 + (y_0 - y)^2 + z_1^2.$$

Bezeichnen wir noch die Abstände des leuchtenden und des Sammelpunktes vom Koordinatenanfang mit ϱ_1 und ϱ_0, so läfst sich schreiben

$$r_1 = \sqrt{\varrho_1^2 + x^2 + y^2 - 2xx_1 - 2yy_1}$$
$$= \varrho_1 \sqrt{1 + \frac{x^2 + y^2}{\varrho_1^2} - \frac{2(xx_1 + yy_1)}{\varrho_1^2}}.$$

In dieser Form läfst sich r_1 und ebenso auch r_0 nach dem binomischen Lehrsatz entwickeln und man erhält unter Vernachlässigung der höheren Potenzen

$$r_1 + r_0 = \varrho_1 + \varrho_0 + \frac{x^2+y^2}{2}\left(\frac{1}{\varrho_1}+\frac{1}{\varrho_0}\right)$$
$$-x\left(\frac{x_1}{\varrho_1}+\frac{x_0}{\varrho_0}\right)-y\left(\frac{y_1}{\varrho_1}+\frac{y_0}{\varrho_0}\right).$$

Setzen wir diesen Wert von $r_1 + r_0$ in die Ausdrücke für c und s ein, so können wir noch das konstante Glied $\varrho_1 + \varrho_0$ für unsere Zwecke vernachlässigen, denn das Hinzufügen oder Weglassen einer derartigen Konstanten ändert den uns hier allein interessierenden Wert von $c^2 + s^2$ nicht, wovon man sich leicht überzeugt, wenn man die Cosinus und Sinus in den Ausdrücken für c und s zerlegt und dann $c^2 + s^2$ ausrechnet. Wir erhalten demnach, wenn wir auch noch $ds = dx\,dy$ setzen:

3) $\quad c = \iint dx\,dy \cos k\left(\frac{x^2+y^2}{2}\left(\frac{1}{\varrho_1}+\frac{1}{\varrho_0}\right)\right.$
$$\left.-x\left(\frac{x_1}{\varrho_1}+\frac{x_0}{\varrho_0}\right)-y\left(\frac{y_1}{\varrho_1}+\frac{y_0}{\varrho_0}\right)\right)$$
$$s = \iint dx\,dy \sin k\left(\frac{x^2+y^2}{2}\left(\frac{1}{\varrho_1}+\frac{1}{\varrho_0}\right)\right.$$
$$\left.-x\left(\frac{x_1}{\varrho_1}+\frac{x_0}{\varrho_0}\right)-y\left(\frac{y_1}{\varrho_1}+\frac{y_0}{\varrho_0}\right)\right).$$

Setzen wir jetzt noch

$$\frac{x_1}{\varrho_1} = -\alpha_1, \quad \frac{y_1}{\varrho_1} = -\beta_1,$$
$$\frac{x_0}{\varrho_0} = \alpha_0, \quad \frac{y_0}{\varrho_0} = \beta_0,$$

so bedeuten die α und β die Cosinus der Winkel, die die Linien ϱ mit der X- bezw. Y-Achse bilden. Die nähere Bedeutung dieser Winkel sehen wir, wenn wir z. B. bei einer krummlinig begrenzten Öffnung den Fall betrachten, daſs das ankommende Licht senkrecht zum Schirm sich bewegt, dann ist $\alpha_1 = \beta_1 = 0$ und wir können die XZ-Ebene dann stets durch ϱ_0 legen; dann wird auch $\beta_0 = 0$ werden.

Ähnlich wird bei einer geradlinig begrenzten Öffnung, wenn wir nur eine solche Lage der Öffnung berücksichtigen, daſs die Ebene durch $\varrho_1 \varrho_0$ senkrecht zur Öffnung steht und als XZ-Ebene genommen werden kann, $\beta_1 = \beta_0 = 0$. Die Gröſse $\alpha_1 - \alpha_0$ bedeutet dann die Differenz der Sinus der Winkel zwischen den ϱ und der Z-Achse; bei kleinen Winkeln bedeutet es also direkt den Richtungsunterschied zwischen ϱ_1 und ϱ_0. Setzt man noch den Ausdruck

$$\frac{1}{\varrho_1} + \frac{1}{\varrho_0} = \frac{\varrho_1 + \varrho_0}{\varrho_1 \varrho_0} = R,$$

so wird aus den Gleichungen 3)

3a) $$c = \iint dx\, dy \cos k\left(\frac{x^2 + y^2}{2} \cdot R + x(\alpha_1 - \alpha_0) + y(\beta_1 - \beta_0)\right)$$

$$s = \iint dx\, dy \sin k\left(\frac{x^2 + y^2}{2} \cdot R + x(\alpha_1 - \alpha_0) + y(\beta_1 - \beta_0)\right).$$

Werden über die Werte der ϱ_1 und ϱ_0 keine vereinfachenden Annahmen gemacht, sondern diese Formeln in der Gestalt 3a) vollständig benutzt, so erhält man die Berechnung der Fresnelschen Beugungserscheinungen, die beobachtet werden können in der Nähe der Schattengrenze auf einem in beliebiger Entfernung hinter dem Schatten werfenden Körper aufgestellten Schirm. Eine wesentliche Vereinfachung der Formeln erhält man, wenn man leuchtenden und Sammelpunkt in die Abhängigkeit von einander setzt, daſs $R = \dfrac{1}{\varrho_1} + \dfrac{1}{\varrho_1} = 0$ wird. Diese besondere Gruppe unter den Fresnelschen Beugungserscheinungen sind die Fraunhoferschen Beugungserscheinungen.

---

§ 86. Die Fresnelschen Beugungserscheinungen.

Die Fresnelschen Beugungserscheinungen haben im wesentlichen theoretisches Interesse, insofern sie eine ausgezeichnete Bestätigung der mathematischen Theorie ergeben. Ihre geringe Bedeutung für die praktische Anwendung steht jedoch in keinem Verhältnis zur Schwierigkeit der erforderlichen mathematischen Entwickelungen. Es sollen deswegen diese auch nicht in ihrer Vollsändigkeit hier gegeben werden, sondern nur der leitende Gedankengang angegeben und im übrigen die Erscheinungen beschrieben werden. Wir beschränken uns deswegen auf den Fall, wie Fresnel es auch gethan hat, dafs die Ebene des schattenerzeugenden Schirmes senkrecht zu den in einer Geraden liegenden ϱ_1 und ϱ_0 steht, so dafs $\alpha_1 = \alpha_0 = \beta_1 = \beta_0 = 0$ zu setzen sind, d. h. wir legen den Koordinatenanfang in die Verbindungslinie des leuchtenden und des Sammelpunktes und nehmen den Schirm senkrecht zu dieser Linie an. Es soll übrigens dabei gleich bemerkt werden, dafs in dieser Beschränkung durchaus keine Einschränkung des Problems liegt, sondern die anzuwendende Substitution in dem allgemeinen Fall ist nur etwas weniger übersichtlich, führt aber sonst genau zu demselben Ziel. Es ist dies auch durchaus zu erwarten, denn z. B. bei dem Schatten eines einseitig geradlinig begrenzten ebenen Schirmes mufs es für die Beugungserscheinung gleichgültig sein, ob die Schirmebene genau senkrecht zur Fortpflanzung des Lichtes steht oder um ihre schattengebende Kante etwas gedreht ist, denn es kommt nur auf den Ort dieser Kante an. Da unsere Formeln jedoch auf die Schirmebene als XY-Ebene bezogen sind, so wird bei schräger Stellung dieser Ebene eine geometrische Komplizierung eintreten, die mit der Sache selbst nichts zu thun hat.

Setzen wir jetzt

$$\frac{kR}{2} x^2 = \xi^2 \quad \text{und} \quad \frac{kR}{2} y^2 = \eta^2,$$

so erhalten wir

$$dx = d\xi \cdot \sqrt{\frac{2}{kR}} \quad \text{und} \quad dy = d\eta \sqrt{\frac{2}{kR}},$$

und es wird

$$c = \frac{2}{kR} \iint d\xi \, d\eta \, \cos(\xi^2 + \eta^2)$$

$$s = \frac{2}{kR} \iint d\xi \, d\eta \, \sin(\xi^2 + \eta^2),$$

§ 86. Die Fresnelschen Beugungserscheinungen.

oder auch

4) $$c = \frac{2}{kR}\left(\int d\xi \cos\xi^2 \int d\eta \cos\eta^2 - \int d\xi \sin\xi^2 \int d\eta \sin\eta^2\right)$$

$$s = \frac{2}{kR}\left(\int d\xi \sin\xi^2 \int d\eta \cos\eta^2 + \int d\xi \cos\xi^2 \int d\eta \sin\eta^2\right).$$

Damit ist die Lösung der Aufgabe auf Integrale von der Form $\int d\xi \cos\xi^2$ oder $\int d\xi \sin\xi^2$ zurückgeführt. Zur genauen Berechnung dieser Integrale, die auch die Fresnelschen Integrale genannt werden, sind von Neumann und Kirchhoff Reihenentwickelungen gegeben; Fresnel selbst hat für dieselben durch Näherungsformeln Tabellen berechnet, derart, daſs die Integration von der unteren Grenze 0, als vom Koordinatenanfang aus, zu beginnen hat bis zu einem bestimmten ξ. Aus diesen Tabellen ergiebt sich zunächst, daſs beide Integrale für die obere Grenze ∞ demselben endlichen Werte sich nähern. Wenn wir also die Aufgabe für den Fall betrachten, daſs der schattengebende Schirm in der Richtung der Y-Achse gradlinig begrenzt ist und unendlich ausgedehnt, so ergiebt sich die Intensität des Lichtes proportional einfach der Gröſse

$$(\int d\xi \cos\xi^2)^2 + (\int d\xi \sin\xi^2)^2.$$

Es ist dann nur noch in den einzelnen Fällen die Lage des Koordinatenanfangspunktes zu den Grenzen des Schirmes zu bestimmen, dann hat man die oberen Integrationsgrenzen in dieser Formel und kann aus den Fresnelschen Tafeln die Werte der Lichtverteilung ablesen, nachdem man noch ξ durch seinen Wert in x ausgedrückt hat. Es haben sich auf diese Weise die durch die Erfahrung vollständig bestätigten nachfolgenden Erscheinungen ergeben.

Ein einseitig unbegrenzter Schirm zeigt in der Nähe der geometrischen Schattengrenze auf der Seite, wohin auch das direkte Licht gelangen kann, also auſserhalb des geometrischen Schattens, ein System feiner heller und dunkler Streifen, deren Intensität rasch abnimmt und sich in der normalen Helligkeit des direkten Lichtes verliert. Innerhalb des geometrischen Schattens findet von der Grenze des geometrischen Schattens an eine rasche Abnahme der Intensität ohne Streifenbildung statt.

Der Schatten eines schmalen, undurchsichtigen Streifens zeigt aufserhalb des geometrischen Schattens beiderseits dieselben Streifen, die auch den Schatten des einseitig unbegrenzten Schirms begleiten. Innerhalb des geometrischen Schattens zeigt sich symmetrisch zur Mittellinie des Schattens ein weiteres System äquidistanter Streifen, welches analog ist dem Interferenzstreifensystem, wie es durch zwei Lichtlinien an den Rändern des undurchsichtigen Schirmes erzeugt werden würde.

Ein schmaler Spalt in einem Schirme zeigt aufserhalb des direkt belichteten Feldes eine Reihe von Interferenzstreifen, entsprechend einem Interferenzstreifensystem, das durch zwei in den Mitten beider Spalthälften liegende Lichtlinien erzeugt wird. In dem direkt belichteten Spaltfelde zeigen sich bei hinreichender Spaltbreite wieder ähnliche Streifen, wie sie auch die einfache Schattengrenze begleiten.

Eine besonders einfache direkte Berechnung läfst auch der Fall zu, dafs in einem Schirm eine kreisförmige Öffnung sich befindet, wenn man sich auf die Helligkeitsverteilung längs der Achse der Öffnung beschränkt. In sehr grofser Entfernung herrscht auf der Achse Helligkeit, in dem Punkte jedoch, wo die Verbindungslinie nach dem Rande der Öffnung um eine Wellenlänge gröfser ist als der Abstand von der Mitte der Öffnung, herrscht Dunkelheit. Nähert man sich weiter der Öffnung, so folgen sich abwechselnd Stellen gröfster Helligkeit und vollkommener Dunkelheit; letztere liegen stets dort, wo die Differenz jener beiden Abstände ein ganzes Vielfaches der Wellenlänge ist.

Bei einem kleinen kreisförmigen Schirm herrscht auf der Achse stets Helligkeit.

Die letzten beiden Beugungserscheinungen werden auch nach Poisson genannt, da dieser zuerst auf dieselben aufmerksam machte. Dieselben lassen sich auch elementar ableiten durch eine Zoneneinteilung, wie wir sie bei Ableitung des Huygensschen Prinzipes benutzten.

§ 87. Die Fraunhoferschen Beugungserscheinunge und ihre Verwirklichung.

Die Fraunhoferschen Beugungserscheinungei stellen den speziellen Fall der allgemeinen Fresnelschei Beugungserscheinungen dar, in welchem $\dfrac{1}{\varrho_1} + \dfrac{1}{\varrho_0} = 0$ ist. Verwirklicht wird dieser Fall auf verschiedene Weise. Es können zunächst ϱ_1 und ϱ_0 beide unendlich grofs, oder doch im Verhältnis zu allen anderen Dimensionen sehr grofs sein. Experimentell lassen sich ϱ_1 und ϱ_0 dadurch wirklich unendlich grofs machen, dafs man auf beiden Seiten des Schirmes mit der die Beugung hervorrufenden Öffnung Linsen anbringt und in dem Brennpunkt der einen den leuchtenden Punkt, und in der Brennebene der anderen die Erscheinung beobachtet. Es kann aber die Gröfse $\dfrac{1}{\varrho_1} + \dfrac{1}{\varrho_0}$ auch dadurch gleich Null werden, dafs $\dfrac{1}{\varrho_1} = -\dfrac{1}{\varrho_0}$ ist. Dies ist verwirklicht, wenn nur eine Linse ein Bild des leuchtenden Punktes auf dem die Erscheinung auffangenden weifsen Schirm entwirft. Steht diese Linse auf der dem leuchtenden Punkt zugewendeten Seite des Beugungsschirmes, so gehen die Lichtstrahlen durch die Beugungsöffnung so, dafs sie nach diesem Bildpunkt hingerichtet sind, also ist dann ϱ_1 negativ zu rechnen; und umgekehrt ist ϱ_0 negativ und gleich ϱ_1 zu rechnen, wenn die Linse auf der anderen Seite des Beugungsschirmes steht.

Am einfachsten zu beobachten sind demnach die Fraunhoferschen Beugungserscheinungen, indem man ein Fernrohr auf einen leuchtenden Punkt einstellt und vor das Objektiv den undurchsichtigen Schirm mit der beugenden Öffnung bringt.

Die Fraunhoferschen Beugungserscheinungen sind von den Fresnelschen auch noch dadurch unterschieden, dafs sie bereits bei merklich gröfseren beugenden Öffnungen schon gut zu beobachtende Erscheinungen zeigen, sie zeichnen sich bei gleicher Gröfse des Beugungsbildes also durch gröfsere Lichtstärke aus. Dies erklärt sich folgendermafsen. Ein Fresnelsches Beugungsbild wird um so ausgedehnter, je kleiner die beugende Öffnung ist und auch je entfernter der das Bild auffangende Schirm von der beugenden Öffnung ist; je weiter also die Bildebene entfernt ist, desto gröfser kann die beugende Öffnung sein, um ein Beugungsbild von einer bestimmten Ausdehnung zu zeigen. Bei den Fraunhoferschen Beugungserscheinungen liegt aber das Bild entweder im Unendlichen oder sogar bei der Beobachtungsweise mit einem auf einen im Endlichen liegenden leuchtenden Punkt eingestellten Fernrohr gewissermaſsen noch über die Unendlichkeit hinaus.

§ 88. Die beugende Öffnung ist ein Rechteck.

Die beugende Öffnung ist ein Rechteck. Zur Berechnung der Fraunhoferschen Beugungserscheinungen haben wir in den Gleichungen 3a) die Gröſse $R = 0$ zu setzen; wir erhalten dann

$$c = \iint dx\, dy \cos k(x(\alpha_1 - \alpha_0) + y(\beta_1 - \beta_0)),$$
$$s = \iint dx\, dy \sin k(x(\alpha_1 - \alpha_0) + y(\beta_1 - \beta_0)),$$
$$J = K(c^2 + s^2).$$

Sind nun die Seiten der rechteckigen Öffnung gleich $2a$ und $2b$, so möge der Koordinatenanfang in die Mitte der Öffnung gelegt werden und die X- und Y-Achse den Seiten des Rechtecks parallel sein. Für die Ausführung der Integrale sind dann nur die x und y variable Gröſsen, $\alpha_1\, \beta_1$ bestimmt die Richtung des ankommenden Lichtes und $\alpha_0\, \beta_0$ die Richtung, für welche die Intensität berechnet werden soll. Da bei den gemachten Annahmen bei der Integration zwischen den Grenzen der Öffnung sowohl x als auch y je zweimal mit dem gleichen Werte aber entgegengesetztem Vorzeichen auftreten und $\sin x = -\sin(-x)$ ist, so muſs für diesen Fall $s = 0$ sein und es bleibt nur das Integral c zu bestimmen. Führen wir zunächst die Integration nach x von $-a$ bis $+a$ aus, so wird

$$c = \int_{-b}^{+b} dy \frac{1}{(\alpha_1 - \alpha_0)k} \Big[\sin k(a(\alpha_1 - \alpha_0) + y(\beta_1 - \beta_0))$$
$$+ \sin k(a(\alpha_1 - \alpha_0) - y(\beta_1 - \beta_0))\Big]$$
$$= \int_{-b}^{+b} dy \frac{2}{(\alpha_1 - \alpha_0)k} \sin k(\alpha_1 - \alpha_0)a \cos k(\beta_1 - \beta_0)y,$$

§ 88. Die beugende Öffnung ist ein Rechteck.

folglich

$$c = \frac{4 \sin k(\alpha_1 - \alpha_0) a \sin k(\beta_1 - \beta_0) b}{k^2 (\alpha_1 - \alpha_0)(\beta_1 - \beta_0)}.$$

Die Intensität ist also dem Quadrate dieses Ausdrucks proportional, um also die Helligkeiten an den verschiedenen Stellen der Bildebene zu erhalten, müssen wir diesen Wert von c für die verschiedenen $\alpha_0 \beta_0$ berechnen. Es zeigt sich zunächst, daß zwei Scharen von Linien existieren müssen, für welche die Intensität Null ist, also Dunkelheit herrscht; wir finden diese, wenn wir $c = 0$ setzen als die Streifen, wo entweder $k(\alpha_1 - \alpha_0) a = n\pi$ oder $k(\beta_1 - \beta_0) b = n\pi$ ist, (n kann jede positive und negative ganze Zahl außer der Null als Wert haben). Das eine Streifensystem ist also durch $\alpha_0 = \frac{ka\alpha_1 - n\pi}{ka} = \alpha_1 - \frac{n\pi}{ka}$, das andere durch $\beta_0 = \beta_1 - \frac{n\pi}{kb}$ gegeben, wofür auch $\alpha_0 = \alpha_1 - n\frac{\lambda}{2a}$ (vergl. S. 50) und $\beta_0 = \beta_1 - n\frac{\lambda}{2b}$ gesetzt werden kann. α_0 und β_0 bedeuteten nun aber die Cosinus der Winkel, die ϱ_0 mit der X- bezw. Y-Achse bildet, der geometrische Ort, für welchen α_0 konstant ist, ist also ein Kegelmantel und die dunkeln Streifen in der Bildebene, die $\alpha_0 = \text{const}$ entsprechen, sind Hyperbeln. Diese eine Schar von Hyperbeln wird durch eine zweite Schar entsprechend $\beta_0 = 0$ senkrecht durchschnitten. Bei nicht sehr kleiner beugender Öffnung ist das Beugungsbild auf den kleinen Raum nahe um die gerade Fortsetzung der Richtung $\alpha_1 \beta_1$ beschränkt, dann sieht man nur einen kleinen Abschnitt der Hyperbelscharen, und diese erscheinen dann als ein System senkrecht zu einanderstehender gerader Linien. Das Bildfeld ist also durch diese Linien in eine Anzahl rechteckiger Felder geteilt. Das mittelste in der Richtung $\alpha_1 \beta_1$ liegende Feld ist das größte und hat im Winkelmaß gemessen eine Breite von $\frac{\lambda}{a}$ in der einen Richtung und $\frac{\lambda}{b}$ in der anderen. Die Richtung $\alpha_1 \beta_1$ geht stets von der Mitte der Blendenöffnung nach der Stelle, wo durch das Fernrohrobjektiv das Bild des leuchtenden Punktes entsteht (vergl. S. 181); an dieser Stelle liegt also stets die Mitte der

Beugungsfigur, und diese ändert ihre Lage nicht, wenn wir den Blendenschirm vor dem Objektiv hin und her verschieben senkrecht zur Achse des Fernrohrs. Der Streifenabstand außerhalb des Mittelfeldes beträgt im Winkelmaß $\frac{\lambda}{2a}$ bezw. $\frac{\lambda}{2b}$. Ist A die Auszugslänge des zur Beobachtung dienenden Fernrohrs, d. h. der Abstand von der Linsenmitte bis zur Bildebene, so wird aus dieser Größe bezw. $\frac{\lambda}{2a}A$, $\frac{\lambda}{2b}A$ in Längenmaß gemessen.

Die Helligkeit des Mittelfeldes wird, wie aus der Größe von c in der Formel sich leicht ergiebt, für $\alpha_1 = \alpha_0$ und $\beta_1 = \beta_0$ proportional mit $(4ab)^2$.

Die Helligkeiten in den Mitten der einzelnen Felder, die sehr nahe die maximalen Helligkeiten sind, ergeben sich, wenn man in dem Ausdruck für c die Größen

$$k(\alpha_1 - \alpha_0)a = \frac{(2m+1)\pi}{2} \text{ bezw. } k(\beta_1 - \beta_0)b = \frac{(2m'+1)\pi}{2}$$

setzt, wo wieder m und m' alle positiven und negativen ganzen Zahlen sein können. Setzt man diese Werte ein in den Ausdruck für c, so wird, da die Sinus gleich 1 werden,

$$c = \frac{16ab}{(2m+1)(2m'+1)\pi^2}.$$

Nur für die Felder, in denen entweder $\alpha_1 - \alpha_0 = 0$ oder $\beta_1 - \beta_0 = 0$ ist, das sind die Reihen von Feldern, die sich an die Rechteckseiten unmittelbar anschließen, ist diese Formel nicht anwendbar; für diese ergiebt sich aber ebenso einfach, da dann der Sinus gleich dem Winkel wird und die verschwindenden Größen in Zähler und Nenner sich fortheben:

$$c = \frac{8ab}{(2m+1)\pi}.$$

Es ergiebt sich also als Schema der Lichtverteilung in dem Fraunhoferschen Beugungsbilde einer rechteckigen Öffnung die folgende Figur, in welcher die eingetragenen Zahlen die Helligkeiten sind, wenn die Helligkeit des Mittelfeldes gleich Eins gesetzt wird:

§ 88. Die beugende Öffnung ist ein Rechteck.

$\left(\dfrac{4}{49\pi^2}\right)^2$	$\left(\dfrac{4}{35\pi^2}\right)^2$	$\left(\dfrac{4}{21\pi^2}\right)^2$	$\left(\dfrac{2}{7\pi}\right)^2$	$\left(\dfrac{4}{21\pi^2}\right)^2$	$\left(\dfrac{4}{35\pi^2}\right)^2$	$\left(\dfrac{4}{49\pi^2}\right)^2$
$\left(\dfrac{4}{35\pi^2}\right)^2$	$\left(\dfrac{4}{25\pi^2}\right)^2$	$\left(\dfrac{4}{15\pi^2}\right)^2$	$\left(\dfrac{2}{5\pi}\right)^2$	$\left(\dfrac{4}{15\pi^2}\right)^2$	$\left(\dfrac{4}{25\pi^2}\right)^2$	$\left(\dfrac{4}{35\pi^2}\right)^2$
$\left(\dfrac{4}{21\pi^2}\right)^2$	$\left(\dfrac{4}{15\pi^2}\right)^2$	$\left(\dfrac{4}{9\pi^2}\right)^2$	$\left(\dfrac{2}{3\pi}\right)^2$	$\left(\dfrac{4}{9\pi^2}\right)^2$	$\left(\dfrac{4}{15\pi^2}\right)^2$	$\left(\dfrac{4}{21\pi^2}\right)^2$
$\left(\dfrac{2}{7\pi}\right)^2$	$\left(\dfrac{2}{5\pi}\right)^2$	$\left(\dfrac{2}{3\pi}\right)^2$	1	$\left(\dfrac{2}{3\pi}\right)^2$	$\left(\dfrac{2}{5\pi}\right)^2$	$\left(\dfrac{2}{7\pi}\right)^2$
$\left(\dfrac{4}{21\pi^2}\right)^2$	$\left(\dfrac{4}{15\pi^2}\right)^2$	$\left(\dfrac{4}{9\pi^2}\right)^2$	$\left(\dfrac{2}{3\pi}\right)^2$	$\left(\dfrac{4}{9\pi^2}\right)^2$	$\left(\dfrac{4}{15\pi^2}\right)^2$	$\left(\dfrac{4}{21\pi^2}\right)^2$
$\left(\dfrac{4}{35\pi^2}\right)^2$	$\left(\dfrac{4}{25\pi^2}\right)^2$	$\left(\dfrac{4}{15\pi^2}\right)^2$	$\left(\dfrac{2}{5\pi}\right)^2$	$\left(\dfrac{4}{15\pi^2}\right)^2$	$\left(\dfrac{4}{25\pi^2}\right)^2$	$\left(\dfrac{4}{35\pi^2}\right)^2$
$\left(\dfrac{4}{49\pi^2}\right)^2$	$\left(\dfrac{4}{35\pi^2}\right)^2$	$\left(\dfrac{4}{21\pi^2}\right)^2$	$\left(\dfrac{2}{7\pi}\right)^2$	$\left(\dfrac{4}{21\pi^2}\right)^2$	$\left(\dfrac{4}{35\pi^2}\right)^2$	$\left(\dfrac{4}{49\pi^2}\right)^2$

Man sieht, daſs in den Eckfeldern die Helligkeit wesentlich schneller abnimmt, als in den beiden Reihen der Mittelfelder; bei geringerer Lichtstärke bleibt daher im wesentlichen das Kreuz dieser beiden Mittelreihen stehen. Ist die **rechteckige Öffnung in der Richtung der Y-Achse sehr ausgedehnt**, so zieht sich die Beugungsfigur in dieser Richtung zusammen und bildet nur noch eine Reihe von schmalen Streifen in der Richtung der X-Achse, die von Stellen völliger Dunkelheit unterbrochen sind. Wendet man jetzt als Lichtquelle eine leuchtende Linie an, die parallel dem Spalt steht, so reihen sich die von den einzelnen Punkten der Linie erzeugten Beugungsbilder an einander an, so daſs ein System zur Y-Achse paralleler breiter Beugungsstreifen entsteht, die in gleichen Abständen vom dunkeln Streifen getrennt sind.

§ 89. Beziehung zwischen der Beugung an einer Öffnung und einem Schirm von gleicher Gestalt.

In ähnlicher Weise ist die Berechnung des Beugungsbildes für beliebige anders gestaltete Öffnungen durchzuführen, nur wird die Ausführung der Integrationen oftmals schwieriger sich gestalten. Wichtig ist noch die Beziehung, die zwischen dem Beugungsbilde einer Öffnung in einem Schirm und derjenigen eines kleinen Schirmes von genau der gleichen Größe und Gestalt jener Öffnung. Zur Berechnung derselben denken wir uns zunächst einen Schirm mit einer Öffnung von der betreffenden Gestalt, aber so groß, daß durch das Objektiv des Fernrohres in der Bildebene ein Bild des Lichtpunktes ohne bemerkenswerte Beugungsränder zu beobachten ist. In der Mitte dieser Öffnung sei der kleine Schirm in ähnlicher Lage zu derselben angebracht. Das Beugungsbild ist dann zu berechnen wieder nach der Formel $J = c'^2 + s'^2$, wo jetzt c' und s' Integrale sind, die vom Rande des Schirmes bis zum Rande der Öffnung zu erstrecken sind. Das Beugungsbild der entsprechenden kleinen Öffnung wäre gegeben durch $J = c^2 + s^2$, wo diese c und s jetzt genau die gleichen Integrale sind wie c' und s' nur über das Gebiet der kleinen Öffnung genommen. Die Größe $(c + c')^2 + (s + s')^2$ stellt dann aber die Lichtverteilung im Bilde bei Anwendung der großen Öffnung dar. Da diese aber nach der Voraussetzung in dem scharfen Bilde des Lichtpunktes bestehen soll, so ist überall mit Ausnahme in diesem Bilde des Lichtpunktes selbst $c = -c'$ und $s = -s'$. Das heißt aber, **die Beugungserscheinung des kleinen Schirmes und die der kleinen Öffnung sind genau die gleichen, nur die Helligkeit im Mittelpunkte des centralen Feldes ist eine verschiedene.**

---

§ 90. Benutzung einer Anzahl gleicher und ähnlich liegender Öffnungen.

Haben wir statt einer Öffnung eine beliebige Zahl ähnlicher und ähnlich gelegener Öffnungen, so wird die Gesamtwirkung auf folgende Weise erhalten. Es

§ 90. Benutzung einer Anzahl gleicher Öffnungen.

sei in einer Öffnung ein Punkt mit den Koordinaten $a_1 b_1$ beliebig ausgewählt und es seien dann $a_2 b_2$, $a_3 b_3 \ldots$ die Koordinaten der entsprechenden Punkte in den anderen Öffnungen, so können wir die Koordinaten xy sämtlicher Punkte, über welche zu integrieren ist, in der Form schreiben

$$a_1 + x', \; a_2 + x', \; a_3 + x', \ldots$$
$$b_1 + y', \; b_2 + y', \; b_3 + y', \ldots$$

führen wir dann noch die Abkürzungen ein $p = k(\alpha_1 - \alpha_0)$ und $q = k(\beta_1 - \beta_0)$, so wird aus den Formeln für c und s:

$$c = \sum_i \iint dx' \, dy' \cos(p(a_i + x') + q(b_i + y'));$$
$$s = \sum_i \iint dx' \, dy' \sin(p(a_i + x') + q(b_i + y')).$$

Zerlegen wir jetzt den Cosinus und setzen

$$\cos(p(a_i + x') + q(b_i + y')) = \cos(pa_i + qb_i)\cos(px' + qy')$$
$$- \sin(pa_i + qb_i)\sin(px' + qy')$$

und führen die Abkürzungen ein:

$$c' = \iint dx \, dy \cos(px' + qy'); \quad C = \sum_i \cos(pa_i + qb_i);$$
$$s' = \iint dx \, dy \sin(px' + qy'); \quad S = \sum_i \sin(pa_i + qb_i);$$

so wird

$$c = Cc' - Ss'$$
$$s = Sc' + Cs'$$

folglich wird

$$c^2 + s^2 = (c'^2 + s'^2)(C^2 + S^2).$$

Das heißt aber, bei der Beugung durch eine Anzahl gleicher und ähnlich liegender Öffnungen berechnet sich die Helligkeit an jeder Stelle des Beugungsbildes als diejenige Helligkeit, die eine Einzel-Öffnung hervorruft, multipliziert mit einem Faktor, der aus der Anzahl und Verteilung der Öffnungen für jede Stelle des Bildes besonders zu berechnen ist (denn in den C und S kommen in den p und q die α_0 und β_0, durch welche die Stelle des Bildes bestimmt ist, vor).

§ 91. Die Erscheinungen an einem Gitter.

Sind die Öffnungen nun eine Reihe von Spalten, die in gleichen Abständen nebeneinander angeordnet sind und ist die Lichtquelle eine zu diesen parallele Linie, so ist der Wert von C und S leicht zu bestimmen. Das Beugungsbild muſs jedenfalls von dunkeln Linien durchzogen sein, die an denselben Stellen liegen, wie wenn nur ein Spalt vorhanden wäre. Legen wir die X-Achse senkrecht zu der Richtung der Spalte, so können wir setzen

$$b_1 = b_2 = b_3 \ldots\ldots = 0$$
$$a_1 = 0, \quad a_2 = e, \quad a_3 = 2e \ldots a_n = (n-1)e$$

wenn n die Anzahl der Öffnungen ist. Dann wird

$$C = 1 + \cos pe + \cos 2pe + \ldots \cos(n-1)pe$$
$$S = \sin pe + \sin 2pe + \ldots \sin(n-1)pe.$$

Diese Reihen lassen sich summieren, indem man dieselben mit $2 \cos pe$ multipliziert. Aus der obersten Gleichung wird dann, wenn man berücksichtigt, daſs:

$$2 \cos a \cos b = \cos(a+b) + \cos(a-b)$$

ist

$$2 \cos pe \, C = C + \cos npe + C - 1 - \cos(n-1)pe + \cos pe.$$

Hieraus erhält man, wenn man

$$\cos pe - 1 = 2 \sin \frac{pe}{2} \sin \frac{pe}{2}$$

setzt und noch benutzt

$$\cos b - \cos a = 2 \sin \frac{a+b}{2} \sin \frac{a-b}{2}$$

und

$$\sin a + \sin b = 2 \sin \frac{a+b}{2} \cos \frac{a-b}{2}.$$

$$C = \frac{\sin \dfrac{npe}{2} \cos \dfrac{(n-1)pe}{2}}{\sin \dfrac{pe}{2}}$$

§ 91. Die Erscheinungen an einem Gitter.

und auf ähnliche Weise erhält man

$$S = \frac{\sin\frac{npe}{2} \sin\frac{(n-1)pe}{2}}{\sin\frac{pe}{2}}.$$

Also wird

$$C^2 + S^2 = \left(\frac{\sin\frac{npe}{2}}{\sin\frac{pe}{2}}\right)^2.$$

Bezeichnen wir noch die durch einen Spalt allein hervorgerufene Helligkeit mit $J' = c'^2 + s'^2$, so wird durch das Zusammenwirken aller Spalte eine Helligkeitsverteilung hervorgerufen, die wir schreiben können

$$J = n^2 J' \left(\frac{\sin\frac{npe}{2}}{n \sin\frac{pe}{2}}\right)^2.$$

Der hier in Klammer stehende Faktor hat nun an gewissen Stellen den Wert Eins; an diesen wird also die Helligkeit das n^2 fache der durch einen Spalt allein erzeugten Helligkeit sein. An allen anderen Stellen wird bei grofsem n der Zähler $\sin\frac{npe}{2}$ stets sehr viel kleiner sein als der Nenner $n \sin\frac{pe}{2}$, so dafs hier überall dieser Faktor nahe gleich Null ist. Die Stellen, wo grofse Helligkeit herrscht, beschränken sich also auf die Fälle, wo

$$\frac{pe}{2} = \frac{k(\alpha_0 - \alpha_1)e}{2} = \frac{\pi(\alpha_0 - \alpha_1)e}{\lambda} = h\pi$$

ist, wo h irgend eine ganze Zahl die Null eingeschlossen, bedeutet. Die Beugungserscheinung besteht also aus einer Anzahl sehr heller scharfer Linien; der Raum zwischen diesen erscheint bei Beobachtung mit Gittern von nicht zu grofser Streifenzahl von einem schwachen Lichtbande ausgefüllt. In Wirklichkeit besteht auch dieses Lichtband aus einer Anzahl heller und dunkler Streifen, entsprechend den Maxima und Minima des Ausdrucks $\dfrac{\sin n \dfrac{pe}{2}}{\sin \dfrac{pe}{2}}$ bei veränderlichem p.

Erst bei sehr geringer Zahl der Spalte im Gitter kann man diese Streifen in dem Lichtbande erkennen, die von Fraunhofer die Interferenzen zweiter Ordnung genannt sind.

Dies ist die Erscheinung, die bei ebenen Beugungsgittern beobachtet wird; es erübrigt noch die Richtungen, in denen die hellen Lichtlinien erscheinen, festzustellen, hierzu dient die Gleichung $\alpha_0 - \alpha_1 = \dfrac{h\lambda}{e}$.

Hier bezieht sich α_1 auf die Stelle, in welcher der leuchtende Punkt im Gesichtsfeld des Fernrohrs erscheint; die Richtung nach diesem Punkte hin ist bestimmt durch die Verbindungslinie vom leuchtenden Punkt nach der Mitte der Fernrohrlinse. Wird das Fernrohr beim Beobachten gedreht, so ist diese Richtung nur dann im Raume unveränderlich, wenn die Drehungsachse durch die Linsenmitte geht oder, wenn der leuchtende Punkt durch eine Kollimatorlinse ins Unendliche gerückt ist. Wir wollen annehmen, daſs einer dieser Fälle verwirklicht ist und können dann von einer bestimmten Einfallsrichtung des Lichtes sprechen. Die Gröſse α_1 bedeutet dann den Cosinus des Winkels zwischen der Einfallsrichtung des Lichtes und der X-Achse, das ist in diesem Falle in der Gitterebene die Linie, die die Gitterstreifen senkrecht schneidet. Da es nur auf Bestimmung des Winkelabstandes des gebeugten Lichtes in der XZ-Ebene ankommt, so können wir auch α_1 ansehen als Sinus des Winkels zwischen der Einfallsrichtung und der Gitternormale. Entsprechend ist α_0 der Sinus des Winkels zwischen der Richtung des gebeugten Lichtes und der Gitternormale. In diesem Sinne wollen wir jetzt die Zeichen α_0 und α_1 durch $\sin \alpha_0$ und $\sin \alpha_1$ ersetzen und unter α_0 und α_1 jene Winkel selbst verstehen. Es wird dann

$$\sin \alpha_0 - \sin \alpha_1 = \frac{h\lambda}{e}$$

oder

$$\sin \alpha_0 = \frac{h\lambda}{e} + \sin \alpha_1.$$

§ 91. Die Erscheinungen an einem Gitter.

Hierdurch sind die Richtungen bestimmt, in denen die Helligkeitsmaxima der verschiedenen durch h bestimmten Ordnung zu finden sind. Fällt an Stelle homogenen Lichtes, weißes Licht auf das Gitter, so fallen die Helligkeitsmaxima für die verschiedenen Farben nicht zusammen, sondern an Stelle der scharfen Linien entstehen ausgedehntere Spektren. Der Winkelabstand zwischen zwei benachbarten Farben ergiebt sich dann durch Differenzieren obiger Gleichung nach λ. Es ist also

$$d \sin \alpha_0 = \cos \alpha_0 \, d\alpha_0 = \frac{h}{e}$$

$$d\alpha_0 = \frac{h}{e} \cos \alpha_0.$$

Die Größe $d\alpha_0$ ist das Maß für die Dispersion in den Spektren; diese ist ein Maximum für das gleiche Spektrum, wenn $\cos \alpha_0$ möglichst groß, also $\sin \alpha_0$ möglichst klein ist. Beobachtet man außerhalb der Gitternormalen, so wird die Dispersion ein Maximum, wenn $\alpha_1 = 0$ ist, also die Einfallsrichtung senkrecht zum Gitter ist. Liegt letztere nicht in der Gitternormalen, so wird ein Maximum erhalten, wenn $\alpha_0 = 0$, oder die Beobachtungsrichtung senkrecht zum Gitter ist. In dem ersteren Falle ist $\sin \alpha_0 = \dfrac{h\lambda}{e}$, das Gitter muß fest aufgestellt sein, senkrecht zum Kollimator, dann ist der Sinus des Drehungswinkels des Fernrohrs proportional der Wellenlänge. Im zweiten Falle muß das Gitter senkrecht zum Fernrohr fest mit diesem verbunden sein, dann ist α_1 der Drehungswinkel und es ist wieder $\sin \alpha_1 = -\dfrac{h\lambda}{e}$. Diese beiden Fälle unterscheiden sich dadurch, daß Einfallsrichtung und Beobachtungsrichtung gegeneinander vertauscht sind. Eine weitere Aufstellung, so daß der Sinus des Drehungswinkels der Wellenlänge proportional ist, ergiebt sich ferner, wenn man ein Fernrohr mit Antokollimation und ein ebenes Reflexionsgitter anwendet. Es liegt dann stets die in Rechnung zu setzende Einfallsrichtung um denselben Winkelabstand auf der anderen Seite der Gitternormalen wie die Beobachtungsrichtung; es ist also $\alpha_0 = -\alpha_1$ und es wird der Sinus des Drehungswinkels $\sin \alpha = \dfrac{h\lambda}{2e}$.

Bei Reflexionsgittern und getrenntem Kollimator und Ablesefernrohr kann man auch noch den beiden letzteren eine feste Aufstellung geben und nur das Gitter drehen. Ist der Drehungswinkel des Gitters δ ($\delta = 0$, wenn die Gitternormale den Winkel γ halbiert) und der feste Winkel zwischen Kollimator und Fernrohr gleich γ, so ergiebt sich leicht, daſs der Einfallswinkel α_1 stets gleich $-\left(\delta+\dfrac{\gamma}{2}\right)$ ist und der Winkel der Beobachtungrichtung $\alpha_0 = \delta - \dfrac{\gamma}{2}$. Setzt man dieses in die Gleichung ein, so folgt

$$\sin\left(\delta - \frac{\gamma}{2}\right) = \frac{h\lambda}{e} - \sin\left(\delta + \frac{\gamma}{2}\right)$$

$$2\sin\delta\cos\frac{\gamma}{2} = \frac{h\lambda}{e}$$

oder

$$\sin\delta = \frac{h\lambda}{2e\cos\dfrac{\gamma}{2}}.$$

In diesem Falle wird die Dispersion umgekehrt proportional dem $\cos\dfrac{\gamma}{2}$, sie nimmt also mit der Gröſse von γ zu.

§ 92. Besondere Ableitung der Erscheinung für das Rowlandsche Konkavgitter.

In der Praxis haben neben den ebenen Gittern noch die auf Spiegelmetall geritzten **Konkavgitter von Rowland** eine groſse Bedeutung gewonnen. Die Theorie derselben läſst sich aus den obigen Formeln ebenfalls herleiten, indem man das Gitter aus schmalen, um einen geringen Winkel gegen einander geneigten ebenen Gittern zusammengesetzt denkt. Wegen der Wichtigkeit dieser Anwendung mag jedoch hier noch eine andere direkte Ableitung eingeführt werden, die von Runge herrührt und in Winkelmanns Handbuch der Physik zuerst veröffentlicht ist.

Wir denken uns Licht von einem Punkte A ausgehend auf einen Kugelhohlspiegel fallen, und wollen die resultierende

§ 92. Ableitung der Erscheinung für das Rowlandsche Konkavgitter. 193

Helligkeit in einem Sammelpunkte A' bestimmen. Wir konstruieren wieder um AA' als Brennpunkte Rotationsellipsoide derart, daſs die Summe der Radienvektoren dieser Ellipsoide von einem bis zum nächstfolgenden jedesmal um $\frac{\lambda}{2}$ gröſser ist. Durch diese Ellipsoide wird der Hohlspiegel in Zonen eingeteilt und wenn derselbe gegen die Wellenlänge weit entfernt von A und A' ist, werden benachbarte Zonen sehr nahe gleichen Flächeninhalt haben. Die Wirkung von je zwei benachbarten Zonen wird sich daher in A' gerade aufheben. Werden jetzt aber derartig Furchen auf dem Hohlspiegel gezogen, daſs auf jedes Paar benachbarter Zonen an den einander entsprechenden Stellen je eine Furche kommt, so bleibt von jedem Zonenpaar eine gewisse Lichtmenge übrig, und alle diese übrig gebliebenen Mengen gelangen nach A' mit Phasendifferenzen von nur ganzen Wellenlängen, werden also hier eine gemeinsame Summenwirkung hervorrufen. Um die Lage dieser Furchen zu bestimmen, möge die YZ-Ebene eines rechtwinkeligen Koordinatensystems den Hohlspiegel in seiner Mitte berühren und A und A' mögen in der XY-Ebene liegen, und die Koordinaten a, b bezw. a', b' haben. Die Kugelfläche des Hohlspiegels hat dann die Gleichung:
$$x^2 + y^2 + z^2 - 2\varrho x = 0,$$
wenn ϱ der Kugelradius ist.

Ist nun P ein Punkt der Kugelfläche (mit den Koordinaten xyz), und $r^2 = a^2 + b^2$, so ist
$$AP^2 = (x-a)^2 + (y-b)^2 + z^2 = r^2 - 2ax - 2by + x^2 + y^2 + z^2.$$
Setzen wir hierin nach der Gleichung der Kugelfläche
$$2ax = \frac{a}{\varrho}(x^2 + y^2 + z^2),$$
so wird
$$AP^2 = r^2\left(1 - \frac{2by}{r^2} + \frac{y^2}{r^2}\left(1 - \frac{a}{\varrho}\right) + \frac{z^2}{r^2}\left(1 - \frac{a}{\varrho}\right)\right.$$
$$\left. + \frac{x^2}{r^2}\left(1 - \frac{a}{\varrho}\right)\right).$$

Um AP selbst zu erhalten, können wir den Klammerausdruck nach dem binomischen Lehrsatz entwickeln und

Classen, Mathematische Optik. 13

erhalten dann, wenn wir noch berücksichtigen, daſs x gegen y und z auf der Kugelfläche von höherer Ordnung ist, unter Vernachlässigung der Glieder dritter und höherer Ordnung

$$AP = r - \frac{by}{r} + \frac{1}{2r}\left(1 - \frac{a}{\varrho}\right)y^2 + \frac{1}{2r}\left(1 - \frac{a}{\varrho}\right)z^2 - \frac{1}{2r^3}b^2y^2$$

$$= r - \frac{b}{r}y + \frac{a}{2r}\left(\frac{a}{r^2} - \frac{1}{\varrho}\right)y^2 + \frac{1}{2r}\left(1 - \frac{a}{\varrho}\right)z^2$$

und entsprechend wird

$$A'P = r' - \frac{b'}{r'}y + \frac{a'}{2r'}\left(\frac{a'}{r'^2} - \frac{1}{\varrho}\right)y^2 + \frac{1}{2r'}\left(1 - \frac{a'}{\varrho}\right)z^2,$$

wenn $r'^2 = a'^2 + b'^2$.

Die Lage der Furchen auf dem Hohlspiegel muſs nun so bestimmt werden, daſs die Summe $AP + A'P$ für die eine Furche von der gleichen Summe für die nächstfolgende Furche gerade um eine ganze Wellenlänge oder ein ganzes Vielfaches einer Wellenlänge sich unterscheidet. Der Abstand der Furchen in der XY-Ebene läſst sich dann berechnen, wenn man $z = 0$ und die Differenz der Summen $AP + AP'$ für zwei verschiedene y nach obigen Formeln gleich $m\lambda$ setzt. Wegen des Gliedes mit y^2 erhalten wir zunächst eine Abhängigkeit zweiten Grades, doch lassen sich, durch besondere Wahl der Lage von A und A' zum Gitter, diese Glieder zum Verschwinden bringen. Dies ist erreicht, wenn $r^2 = a\varrho$ und $r'^2 = a'\varrho$ ist, d. h. wenn A und A' auf einem Kreise liegen, der den Radius $\frac{\varrho}{2}$ hat und dessen Mitte auf der X-Achse im Abstand $\frac{\varrho}{2}$ vom Scheitel des Hohlspiegels liegt. Dann erhalten wir für den Furchenbestand e die Gleichung

$$m\lambda = \left(\frac{b}{r} + \frac{b'}{r'}\right)e \quad \text{oder} \quad e = \frac{m\lambda}{\frac{b}{r} + \frac{b'}{r'}}.$$

Werden nun die Furchen so gezogen, daſs sie in zur XZ-Ebene parallelen Ebenen liegen, und so ist thatsächlich die Ausführung von Rowland, so dürfte genau genommen die Ausdehnung des Gitters in der Richtung der Furchen,

§92. Ableitung der Erscheinung für das Rowlandsche Konkavgitter.

wegen der in den Ausdrücken für AP vorkommenden Glieder mit z^2 nicht grofs sein, denn sonst werden die von der Y-Achse entfernter liegenden Teile der Furchen die Lichtwirkung in A' wieder schwächen. Dafs in Wirklichkeit eine Lichtschwächung durch die gröfsere Gitterhöhe nicht eintritt, beruht darauf, dafs nicht ein leuchtender Punkt, sondern eine zu den Furchen parallele Lichtlinie verwendet wird.

Die Bedingung über die Lage von A und A' läfst nun noch einen weiten Spielraum übrig und es steht frei, unter den verschiedenen Möglichkeiten eine solche auszuwählen, die noch besondere Vorzüge bietet.

Ist in der Fig. 52 G die Mitte des Gitters C sein Krümmungsmittelpunkt und A der leuchtende Punkt, so mufs der Punkt A', in dem die Erscheinung beobachtet werden soll, auf dem Kreise durch G, A und C liegen.

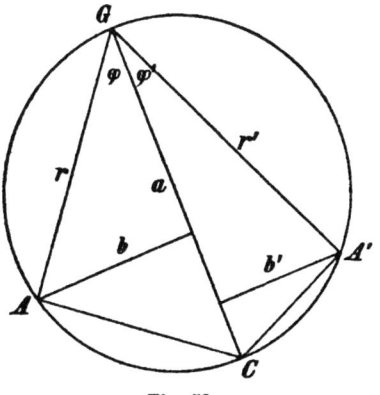

Fig. 52.

Bezeichnen wir dann die Winkel, die r und r' mit der X-Achse bilden, mit φ und φ', so wird aus der Gleichung für e

$$(\sin \varphi + \sin \varphi') e = m \lambda.$$

In dieser Gleichung können wir uns nun λ und φ' veränderlich denken und mit λ_0 den Wert bezeichnen, für welchen $\varphi' = 0$ wird, dann können wir $e \sin \varphi$ ersetzen durch $m \lambda_0$ und erhalten $e \sin \varphi' = m(\lambda - \lambda_0)$. Ist dann s die Länge des Bogens von C bis A', so wird $\varphi' = \dfrac{s}{\varrho}$ und $e \sin \dfrac{s}{\varrho} = m(\lambda - \lambda_0)$, durch Differentiation ergiebt sich dann

$$\frac{ds}{d\lambda} = \frac{m}{\dfrac{e}{\varrho} \cos \dfrac{s}{\varrho}}.$$

Dies ist aber das Maſs für die Dispersion im Beugungsspektrum m ter Ordnung und es zeigt sich, daſs diese Dispersion an der Stelle $s = 0$, also im Punkte C ein Minimum besitzt. An dieser Stelle ändert sich die Dispersion bei einer Abweichung nach beiden Seiten auſserordentlich wenig. **Stellt man daher in C eine photographische Platte senkrecht zu ϱ auf, so erhält man auf dieser selbst bei gröſserer Ausdehnung auf der ganzen Platte das Spektrum mit fast ganz gleichmäſsiger Dispersion.** Diese Aufstellung ist daher von Rowland für die Konkavgitter eingeführt und wird in folgender Weise aufrecht erhalten. Zwei Balken AG und AC werden unter rechtem Winkel zu einander fest verbunden. Auf diesen gleitet auf seinen Enden ein dritter Balken CG von der Länge des Krümmungsradius des Gitters; dieser trägt an dem Ende G das Gitter, dessen Radius nach C gerichtet ist, am andern Ende den Halter für die photographische Platte senkrecht zur Richtung GC. Indem der Balken mit seinen Enden auf den Balken AG und AC gleitet, gelangen die verschiedenen Teile der einzelnen Spektren auf die photographische Platte.

Bei dieser Aufstellung ist stets $\varphi' = 0$, also $e \sin \varphi = m \lambda_0$. Nun ist aber $\sin \varphi = \dfrac{AC}{\varrho}$, folglich $AC = \dfrac{m \varrho}{e} \lambda_0$. Die Strecke AC ist also stets proportional der Wellenlänge, die in der Mitte der Platte abgebildet ist; man kann also auf dem Balken AC eine gleichmäſsige Teilung auftragen, nach welcher man die auf der Plattenmitte abgebildeten Wellenlängen einstellen kann.

Aus der Ableitung ergiebt sich als selbstverständlich, daſs auch leuchtender und Sammelpunkt mit einander vertauscht werden können, nur wird es in der Praxis wohl stets bequemer sein, den Lichtspalt fest aufzustellen und die Platte auf den beweglichen Arm. Ist das Gitter ein ebenes, so würde $\varrho = \infty$ zu setzen sein, es ergiebt sich dann aus dieser Herleitung wieder die Benutzung der ebenen Gitter, indem zwischen Lichtlinie und Gitter eine Kollimatorlinse und zwischen Platte und Gitter eine Fernrohrlinse einfügt wird. Stehen diese im Abstand ihrer Brennweiten von Spalt bezw. Platte entfernt, so kommt es auf den Abstand zwischen den Linsen und dem Gitter nicht mehr an, wir können dem Gitter eine feste Drehachse geben, an welcher zugleich das

Fernrohr befestigt ist, senkrecht zur Gitterebene. Wir haben dann genau die erste der oben angegebenen Anwendungsweisen eines ebenen Gitters übertragen auf ein Reflexionsgitter und mit Vertauschung von Einfalls- und Beobachtungsrichtung.

§ 93. Beugung an einer kreisförmigen Öffnung.

Von besonderer Wichtigkeit für die Leistungsfähigkeit optischer Instrumente ist jetzt noch der Fall, daſs die beugende Öffnung ein Kreis ist. Zur Berechnung auch dieses Falles dienen dieselben Gleichungen wie im § 88, welche, wenn wir wieder wie im § 90 $p = k(\alpha_1 - \alpha_0)$; $q = k(\beta_1 - \beta_0)$ setzen, die Form haben:

1)
$$c = \iint dx\, dy \cos(px + qy)$$
$$s = \iint dx\, dy \sin(px + qy)$$
$$J = K(c^2 + s^2).$$

Wird der Mittelpunkt der Öffnung zum Koordinatenanfang gewählt, so wird wieder $s = 0$ und wir haben es nur mit der Berechnung von c zu thun. Führen wir Polarkoordinaten ein und nennen R den Radius der kreisförmigen Öffnung, so können wir setzen: $x = \varrho \cos \omega$, $y = \varrho \sin \omega$; setzen wir ferner $\sqrt{p^2 + q^2} = r$, so können wir auch einführen $p = r \cos \omega'$, $q = r \sin \omega'$. Es wird dann das Flächenelement $dx\, dy = \varrho\, d\varrho\, d\omega$ und

$$c = \int_0^R \int_{\omega'}^{2\pi + \omega'} \varrho\, d\varrho\, d\omega \cos(\varrho r \cos(\omega - \omega')) = \int_0^R \int_0^{2\pi} \varrho\, d\varrho\, d\omega \cos(\varrho r \cos \omega)$$

oder wenn wir noch $\varrho r = z$ setzen

2)
$$c = \frac{1}{r^2} \int_0^{Rr} z\, dz \int_0^{2\pi} d\omega \cos(z \cos \omega).$$

Dieses Integral läſst sich leicht durch eine Reihenentwickelung berechnen. Es ist zunächst

$$3) \quad \cos(z \cos \omega) = 1 - \frac{z^2 \cos^2 \omega}{1.2} + \frac{z^4 \cos^4 \omega}{1.2.3.4}$$
$$+ \cdots (-1)^n \frac{z^{2n} \cos^{2n}}{1.2.3\ldots 2n} \cdots$$

Nun läſst sich schreiben: $\cos^m \omega \, d\omega = \cos^{m-1} \omega \, d\sin \omega$. Durch partielle Integration folgt dann

$$\int \cos^m \omega \, d\omega = \cos^{m-1} \omega \sin \omega + (m-1) \int \sin^2 \omega \cos^{m-2} \omega \, d\omega,$$

setzt man $\sin^2 \omega = 1 - \cos^2 \omega$, so erhält man

$$\int \cos^m \omega \, d\omega = \frac{1}{m} \left(\cos^{m-1} \omega \sin \omega + (m-1) \int \cos^{m-2} \omega \, d\omega \right).$$

Zwischen den Grenzen 0 und 2π ist dann aber

$$\int_0^{2\pi} \cos^m \omega \, d\omega = \frac{m-1}{m} \int_0^{2\pi} \cos^{m-2} \omega \, d\omega;$$

auf das jetzt auf der rechten Seite stehende Integral läſst sich die gleiche Formel wieder anwenden und durch fortgesetzte Anwendung erhalten wir dann rechts für $m=2$ nur noch das Integral $\int_0^{2\pi} d\omega$ und dies ist gleich 2π. Daher wird

$$\int_0^{2\pi} \cos^{2n} \omega \, d\omega = \frac{1.3\ldots 2n-1}{2.4\ldots 2n} 2\pi$$

(im Zähler stehen die ungeraden Zahlen und im Nenner die geraden). Mit Hilfe dieser Formel und der Reihe 3) läſst sich nun die Integration nach ω in 2) ausführen, wir erhalten:

$$c = \frac{1}{r^2} \int_0^{Rr} z \, dz \sum_{n=0}^{n=\infty} (-1)^n z^{2n} \frac{1}{(2.4\ldots 2n)^2} 2\pi$$

$$= \frac{2\pi}{r^2} \sum_{n=0}^{n=\infty} \frac{(-1)^n}{(2.4\ldots 2n)^2} \int_0^R dz \, z^{2n+1}.$$

§ 93. Beugung an einer kreisförmigen Öffnung.

Jetzt enthalten alle Glieder nur noch algebraische Funktionen, die leicht integrierbar sind und es wird daher

$$c = \frac{2\pi}{r^2} \sum_{n=0}^{n=\infty} \frac{(-1)^n \cdot z^{2n+2}}{(2 \cdot 4 \cdot 6 \ldots 2n)^2 \cdot 2n+2}$$

wo jetzt $z = Rr$ zu setzen ist, es hebt sich also das r^2 im Nenner noch fort, also wird

$$c = 2\pi R^2 \left(\frac{1}{2} - \frac{z^2}{2 \cdot 4} + \frac{z^4}{(2 \cdot 4)^2 \cdot 6} - \frac{z^6}{(2 \cdot 4 \cdot 6)^2 \cdot 8} \pm \cdots \right).$$

Die in dem Klammerausdruck stehende Reihe ist nun bereits verschiedentlich für steigende Werte von z berechnet worden, insbesondere findet sich im „Lommel, die Beugungserscheinungen einer kreisrunden Öffnung", München 1884. Abh. d. k. bayer. Akad. d. W., eine Tabelle der Werte für die Argumente von $z = 0$ bis $z = 20$. Den Wert der in der Klammer stehenden Größe bezeichnet Lommel mit $\frac{J_1}{z}$ und in der zweiten Kolumne der Tabelle 1 giebt er die Werte von $\frac{2J_1}{z}$, in der dritten Kolumne die Quadrate dieser Werte M^2, also Zahlen, denen die Intensität des Lichtes proportional ist. Ein Auszug aus dieser Tabelle mit den uns für das folgende hauptsächlich interessierenden Werten ist der folgende:

für z	M^2	
0	+1	maximum
1,6	0,5075	
1,7	0,4620	
3,2	0,0267	
3,3	0,0179	
3,4	0,0111	
3,832	0	minimum
5,136	0,0175	maximum
7,016	0	minimum
8,417	0,0041	maximum
10,173	0	minimum
11,620	0,0016	maximum

Für die Deutung dieser Zahlen müssen wir zurückgehen auf die Bedeutung von z. Es war $z = Rr = R\sqrt{p^2+q^2}$ $= R\dfrac{2\pi}{\lambda}\sqrt{(\alpha_1-\alpha_0)^2+(\beta_1-\beta_0)^2}$. Die Größen $\alpha_1\,\beta_1$ bestimmen die Einfallsrichtung des Lichtes, $\alpha_0\,\beta_0$ die Richtung, für welche die Intensität berechnet werden soll. Ist die Einfallsrichtung nahezu senkrecht zur beugenden Öffnung, so wird auch die entstehende Beugungsfigur sehr nahe kreisförmig begrenzt sein müssen, wenn die Öffnung selbst, wie hier angenommen, ein Kreis ist. Es genügt dann, die Helligkeitsverteilung für einen Durchmesser des Kreises zu bestimmen, da sie in allen andern sehr nahe die gleiche sein muß; wählen wir denjenigen, welcher in der XZ-Ebene liegt, indem wir noch die XZ-Ebene selbst durch die Einfallsrichtung legen, so wird $\beta_0 = \beta_1 = 0$. Dann haben wir, da $\alpha_0 = \dfrac{x_0}{\varrho_0}$, $\alpha_1 = -\dfrac{x_1}{\varrho_1}$ und $\varrho_0 = -\varrho_1$ ist, in dem Ausdruck $\dfrac{\alpha_0-\alpha_1}{\varrho_0}$ den Winkelwert des Richtungsunterschiedes zwischen der Einfallsrichtung und der Richtung, für welche die Intensität berechnet wird. Bezeichnen wir diesen Winkel mit ϑ, so wird $z = \dfrac{2\pi R}{\lambda}\vartheta$.

Da die Erscheinung um die Einfallsrichtung herum symmetrisch ist, so bedeutet ϑ den halben Winkel an der Spitze eines Kegelmantels, der alle Richtungen umfaßt, in welchen die Lichtintensität die gleiche ist. Die Beugungsfigur selbst ist eine helle kreisförmige Scheibe umgeben von einem System heller und dunkler Ringe. Der Radius der dunklen Ringe ergiebt sich, im Winkelmaß gemessen, wenn man für z die in obiger Tabelle aufgeführten Werte einsetzt, die dem Minimum entsprechen. Demnach erhält die mittlere helle Scheibe einen Durchmesser

$$2\vartheta_1 = \frac{\lambda}{\pi R}\cdot 3{,}832 = \frac{1{,}220\,\lambda}{R}$$

und die Durchmesser der darauffolgenden dunklen Ringe entsprechen den Werten

$$2\vartheta_2 = \frac{2{,}233}{R}\lambda;\quad 2\vartheta_3 = \frac{3{,}238}{R}\lambda.$$

Der $n$te Ring hat sehr nahe einen Durchmesser von

$$2\vartheta_n = (n+\tfrac{1}{4})\frac{\lambda}{R}.$$

Die Intensitäten in den dazwischen liegenden hellen Ringen nehmen, wie aus der gleichen Tabelle hervorgeht, sehr rasch ab; schon der erste Ring hat nur noch etwa $\tfrac{1}{60}$ der Helligkeit im Centrum der Erscheinung. In den meisten Fällen sieht man daher nur das mittlere helle Scheibchen und auch dieses im allgemeinen nicht in seiner ganzen Ausdehnung, da auch seine Randpartieen bereits sehr lichtschwach sind.

§ 94. Auflösungsvermögen der Fernrohre und photographischen Objektive, Sehschärfe des Auges.

Diese Ergebnisse haben nun eine sehr wichtige Anwendung zur Folge auf die durch Linsen erfolgende Abbildung eines Punktes. Jede Linse oder jedes Linsensystem ist begrenzt durch eine kreisförmige Öffnung, entweder durch ihre eigene Fassung oder durch eine besondere Blende, es wird daher bei noch so vollkommener Korrektion des Linsensystems niemals ein Punkt wirklich als Punkt abgebildet sein, sondern als kleines Scheibchen umgeben von hellen Ringen, welche letzteren als zu lichtschwach meistens nicht mehr in Betracht kommen. Haben wir es nicht mit einer dünnen Linse zu thun, sondern einem Linsensystem, so ist an Stelle der Blende die Eintrittspupille oder die Austrittspupille zu setzen; erstere, wenn man im Objektraum, letztere, wenn man im Bildraum die Winkeldifferenz noch zu trennender Punkte bestimmen will.

Zwei neben einander liegende Punkte werden nun nur dann im Bilde noch als getrennt erscheinen, wenn bei der Übereinanderlagerung der beiden ihnen entsprechenden Bildscheiben in der Mitte noch ein Streifen besteht von wahrnehmbar geringerer Helligkeit als die der beiderseits anliegenden Teile. Setzen wir als Grenze, bis zu welcher unser Auge noch Helligkeitsunterschiede erkennen kann, eine Helligkeitsdifferenz von $5^0/_0$, so muß die Mittelpartie der übereinander gelagerten Scheibchen um $5^0/_0$ weniger hell sein als die Teile mit größter Helligkeit. Aus der obenstehenden Tabelle ergiebt sich nun, wenn der Winkelabstand zwischen den Mitten beider Bildscheibchen einem Werte von $z = 3{,}3$ entspricht, die maximale Helligkeit in der Mitte eines Bildscheibchens zu 1,018 und die Helligkeit in der Mitte zwischen beiden Scheibchen ist dann gleich zweimal derjenigen, welche $z = 1{,}65$ zukommt, also 0,97. Das heifst für $z = 3{,}3$ ist gerade der Unterschied der Helligkeit in der Mitte gegen die hellsten Teile noch erkennbar. Diesem z entspricht aber ein Winkelabstand der Mitten der Bildscheibchen von $\vartheta = \dfrac{\lambda}{2 \pi R} \cdot 3{,}3 = \dfrac{1{,}050\,\lambda}{2 R}$. Entsteht das Bild im Abstande A hinter der Austrittspupille des Linsensystems und wünscht man, dafs im Bild noch Linien von 0,1 mm Abstand getrennt erscheinen, so ist $\dfrac{1{,}050\,\lambda}{2 R} A = 0{,}1$ zu setzen. Hieraus läfst sich der Durchmesser $2R$, der dem eintretenden Lichtbündel zu geben ist, damit die gewünschte Schärfe erreicht wird, berechnen. Es ist $D = 2R = 10{,}50 \cdot \lambda \cdot A$. Benutzt man Licht aus dem hellsten Teile des Spektrums, so ist $\lambda = 0{,}00055$ zu setzen; soll D in Millimeter und A in Metern gemessen sein, so wird $D = 10{,}50 \cdot 0{,}55 = 5$ mm. Ist A also gleich 1 m, so darf nicht weiter als bis auf 5 mm Durchmesser der Blende abgeblendet werden, wenn man noch eine Schärfe von 0,1 mm erhalten will. Für photographische Objektive, die unendlich ferne Gegenstände abbilden sollen, ist A sehr nahe gleich der Brennweite f des Objektivs, und für die Schärfe von 0,1 mm ergiebt sich als kleinste zulässige Abblendung, dafs $\dfrac{D}{f} = \dfrac{5}{1000} = \dfrac{1}{200}$. Eine noch kleinere Abblendung hat nur dadurch Sinn, dafs in der Photographie allerdings vorwiegend Licht von kürzerer Wellenlänge, als hier angenommen, benutzt wird. Eine weitere Abweichung gegen die gebräuchliche Bezeichnung der Abblendung besteht noch darin, dafs hier D den Durchmesser der Austrittspupille auf der Bildseite bedeutet, während sonst die Eintrittspupille zur Bezeichnung der Abblendung benutzt wird. Bei symmetrischen Objektiven sind beide gleich, bei unsymmetrischen kann eine Differenz zwischen beiden bestehen. Als Nebenresultat ergiebt sich hier, dafs die kleinste im Objektraum noch zu trennende Winkeldifferenz ϑ' zu der ent-

§ 94. Auflösungsvermögen der Fernrohre.

sprechenden ϑ im Bildraum sich umgekehrt wie die Durchmesser der zugehörigen Pupillen verhalten müssen, eine Beziehung die stets gilt, wenn das vordere und hintere Medium die gleichen sind, und die sich auch aussprechen läfst, da die beiden Pupillen einander konjugiert sind, die Winkelvergröfserung für konjugierte Ebenen ist das reziproke der Seitenvergröfserung.

Ist das bilderzeugende System unser Auge, so ergiebt sich auch hier, dafs wir infolge der Beugung an der Pupille Punkte, die unter einem bestimmten Winkelabstand liegen, nicht mehr getrennt sehen können. Ist der Durchmesser der Eintrittspupille des Auges, das ist das von den vor der Iris liegenden Teilen des Auges erzeugte Bild der Pupille, das selbst der Pupille sehr nahe gleich ist, gleich $D = 2R = 4$ mm, so wird

$$\vartheta = \frac{1{,}050 \cdot 0{,}00055}{4} = 0{,}000146 = 0{,}5 \text{ Minuten}.$$

In der Regel wird nun die Sehschärfe unseres Auges zu 1 Minute angegeben, wenn auch nach neueren Angaben in einzelnen Fällen noch gröfsere Sehschärfen bis zu 0,5' nachgewiesen zu sein scheinen. Läfst man 1 Minute als Grenze zu, so kann gefragt werden, wie weit darf die Augenpupille noch abgeblendet werden, ohne dafs diese Sehschärfe verloren geht. Es ist dann der Durchmesser $2R$ zu berechnen, wenn ϑ gleich arc. $1' = 0{,}00029$ gesetzt wird. Also $2R = \dfrac{1{,}050 \cdot 0{,}00055}{0{,}00029} = 2$ mm. Kann man ein feines Streifensystem mit freiem Auge gerade noch scharf erkennen, und bringt vor das Auge eine Blende von weniger als 2 mm Durchmesser, so mufs das Bild undeutlicher werden, eine Beobachtung, die von Helmholtz thatsächlich bestätigt ist.

Läfst man eine Abblendung bis auf 2 mm Durchmesser zu, so heifst das in der Anwendung auf Fernrohre, die Austrittspupille, d. i. der über dem Okular sichtbare Okularkreis, darf nicht kleineren als 2 mm Durchmesser erhalten. Bei Fernrohren ist nun die Vergröfserung gleich dem Verhältnis des Objektivdurchmessers zum Okularkreis. Soll das Fernrohr also noch Winkelsekunden unterscheiden, soll also die Vergröfserung 60 fach sein, so mufs der Objektivdurchmesser mindestens $60 \cdot 2 = 120$ mm betragen. Auf diese Weise erklärt sich, warum die Linsen der astronomischen Fernrohre notwendig so grofse Dimensionen erhalten müssen. Da man ferner die Brennweite namentlich grofser Linsen nicht gut kleiner als das 10 bis 15 fache des Durchmessers wählen darf, ohne Fehler durch mangelhafte Linsenkorrektion hineinzubekommen, so ergiebt sich die grofse Länge dieser Fernrohre von selbst. Man erhält übrigens, wie zu erwarten ist, auch direkt den Durchmesser eines Objektives, das noch Winkelsekunden getrennt abbilden kann, indem man die Objektivöffnung $2R$ nach der oben mehrfach benutzten Formel direkt ausrechnet für den Fall, dafs $\vartheta = \mathrm{arc.}\ 1'' = 0{,}00000485$ ist. Es wird auch dann $2R = 120$ mm. Man erhält also bei Fernrohren das gleiche Resultat, wenn man die Beugung an der Eintrittspupille, d. i. die Objektivfassung, oder an der Austrittspupille, dem Okularkreis, berechnet, wie ja auch zu erwarten war. Es stimmt dies auch gut mit der Erfahrung über das Auflösungsvermögen von Fernrohren mit 10 cm Öffnung überein, für welches Strehl (Zeitschr. f. Instr. 16, S. 259, 1896) $1{,}''$ als Grenze angiebt, entsprechend einem Werte $z = 3{,}2$. Wenn es sich trotzdem in besonderen Fällen als nützlich erweist, die Vergröfserung weiter zu treiben, so dafs eine Austrittspupille von geringerem als 2 mm Durchmesser erhalten wird, so kann dies darin seine Begründung finden, dafs das Objektiv nicht völlig frei von sphärischer Aberration ist. Dadurch würde eine ungleichmäfsige Erfüllung der Austrittspupille mit Licht entstehen können, die unter günstigen Verhältnissen das Beugungsbild in vorteilhaftem Sinne beeinflussen kann.

§ 95. Grenze der Leistung der Mikroskope.

Auf die Feststellung des Auflösungsvermögens der Mikroskope findet die Theorie in dieser einfachen Weise keine Anwendung, denn bei den Mikroskopen haben wir es nicht mit der Beobachtung selbstleuchtender Punkte zu thun. Die Gesamtheit der von einem Punkte des Objektes ausgehenden Strahlen ist daher nicht in dem Sinne, wie in obiger Betrachtung, interferenzfähig und als Bild des Punktes kommt daher nicht das oben berechnete Scheibchen zustande. Zur Bestimmung des im Mikroskope sich abspielenden Vorganges mufs daher auf den Ausgangspunkt der zur Beleuch-

§ 95. Grenze der Leistung der Mikroskope.

tung dienenden Strahlen, also auf die Lichtquelle selbst, zurückgegangen werden, und von hier aus die Ausbreitung der Lichtwellen verfolgt werden.

Legen wir zunächst als Lichtquelle nur einen leuchtenden Punkt zu Grunde, so sagt das Huygenssche Prinzip aus, wenn die von hieraus sich ausbreitende Lichtbewegung bis zu irgend einer Fläche vorgedrungen ist, so läfst sich die ganze weitere Lichtausbreitung berechnen, indem man die einzelnen Punkte der Fläche als selbstleuchtend ansieht mit der Phase und Intensität, die sie vom leuchtenden Punkte aus erhielten. Die Summenwirkung aller dieser einzelnen leuchtenden Punkte ersetzt vollkommen die direkte Lichtausbreitung von der Lichtquelle her. Aus diesem Prinzip wurden die Beugungserscheinungen hergeleitet, indem man seine Gültigkeit annahm auch für den Fall, dafs ein Teil der Lichtbewegung in der Fläche durch einen undurchsichtigen schwarzen Schirm vernichtet wird. Die Erfahrung hat die Zulässigkeit dieser Annahme vollkommen bestätigt. Insbesondere ist durch die Fraunhoferschen Beugungserscheinungen die Zulässigkeit dieser Berechnungsweise auch für den Fall bestätigt worden, dafs als Sammelpunkte der Lichtbewegung virtuelle, mit dem Lichtpunkt auf derselben Seite der Fläche liegende Punkte dienen (vergl. S. 181). Bezeichnen wir mit O die Ebene eines mikroskopischen Präparates und mit P den Lichtpunkt, und legen wir den Koordinatenanfang in die Mitte des kleinen Präparates, so sind einige Stellen des Präparates lichtdurchlässig, einige undurchlässig; das Präparat wirkt also wie ein Beugungsschirm, der in der Ebene O an einigen Stellen die Lichtbewegung mehr oder weniger auslöscht, an andern nicht beeinflufst. Kennen wir die so modifizierte Lichtbewegung in allen Punkten der Ebene O, so können wir wieder die weitere Lichtausbreitung berechnen, indem wir alle diese Punkte als selbstleuchtende Punkte ansehen; insbesondere können wir auch die durch das Mikroskop-Objektiv veranlafste Fraunhofersche Beugungserscheinung berechnen, und finden dann, dafs sich die Lichtausbreitung nach Verlassen des Objektives genau so verhält, als käme sie her von Punkten $P_1, P_2, P_3 \ldots$, die auf einer durch P gehenden Kugelfläche mit dem Koordinatenanfang als Mittelpunkt liegen. Die Punkte $P, P_1, P_2, P_3 \ldots$ mit der ihnen nach der Fraunhoferschen Gleichung zukommenden Intensität und Phase ersetzen also vollkommen die Punkte der Fläche O, aus ihnen muſs sich die ganze Lichtverteilung hinter der Fläche O berechnen lassen, insbesondere auch die Intensitätsverteilung in der in Bezug auf das Objektiv zur Fläche der P konjugierten Fläche P'. Hier entsteht eine reelle Abbildung $P', P'_1, P'_2, P'_3 \ldots$ der Fraunhoferschen virtuellen Beugungsfigur $P, P_1, P_2, P_3 \ldots$ des Präparates. Da nun das Huygenssche Prinzip sich beliebig oft wieder anwenden läſst, muſs auch die weitere Lichtverteilung rechts von P' sich wieder genau berechnen lassen, indem wir die Punkte der Fläche P' als selbstleuchtend ansehen, insbesondere muſs sich die in der Bildebene B des Präparates entstehende Lichtverteilung als die von den Lichtpunkten P' hervorgerufene Interferenzerscheinung in B berechnen lassen.

Die genaue von Abbé herrührende Theorie dieses Vorganges ist noch nicht veröffentlicht, doch steht die Veröffentlichung bevor, daher kann hier auf dieselbe hingewiesen werden. Das Resultat ist, daſs bei der Abbildung nicht selbst leuchtender Objekte die Lichtverteilung im Bilde nicht als Interferenzerscheinung aus der Lichtverteilung in der Austrittspupille zu berechnen ist, sondern aus der Lichtverteilung in der Fraunhoferschen Beugungsfigur, die durch das Objekt hervorgerufen wird.

Eine unmittelbare Folge hiervon ist, daſs Objekte, von denen die gleiche Beugungsfigur im Mikroskope zustande kommt, auch im Bilde gleich aussehen müssen. In Wirklichkeit haben nun allerdings verschiedene Objekte auch stets verschiedene Beugungsfiguren, aber es kann der Fall eintreten, daſs die Beugungsfigur eines Objektes im Mikroskop nicht vollständig zustande kommen kann, weil die zur Erzeugung erforderlichen Lichtwege durch die Linsenränder oder besonders eingefügte Blenden abgeschnitten sind. In einem solchen Falle wird das entstehende Bild geometrisch ähnlich sein demjenigen Objekte, welches von vornherein nur die durch die Abblendung vereinfachte Beugungsfigur hervorruft. Besondere Versuche haben die Richtigkeit dieser Folgerung in der That bestätigt.

Insbesondere wird das Bild eines Systems paralleler Linien nur dann als ein Liniensystem erscheinen können, wenn mindestens zwei der Beugungsspektren im Mikroskop

§ 95. Grenze der Leistung der Mikroskope.

wirklich zustande kommen, denn nur von mindestens zwei getrennten Lichtlinien ist die Interferenzfigur wieder ein Streifensystem. Die Bedingung dafür, dafs ein Streifensystem im Mikroskop noch als solches erkannt oder aufgelöst werden kann, ist also die, dafs der Winkel zwischen dem direkt hindurch gehenden Licht und dem das erste Beugungsspektrum bildenden seitlich abgelenkten Licht höchstens gleich dem Öffnungswinkel des Mikroskopes ist. Ist 2α der Öffnungswinkel des Mikroskopes, so mufs das direkt durch das Objekt hindurchtretende Licht so gerichtet sein, dafs es gerade noch am Rande des Objektivs eintreten kann. Ist a der Streifenabstand, so mufs $2a \sin \alpha = \lambda$ gleich der Wellenlänge sein, damit das erste durch Beugung abgezweigte Lichtbündel das Objektiv noch am entgegengesetzten Rande durchdringen kann (vgl. S. 190). Haben wir eine Immersionsflüssigkeit und ist λ die in Luft gemessene Wellenlänge und n der Brechungsquotient der Immersionsflüssigkeit, so erhalten wir $2a \sin \alpha = \dfrac{\lambda}{n}$. Es kann also bei schrägster Beleuchtung noch aufgelöst werden ein Streifenabstand von $a = \dfrac{\lambda}{2} \cdot \dfrac{1}{n \sin \alpha}$. Das Auflösungsvermögen ist also proportional der zur Beleuchtung dienenden Wellenlänge und umgekehrt proportional der Gröfse, welche schon im XII. Kapitel als numerische Apertur bezeichnet wurde. Da die Apertur nun der Natur der Verhältnisse nach nicht über eine bestimmte Gröfse wachsen kann, so ist durch diese Beziehung die Grenze der Leistung mikroskopischer Vergröfserung bestimmt. Der gröfstmögliche Wert für α ist $90°$, also $\sin \alpha = 1$. Der geringste noch zu trennende Streifenabstand ist also $a = \dfrac{\lambda}{2n}$; nehmen wir für λ das Licht gröfster optischer Helligkeit, also $\lambda = 0{,}00055$ und setzen wir $n = \dfrac{3}{2}$, so wird der kleinste noch aufzulösende Streifenabstand $a = 0{,}00018$. Eine weitere Auflösung ist nur noch denkbar, wenn man ein kleineres λ zur Anwendung bringt, also an Stelle des direkten Sehens die Photographie benutzt.